OSTA ETTIC

绿色建筑工程师职业培训教材

全国高等职业院校选修课程系列教材

绿色建筑实操技能与实务

OSTA 人社部中国就业培训技术指导中心 组织编写

ETTIC 绿色建筑工程师专业能力培训用书编委会 编

中国建筑工业出版社

图书在版编目(CIP)数据

绿色建筑实操技能与实务/人社部中国就业培训技术指导中心组织编写，绿色建筑工程师专业能力培训用书编委会编. —北京：中国建筑工业出版社，2015.10

绿色建筑工程师职业培训教材

ISBN 978-7-112-18462-0

Ⅰ.①绿… Ⅱ.①人… ②绿… Ⅲ.①生态建筑-建筑师-职业培训-教材 Ⅳ.①TU18

中国版本图书馆CIP数据核字(2015)第219753号

《绿色建筑实操技能与实务》根据人力资源和社会保障部中国就业培训技术指导中心关于绿色建筑工程师职业培训及考试大纲进行编写。本书主要用于从事绿色建筑工程师职业培训与考试的指导。同时，也可以用于大中专院校或其他从事绿色建筑相关产业的从业人员参考使用。

该教程的编写是在前版的基础上，主要依据2015年1月1日执行的《绿色建筑评价标准》GB/T 50378—2014版内容及现阶段的相关绿色建筑规范、规定，结合当前绿色建筑工程师职业培训需要进行编制。

责任编辑：封　毅　毕凤鸣
责任设计：李志立
责任校对：李欣慰　陈晶晶

绿色建筑工程师职业培训教材

绿色建筑实操技能与实务

人社部中国就业培训技术指导中心　组织编写
绿色建筑工程师专业能力培训用书编委会　编

*

中国建筑工业出版社出版、发行（北京西郊百万庄）
各地新华书店、建筑书店经销
北京红光制版公司制版
北京富生印刷厂印刷

*

开本：787×1092毫米　1/16　印张：13¾　字数：340千字
2015年10月第一版　2015年10月第一次印刷
定价：**40.00**元

ISBN 978-7-112-18462-0
(27714)

编 委 会

前　言

《绿色建筑实操技能与实务》根据人力资源和社会保障部中国就业培训技术指导中心关于绿色建筑工程师职业培训及考试大纲进行编写。本书主要用于从事绿色建筑工程师职业培训与考试的指导。同时，也可以用于大中专院校或其他从事绿色建筑相关产业的从业人员参考使用。

本书的技术指导单位中国北京绿色建筑产业联盟（联合会）为本书的编写提供了知识体系的设计规划指导，并组织了教研小组和编写团队，各位编委在百忙中为本套书进行了严谨、细致而专业的撰写，为本套书的学术质量提供了有力的保障。

感谢百高职业教育集团对本书提出了涉及各章节知识点的技巧、方法、流程、标准等专业技能要素设计需求，协助组织了教材编写专家研讨会。通过研讨会确定了编写标准、内容大纲及最新的法规政策，为本套书的技术要素提供了准确的方向。

该教程的编写是在前版的基础上，主要依据 2015 年 1 月 1 日执行的《绿色建筑评价标准》GB/T 50378—2014 版内容及现阶段的相关绿色建筑规范、规定，结合当前绿色建筑工程师职业培训需要进行编制。

全书三部分，共分为 13 章，分别对绿色建筑设计标识和运行标识的管理、申报、评价及设计规范中涉及的绿色建筑实操技能、实务等方面内容进行详细论述。本教材重点针对 2014 版评价标准中要求评价的内容分章节叙述。同时，结合目前已经实施的项目适当分析和应用举例。此外，该教材还针对计算机辅助技术中管理与申报、设计与评价进行了论述，以方便绿色建筑设计、管理、申报与评价工作中的操作与使用。对于绿色建筑的相关基础知识、法律法规及案例内容，请读者参阅本套培训教材的其他三册。

由于《绿色建筑评价标准》GB/T 50378—2014 刚实施，目前尚未有实际项目按此标准完成评价，相关各省、市的地方评价标准也在制定中，对于新标准的应用还有一个探索和熟悉过程。同时，由于时间和编者水平的限制，本书难免有不妥和错误之处，敬请读者批评指正，以便在以后的修订中日趋完善。

编者感谢您对中国绿色建筑事业的贡献和对本套教材的关注！

目　录

第一部分　实操技能

第1章　绿色建筑标识申报程序与内容

为进一步节约资源、保护环境和减少污染，为人们提供健康、适用和高效的使用空间，大力推行绿色建筑，建立健全绿色建筑审查工作机制，根据《国务院办公厅关于转发发展改革委住房城乡建设部绿色建筑行动方案的通知》（国办发〔2013〕1号）和《房屋建筑和市政基础设施工程施工图设计文件审查管理办法》（中华人民共和国住房和城乡建设部令第13号）等文件的有关规定，结合各省、市、自治区的实际，进行建筑绿色标识申报程序与内容。

考虑大力发展绿色建筑的需要，同时也参考国外开展绿色建筑评价的情况，《绿色建筑评价标准》GB/T 50378—2014将绿色建筑评价明确划分为“设计评价”和“运行评价”。设计评价的重点在评价绿色建筑方方面面采取的“绿色措施”和预期效果上，而运行评价则不仅要评价“绿色措施”，而且要评价这些“绿色措施”所产生的实际效果。除此之外，运行评价还关注绿色建筑在施工过程中留下的“绿色足迹”，关注绿色建筑正常运行后的科学管理。“设计评价”所评的是建筑的设计，“运行评价”所评的是已投入运行的建筑。同时，绿色建筑分为一星级、二星级、三星级3个等级。3个等级的绿色建筑均应满足本标准所有控制项的要求，且每类指标的评分项得分不应小于40分。当绿色建筑总得分分别达到50分、60分、80分时，绿色建筑等级分别为一星级、二星级、三星级。

每一项申报分为一星、二星和三星。执行绿色建筑标准的项目至少应满足一星级的要求，此外，还应满足《各省、市、自治区民用建筑节能设计标准》的要求。绿色建筑设计与运行标识的申报程序和内容是一个动态的过程。同时，具有很强的地方性特点。因此，当国家和地方修订绿色建筑标准或出台新的绿色建筑标准时，将对相应申报程序与内容进行调整和补充。

1.1　申报条件

全国范围内依法开发建设的项目，达到绿色建筑星级评定标准的项目均可申报。绿色建筑的评价分为设计评价和运行评价。设计评价应在建筑工程施工图设计文件审查通过后进行；运行评价应在建筑通过竣工验收并投入使用一年后进行。两者的主要区别见表1-1。

绿色建筑设计评价和运行评价的区别 表 1-1

标识类别	对应建设阶段	主要评价方法	标识形式	标识有效期
设计评价标识	完成施工图设计并通过施工图审查	审核设计文件、审批文件、检测报告	颁发标识证书	2年
运行评价标识	通过工程质量验收并投入使用一年以上	审核设计文件、审批文件、施工过程控制文件、检测报告、运行记录、现场核查	颁发标识证书和标志（挂牌）	3年

1.2 申报程序

申请单位将填写好的申报书及相关申报材料报送当地建设行政主管部门，各地建设行政主管部门对审核通过的项目签署推荐意见并加盖公章后，一、二星级报送到各省、市、自治区的房地产业协会或土木建筑学会审查，审查合格后统一报送各省、市、自治区对应的绿色建筑评价标识办公室；三星级绿色建筑评价标识报国家住建部绿色建筑评价标识管理办公室。

国家住建部绿色建筑评价标识管理办公室设在住建部科技发展促进中心，主要负责绿色建筑评价标识的管理工作，受理三星级绿色建筑评价标识，指导一、二星级绿色建筑评价标识活动。

1.3 申报内容

申请星级绿色建筑评价标识的项目应提供对应的《星级绿色建筑设计评价标识申报书》或《星级绿色建筑运行评价标识申报书》一式4份，其他附件材料装订成册一式4份。

附件材料中的设计文件、图纸、技术书、竣工图等，只需提供与绿色建筑评价内容相关的资料。绿色建筑注重全寿命期内能源资源节约与环境保护的性能，申请评价方应对建筑全寿命期内各个阶段进行控制，综合考虑性能、安全、耐久、经济、美观等因素，优化建筑技术、设备和材料选用，综合评估建筑规模、建筑技术与投资之间的总体平衡，并按本标准的要求提交相应分析、测试报告和相关文件。

课后练习题

第1章 绿色建筑标识申报程序与内容

一、单选题

1. 绿色建筑分为（　　）个等级。

A. 4　　B. 3　　C. 2　　D. 1

2. 执行绿色建筑标准的项目至少应满足几星级的要求（　）。

A. 一星级　　B. 二星级　　C. 三星级　　D. 四星级

3. 绿色建筑等级为二星级，总分应该是（　　）。

A. 30分　　B. 50分　　C. 60分　　D. 80分

4. 国家住建部绿色建筑评价标识管理办公室设在住建部科技发展促进中心，主要负责（　　）管理工作。

A. 绿色建筑　　B. 绿色建筑评价技术

C. 绿色建筑评价标识　　D. 绿色建筑评价标志

5. 设计评价应在（　　）进行评价。

A. 初步设计完成后　　B. 施工图设计文件审查通过后

C. 竣工验收完成后　　D. 竣工验收并投入使用一年后

6. 一、二星级报送到各省、市、自治区的房地产业协会或土木建筑学会审查，审查合格后应统一报送到（　　）。

A. 各省、市、自治区对应的绿色建筑评价标识办公室

B. 国家住建部绿色建筑评价标识管理办公室

C. 各省、市、自治区对应的审图公司

D. 国家住建部城乡规划司

二、多选题

1. 《绿色建筑评价标准》GB/T50378－2014，将绿色建筑评价明确划分为（　　）。

A. 设计评价　　B. 运行评价　　C. 施工评价　　D. 工艺评价

2. 申请星级绿色建筑评价标识的项目应提供对应（　　）或（　　）一式4份，其他附件材料装订成册一式4份。

A. 《各省、市、自治区民用建筑节能设计标准》

B. 《星级绿色建筑设计评价标识申报书》

C. 《星级绿色建筑运行评价标识申报书》

D. 《绿色建筑评价标准》GB/T 50378—2014

三、思考题

1. 住建部绿色建筑评价标识管理办公室在绿色建筑评价中的职责？

2. 申请评价方在整个申报过程中需要做哪些工作？

第2章　绿色建筑标识送审要求

2.1　绿色建筑设计标识送审

绿色建筑设计评价标识是由住房和城乡建设部授权机构依据《绿色建筑评价标准》、《绿色建筑评价技术细则》和《绿色建筑评价技术细则补充说明》，对完成施工图设计审查阶段的建筑，进行评价标识。

绿色建筑设计评价标识的等级由低至高分为一星级、二星级和三星级三个等级。标识有效期为2年。评审合格后颁发绿色建筑设计评价标识，包括证书和标志。

绿色建筑设计标识可由业主单位、房地产开发单位、设计单位等相关单位共同申报；设计单位应作为申报单位之一。

2.1.1　设计要求

设计单位在进行绿色建筑设计时，除满足《绿色建筑评价标准》GB/T 50378—2014外，根据国家规范的要求及相关技术标准进行。同时，还应满足《各省、市、自治区民用建筑节能设计标准》的要求。

2.1.2　送审要求

绿色建筑设计标识评价指标体系由节地与室外环境、节能与能源利用、节水与水资源利用、节材与材料资源利用、室内环境质量5类指标组成。设计评价时，不对施工管理和运营管理2类指标进行评价，但可预评相关条文。每类指标均包括控制项和评分项。评价指标体系还统一设置加分项。

设计单位应当统一填写和编制绿色建筑施工图设计文件，并将以下设计成果交付建设单位送审：《绿色建筑施工图设计审查备案登记表》、《绿色建筑施工图设计专篇及审查表》和《绿色建筑施工图设计支撑材料》。所有文本采用A4纸装订，并附电子文档（行政审批相关文件、检测报告等应由建设单位提供给设计单位统一整理装订，专项计算报告和软件模拟报告由设计单位或咨询单位完成）。

2.1.3　审查文件存档

各勘察设计单位应当将经施工图审查合格项目的《绿色建筑施工图设计审查备案登记表》、《绿色建筑施工图设计专篇及审查表》、《审查意见告知书》和绿色建筑施工图设计支撑材料等资料归档保存。

2.1.4　设计审查

1. 分级审查

各施工图审查机构按照分级属地原则，在各自行政区域和审查机构类别规定的审查范围对绿色建筑施工图设计文件进行审查，具体审查范围按照《各省、市、自治区建设工程施工图设计文件审查实施细则》相关规定执行。

2. 审查费用

建设单位应当按照《各省、市、自治区建设工程施工图设计文件审查实施细则》规定的程序，将绿色建筑施工图设计文件与其他施工图设计文件一并送审，绿色建筑设计审查不再另行加收审查费用。

3. 审查要求

施工图审查机构在对执行绿色建筑标准的项目进行审查时，除应按照《各省、市、自治区住房和城乡建设厅关于进一步加强民用建筑工程施工图节能设计和审查工作的通知》完成建筑节能设计审查外，还应根据绿色建筑标准对《绿色建筑施工图设计专篇及审查表》中的“设计专篇”部分和绿色建筑施工图设计支撑材料内容进行审查，完成由各专业审查人员签章的《绿色建筑施工图设计专篇及审查表》中的“审查表”部分，并根据项目审查结论分别做出处理。

（1）审查合格

审查机构应当向建设单位出具由审查机构法定代表人签章的《绿色建筑施工图设计审查备案登记表》，并通过勘察设计管理信息系统上传《民用建筑节能设计审查备案登记表》和《绿色建筑施工图设计审查备案登记表》。

（2）审查不合格

审查机构应当将绿色建筑施工图设计文件退回建设单位并在《审查意见告知书》中说明不合格的原因。绿色建筑施工图设计文件退回建设单位后，建设单位应当要求原设计单位按规定时限进行修改，并将修改后的绿色建筑施工图设计文件送原审查机构复审。

应当执行绿色建筑标准的项目经绿色建筑设计审查不合格的，不得出具项目审查合格书。

4. 审查及回复时限

实施绿色建筑施工图审查的项目，施工图审查时限和审查回复时限按下列规定执行。

（1）审查时限

审查时限严格按照《房屋建筑和市政基础设施工程施工图设计文件审查管理办法》（中华人民共和国住房和城乡建设部令第 13 号）规定的审查时限执行，不再另外增加审查时间。非因建设单位和勘察设计单位原因造成施工图审查时限超时的，由审查机构承担责任，除免收该项目施工图审查费用外，对审查机构记入不良记录。一年内发生两次超审查时限记入不良记录的，取消该施工图审查机构负责人资格。

（2）回复时限

以《各省、市、自治区住房和城乡建设厅关于勘察设计单位对施工图审查意见回复内容及时限要求的通知》规定为依据，审查回复时限按“规定的回复时限乘以 1.2 进行计算，施工图设计文件审查回复时限表专业折减系数”规定的专业折减系数不变。绿色建筑施工图文件需要修改的，设计单位一年内有两次修改回复不按规定时间回复或一年内有2个以上项目两次修改后仍不合格的单位，记入不良记录。

5. 设计文件修改责任与监督管理

（1）修改

任何单位或个人不得擅自修改经审查合格的绿色建筑设计文件；确需修改的，建设单位应当将修改后的绿色建筑设计文件送原审查机构重新审查。

（2）责任

设计单位应当依法进行绿色建筑设计，严格执行绿色建筑标准，并对绿色建筑设计的质量负责；审查机构对绿色建筑施工图审查工作负责，承担审查责任。

（3）监督管理

各施工图审查机构应当将审查中发现的建设单位、设计单位、注册执业人员、勘察设计从业人员违反建筑节能及绿色建筑标准强制性条文和其他违法违规情况，通过勘察设计管理信息系统上传各级建设行政主管部门。各级住房城乡建设主管部门应当加大对建设单位、勘察设计单位、施工图审查机构、各类注册执业人员和勘察设计从业人员在绿色建筑设计过程中的管理力度，发现违法违规行为的，依法进行相应查处。

2.2 绿色建筑运行标识送审

绿色建筑运行评价指标体系由节地与室外环境、节能与能源利用、节水与水资源利用、节材与材料资源利用、室内环境质量、施工管理、运营管理7类指标组成。每类指标均包括控制项和评分项。评价指标体系还统一设置加分项。

2.2.1 送审要求

绿色建筑运行申请评价方依据有关管理制度文件确定。绿色建筑注重全寿命期内能源资源节约与环境保护的性能，申请评价方应对建筑全寿命期内各个阶段进行控制，综合考虑性能、安全、耐久、经济、美观等因素，优化建筑技术、设备和材料选用，综合评估建筑规模、建筑技术与投资之间的总体平衡，并按本标准的要求提交相应分析、测试报告和相关文件。

绿色建筑运行标识可由业主单位或委托物业管理单位、咨询单位进行申报，同时，鼓励设计和施工单位参与申报工作。申请单位应当统一填写和编制绿色建筑运行申请评价文件，并将成果送审。所有文本采用A4纸装订，并附电子文档。

2.2.2 审查文件存档

绿色建筑运行申请评价方依据有关管理制度文件将各个阶段进行控制、优化建筑技术、设备和材料选用整理后，按标准要求对测试报告和相关文件、支撑材料等资料归档保存。

2.2.3　审查费用

绿色建筑运行审查全国各省市有不同收费标准，同时，现阶段参照国家及各地情况，对评上星级的项目给予补助或免收审查费用的不同鼓励。

2.2.4　审查要求

绿色建筑评价机构应按照标准的有关要求审查申请评价方提交的报告、文档，并在评价报告中确定等级。对申请运行评价的建筑，评价机构还应组织现场考察，进一步审核规划设计要求的落实情况以及建筑的实际性能和运行效果。当绿色建筑总得分分别达到50分、60分、80分时，绿色建筑等级分别为一星级、二星级、三星级。

2.3　审查附件

附件1　民用建筑绿色设计审查备案登记表
附件2　民用建筑绿色设计专篇
附件3　民用建筑绿色设计支撑材料汇总表

附件1　民用建筑绿色设计审查备案登记表

附件说明：

（1）附件对绿色建筑设计的分类

绿色建筑设计范围包含了所有的民用建筑，本附表仅仅列举居住建筑和公共建筑部分，其他的按项目不同有所变化，建设项目应按照不同建筑分类进行绿色建筑施工图设计和审查。

（2）附件的组成

绿色建筑施工图设计和审查文件包括《绿色建筑施工图设计审查备案登记表》、《绿色建筑施工图设计专篇及审查表》、《绿色建筑施工图设计支撑材料》和《绿色建筑施工图设计要求及审查要点》。

（3）附件中相关文件的作用

《绿色建筑施工图设计审查备案登记表》是设计单位进行绿色建筑设计时内部审核控制和施工图设计审查机构对绿色设计审查成果的集中反映，也是主管部门监管绿色建筑设计质量的基本依据。《绿色建筑施工图设计专篇及审查表》中的“设计专篇”是设计单位对绿色建筑评价条文达标情况的简要说明，也是施工图审查机构对绿色建筑达标审查的重要依据；“审查表”则是施工图审查机构实施绿色建筑设计审查的记录。《绿色建筑施工图设计支撑材料》是设计单位所提交绿色建筑设计成果合法性、完整性、科学性和时效性的具体内容。《绿色建筑施工图设计要求及审查要点》是绿色建筑设计和审查的指南及工具性文件。

（4）附件中重点内容

附件对土地、规划、环保等前置行政审批文件，土壤等检测报告、交通分析图等其他材料均用★标示，施工图审查机构进行绿色建筑设计审查时，对上述材料只复核其完整性和时效性，材料的真实性和有效性由相关行政管理部门、检测机构和建设单位负责。

(1) 居住建筑

项目绿色建筑设计审查备案表			
项目名称		项目地址	
建设单位		设计单位	
建设目标	□一星级　□二星级　□三星级		
建筑类型	□低层　□多层　□中高层　□高层		
项目用地面积		项目建筑面积	
地上建筑面积		地下建筑面积	
计入容积率面积		容积率	
是否有旧建筑	□是　□否		

一、建筑规划设计指标

1. 场地内有何资源或地形：_______；建设是否破坏当地资源或地形：□是　□否

2. 场地选址附件是否存在威胁或危险源：□是　□否；威胁或危险源类型：_____；氡含量：_______

3. 住宅层数____、住区用地面积____m^2、居住人口____人、人均居住用地指标____m^2/人

4. 住区建筑布局是否满足室内外的日照环境、采光和通风的要求：□是　□否；住区位于______气候区；所在城市为：_______；属于：大城市、中小城市；住宅标准日最低日照时数：______小时；住区内是否有老人居住建筑：□是　□否；如有老人居住建筑，则老年人居住建筑冬至日日照时数：________小时；是否为旧区改建内的新建住宅：□是　□否

5. 绿化物种是否主要选用适宜当地气候和土壤条件的乡土植物：□是　□否

6. 住区绿地面积______m^2；住区用地面积________m^2；住区绿地率______；住区总公共绿地面积：________m^2；人均公共绿地面积：______m^2

7. 住区内部是否有排放超标的污染源：□是　□否

8. 住区内是否建立会所及幼儿园：□是　□否；住区及周边服务半径内可共享的公共服务设施类别包括：□教育　□医疗卫生　□文化体育　□商业服务　□金融邮电　□社区服务□市政公用□市政管理

9. 是否有尚可利用的旧建筑：□是　□否；原有旧建筑面积______m^2；旧建筑利用面积______m^2

10. 室内外声环境评价：项目所在区域所属类型__________；环境噪声最大值：昼间：________；夜间：________；数据来源：□环评报告　□第三方模拟报告；围护结构隔声量是否满足《民用建筑隔声设计规范》GB 50118—2010中的要求：□是　□否

11. 日平均热岛强度______℃

12. 室外风环境模拟得到的建筑周围人行区距地1.5m处风速为______m/s；风速放大系数为________

13. 公交站点距项目出入口距离：________；数量：_______；名称：________

14. 住区非机动车道路、地面停车场和其他硬质铺地是否采用透水地面：□是　□否；室外透水地面面积：______m^2；室外地面面积：________m^2；室外透水地面面积比：______%

15. 达到建筑能效理论值标识______星的要求

16. 地下空间的开发与利用：地下建筑面积______m^2；地面建筑面积_______m^2；地下空间建筑面积与建筑占地面积比______；地下空间主要功能为：__________

17. 是否利用废弃场地：□是　□否；废弃场地类型：________；是否已对原场地进行检测或处理：□是　□否

18. 是否选用无地质灾害隐患的山地建设：□是　□否；山地坡度：__________

续表

19. 建筑是否传承和发扬地方建筑文化传统：□是　□否

20. 场地的林荫率：＿＿＿＿；遮荫率：＿＿＿＿

21. 建筑所处城市建筑气候分区＿＿＿＿；屋顶透明部分面积比例＿＿＿；屋面传热系数＿＿＿；外墙（包括非透明幕墙）传热系数＿＿＿＿；底面接触室外空气的架空或外挑楼板传热系数＿＿＿；外窗（包括透明幕墙）传热数＿＿＿；遮阳系数＿＿＿；屋顶透明部分传热系数＿＿＿；遮阳系数＿＿＿；地面热阻＿＿＿；地下室外墙热阻＿＿＿

22. 建筑体形系数＿＿＿；住宅建筑的窗墙比为：东向＿＿＿；南向　；西向＿＿＿；北向＿＿＿；住宅建筑朝向＿＿＿、楼距＿＿＿和窗墙面积比＿＿＿；卧室是否设置外遮阳装置：□是　□否；安装朝向为＿＿＿；起居室是否设置外遮阳装置：□是　□否，安装朝向为＿＿＿＿

23. 装饰性构件：□有　□无；装饰性构件工程造价：＿＿＿万元；工程总造价：＿＿＿万元；装饰性构件造价占工程总造价比例＿＿＿%；女儿墙高度：＿＿＿m；是否采用了不符合当地条件、并非有利于节能的双层外墙：□是　□否；双层外墙面积＿＿＿；外墙总面积＿＿＿；双层外墙面积是否小于外墙总面积的20%：□是□否

24. 建筑设计选材时可再循环材料使用重量：＿＿＿吨；所有建筑材料总重量：＿＿＿吨；可再循环材料使用重量占所用建筑材料总重量的比例＿＿＿

25. 是否采用土建与装修一体化设计：□是　□否

26. 经日照模拟计算，满足日照标准的居住空间个数是否标准要求：□是　□否

27. 室内自然采光系数：卧室＿＿；起居室＿＿；书房＿＿；厨房＿＿＿；通过采光模拟，满足采光要求的功能房间面积占功能房间总面积的比例为＿＿＿

28. 卧室在关窗状态下的噪声为＿＿＿dB；起居室在关窗状态下的噪声为＿＿dB；楼板和分户墙的空气声计权隔声量为＿＿＿dB；楼板的计权标准化撞击声声压级为＿＿＿dB；户门的空气声计权隔声量为＿＿＿dB

29. 室内自然通风设计指标与评价：通风开口面积与该房间地面面积之比大于＿＿＿；室内通风换气装置的最大换气次数为＿＿＿

30. 居住空间开窗是否具有良好的视野，且能避免户间居住空间的视线干扰：□是　□否；两幢住宅楼居住空间的水平视线距离最小为＿＿＿m；这两幢楼名称为＿＿＿；住宅卫生间外窗的设置是否满足要求：□是　□否

31. 屋面、地面、外墙和外窗的内表面温度设计值是否满足标准要求：□是　□否

32. 在自然通风条件下，房间的屋顶内表面最高温度为＿＿＿℃；东外墙的内表面最高温度为＿＿＿℃；西外墙内表面的最高温度为＿＿＿℃

33. 建筑所采用的外遮阳设置：□建筑一体化固定遮阳措施　□可调节外遮阳设施；外遮阳应用部位：□东向　□南向　□西向　□北向

34. 是否利用有效措施降低或改善室内太阳辐射中紫外线指数UVB、UVA：□是　□否；所采用的措施：＿＿＿＿＿＿

二、结构设计指标

1. 现浇混凝土是否全部采用预拌混凝土：□是　□否；商品砂浆的使用量占砂浆总量的比例：＿＿＿＿%
2. 是否采用高强度钢：□是　□否；高强度钢使用比例＿＿＿＿%
3. 是否采用高性能混凝土：□是　□否；高性能混凝土使用比例＿＿＿%
4. 是否采用高耐久性混凝土：□是　□否；高耐久性混凝土使用比例＿＿＿＿%
5. 主体结构体系：□钢结构体系　□非黏土砖砌体结构体系　□木结构　□预制混凝土结构体系　□其他
6. 设计时所采用的抗震设防烈度＿＿＿；设计基本地震加速度值＿＿＿；设计地震分组：＿＿＿
7. 是否采用减隔震技术：□是　□否；所采用的减震措施：＿＿＿＿；隔震措施：＿＿＿＿

续表

三、给水排水设计指标

1. 水系统规划方案的内容包括有：□用水定额的确定 □用水量估算及水量平衡 □给水排水系统设计 □节水器具选用 □非传统水源利用 □其他

2. 是否采取有效措施避免管网漏损：□是 □否；避免管网漏损措施：____

3. 是否采用了节水器具：□是 □否；主要节水器具名称____；节水器主要特点____；节水率____；是否采用减压限流措施：□是 □否；入户管表前供水压力为____

4. 景观用水是否采用了市政自来水或自备地下水井供水：□是 □否

5. 采用的绿化灌溉方式为：□滴灌 □微喷灌 □渗灌 □管灌 □喷灌 □其他

6. 是否采用中水回用技术：□是 □否；中水水源为：□市政再生水 □建筑中水设施；中水用于：□绿化浇灌 □道路冲洗 □车库冲洗 □室内冲厕 □冷却塔补水 □景观补水 其他

7. 规定性指标：室内冲厕用水采用再生水和雨水（有水箱的冲洗系统不采用）的比例：____%；室外杂用水采用再生水和雨水的比例：____%；性能性指标：非传统水源利用率：____%；使用非传统水源时，是否采取用水安全保障措施：□是 □否

8. 地表与屋面雨水径流途径：____；为降低地表径流，是否采用渗透措施增加雨水渗透量：□是 □否

9. 是否采用雨水回用技术：□是 □否；回用雨水用于：□绿化浇灌 □道路冲洗 □车库冲洗 □室内冲厕 □冷却塔补水 □景观补水 □其他

10. 非饮用水采用再生水时，是否优先利用附近集中再生水厂的再生水：□是 □否

11. 室内生活排水采用：□污废分流 □污废合流；建筑雨水排放采用：□雨污分流□雨污合流

12. 消防水池储水合理循环利用的措施：____

13. 达到建筑能效理论值标识____星的要求

14. 太阳能热水系统是否与建筑进行统一规划、设计：□是 □否

15. 太阳能热水系统所提供热水占生活热水的比例：____%

16. 设备、管道的设置是否便于维修、改造和更换：□是____□否

四、暖通设计指标

1. 是否采用集中空调（采暖）系统：□是 □否；当采用集中空调（采暖）系统时，空调系统形式为：____，所选用的冷水机组或单元式空调机组的性能系数：____；能效比：____

2. 当采用集中空调（采暖）系统时，是否设置室温调节和热量计量设施：□是 □否

3. 达到建筑能效理论值标识____星的要求

4. 集中采暖系统热水循环水泵的耗电输热比：____，集中空调系统风机单位风量耗功率：____

5. 空调冷水系统的输送系数为：____；空调热水系统的输送系数为：____；空调冷却水系统的输送系数为：____

6. 采用集中采暖和（或）集中空调系统的住宅，是否设置能量回收系统：□是 □否

7. 主要功能房间是否设置通风换气装置：□是 □否；新风量为：____；是否设有独立新风系统：□是 □否；新风量为：____

8. 设备、管道的设置是否便于维修、改造和更换：□是 □否

五、电气设计指标

1. 公共场所和部位的照明是否采用高效光源、高效灯具和低损耗镇流器等附件：□是 □否；主要功能房间类型：____；设计照度值：____；照明功率密度：____

2. 住宅水、电、燃气分户是否进行分类计量与收费：□是 □否

3. 公共场所和部位照明功率密度值不高于现行设计标准的：□现行值 □目标值；是否采取其他节能控制措施，在有自然采光的区域设定时或光电控制：□是 □否

4. 达到建筑能效理论值标识____星的要求

5. 智能化系统是否完善：□是 □否；主要功能包括：____

6. 采用的技术是否是先进、实用、可靠，是否达到安全防范子系统、管理与设备监控子系统与信息网络子系统的基本配置要求：□是 □否

7. 设备、管道的设置是否便于维修、改造和更换：□是 □否

(2) 公共建筑

<table>
<tr><td colspan="4">项目绿色建筑设计审查备案表</td></tr>
<tr><td>项目名称</td><td></td><td>项目地址</td><td></td></tr>
<tr><td>建设单位</td><td></td><td>设计单位</td><td></td></tr>
<tr><td>建设目标</td><td colspan="3">□一星级　　□二星级　　□三星级</td></tr>
<tr><td>建筑类型</td><td colspan="3">□办公建筑　□商业建筑　□宾馆建筑　□学校建筑
□医院建筑　□商业综合体　□其他建筑</td></tr>
<tr><td>项目用地面积</td><td></td><td>项目建筑面积</td><td></td></tr>
<tr><td>地上建筑面积</td><td></td><td>地下建筑面积</td><td></td></tr>
<tr><td>是否有旧建筑</td><td colspan="3">□是　□否</td></tr>
<tr><td colspan="4">一、建筑规划设计指标</td></tr>
</table>

1. 场地内有何资源或地形：________ ；建设是否破坏当地资源或地形：□是　□否

2. 场地选址附近是否存在威胁或危险源：□是　□否；威胁或危险源类型：________

3. 建筑是否对周围建筑造成光污染：□是　□否；是否影响周围居住建筑的日照要求：□是　□否

4. 场地内是否存在污染物排放超标的建筑或设施：□是　□否；避免排放超标的控制措施：________

5. 室内外声环境评价：项目所在区域所属类型：______；环境噪声最大值：昼间：______、夜间：____；数据来源：□环评报告（表）□第三方模拟报告；建筑是否为宾馆类建筑：　□是　□否；围护结构隔声量是否满足《民用建筑隔声设计规范》GB 50118—2010 中的一级要求：□是　□否

6. 室外风环境模拟得到的建筑周围人行区 1.5m 处风速是否小于 5m/s：□是　□否

7. 建筑采用空间绿化方式：是否采用屋顶绿化：□是　□否；屋顶可绿化面积：______；屋顶绿化面积：____；屋顶绿化面积与屋顶可绿化面积比例为：______；是否采用垂直绿化：□是　□否

8. 室外绿化种植植物是否为乡土植物：□是　□否；室外绿化是否采用乔、灌复层绿化：□是　□否

9. 达到建筑能效理论值标识______星的要求

10. 公交站点距项目出入口距离：______；数量：______；名称：______；交通组织人车分流：□是　□否

11. 地下空间的开发与利用：地下建筑面积______m^2，地上建筑面积______m^2，地下空间建筑面积与建筑占地面积比：______；地下空间主要功能为：______

12. 是否利用废弃场地：□是　□否；废弃场地类型：________；是否已对原场地进行检测或处理：□是　□否

13. 是否将尚可利用的旧建筑纳入规划项目：□是　□否；保留和利用的旧建筑部分为：□立面　□环境　□主体结构□室内空间

14. 室外透水地面面积：____m^2（自然裸露地面、公共绿地、绿化地面和镂空面积大于等于 40%的镂空铺地，如植草砖）；室外地面面积：____m^2；室外透水地面面积比：______%

15. 是否选用无地质灾害隐患的山地建设：□是　□否，山地坡度：________

16. 建筑是否传承和发扬地方建筑文化传统：□是　□否

17. 场地的林荫率：________；遮荫率：________

18. 建筑所处城市建筑气候分区：________；屋顶透明部分面积比例：______；屋面传热系数：______；外墙（包括非透明幕墙）传热系数：________；底面接触室外空气的架空或外挑楼板传热系数：______；外窗（包括透明幕墙）传热系数：______；遮阳系数：______；屋顶透明部分传热系数：______；遮阳系数：______；地面热阻：______；地下室外墙热阻：________

19. 建筑总平面设计是否有利于冬季日照并避开冬季主导风向，夏季利于自然通风：□是　□否

20. 建筑外窗可开启面积：______m^2；占外窗面积比例：______；建筑幕墙是否具有可开启部分或设有通风换气装置：□是　□否

续表

21. 外窗、幕墙的气密性等级：______
22. 装饰性构件：□有 □无；装饰性构件工程造价：______万元；工程总造价：______万元；装饰性构件造价占工程总造价比例：______%；女儿墙高度：______m
23. 建筑设计选材时可再循环材料使用重量：______吨；所有建筑材料总重量：______吨；可再循环材料使用重量占所用建筑材料总重量的比例：______
24. 是否采用土建与装修一体化设计：□是 □否
25. 大开间区域采用可变功能设计：□是 □否；可灵活隔断的空间与整个室内空间面积比：______
26. 建筑围护结构内部和表面温度设计值是否满足标准要求：□是 □否
27. 室内自然通风设计指标：建筑设计和构造设计是否有助于促进自然通风：□是 □否；室内通风换气装置的最大换气次数：______
28. 建筑平面布局和空间功能安排是否合理：□是 □否
29. 室内自然采光系数：办公室______；会议室______；客房______；其他______；满足采光要求的功能房间面积占功能房间总面积的比例为：______；是否采用合理措施改善室内或地下空间的自然采光效果：□是 □否
30. 建筑无障碍设施：□无障碍入口 □无障碍通道 □无障碍楼梯 □无障碍厕所
31. 建筑采用的外遮阳设置：□建筑一体化固定遮阳措施 □可调节外遮阳设施；外遮阳应用部位：□东向 □南向 □西向 □北向
32. 是否利用有效措施降低或改善室内太阳辐射中紫外线指数UVB、UVA：□是 □否；所采用的措施：______

二、结构设计指标

1. 现浇混凝土是否全部采用预拌混凝土：□是 □否；商品砂浆的使用量占砂浆总量的比例：______
2. 是否采用高强度钢：□是 □否；高强度钢使用比例：______%
3. 是否采用高性能混凝土：□是 □否；高性能混凝土使用比例：______%
4. 是否采用高耐久性混凝土：□是 □否；高耐久性混凝土使用比例：______%
5. 主体结构体系：□钢结构体系 □非黏土砖砌体结构体系 □木结构 □预制混凝土结构体系 □其他：
6. 设计时所采用的抗震设防烈度：______；设计基本地震加速度值：______；设计地震分组：
7. 是否采用减隔震技术：□是 □否，所采用的减震措施：____________；隔震措施：______

三、给水排水设计指标

1. 水系统规划方案的内容包括有：□用水定额的确定 □用水量估算及水量平衡 □给水排水系统设计 □节水器具选用 □非传统水源利用 □其他
2. 室内生活排水采用：□污废分流 □污废合流；建筑雨水排放采用：□雨污分流 □雨污合流
3. 是否采取有效措施避免管网漏损：□是 □否，避免管网漏损的措施：______
4. 是否采用了节水器具：□是 □否；主要节水器具名称：______；节水器主要特点：______；节水率：______
5. 非传统水源利用率：室内冲厕用水采用再生水和雨水的比例：______%；室外杂用水采用再生水和雨水的比例：______%；办公楼、商场类建筑非传统水源利用率：____%；旅馆类建筑非传统水源利用率：______%，使用非传统水源时，是否采取用水安全保障措施：□是 □否
6. 采用的绿化灌溉方式为：□滴灌 □微喷灌 □渗灌 □管灌 □喷灌 □其他
7. 是否采用雨水综合利用技术：□是 □否；回用雨水用于：□绿化浇灌 □道路冲洗 □车库冲洗 □室内冲厕 □冷却塔补水 □景观补水 □其他
8. 是否采用中水回用技术：□是 □否；中水水源为：□市政再生水 □建筑中水设施；中水用于：□绿化浇灌 □道路冲洗 □车库冲洗 □室内冲厕 □冷却塔补水 □景观补水 □回补地下水 □其他
9. 非饮用水采用再生水时，是否优先利用附近集中再生水厂的再生水：□是 □否
10. 是否设置用水的分项计量和分级计量：□是 □否
11. 消防水池储水合理循环利用的措施：______
12. 太阳能热水系统是否与建筑进行统一规划、设计：□是 □否
13. 是否充分利用太阳能等可再生能源：□是 □否；可再生能源生产热水量占建筑生活热水消耗量的比例：______
14. 达到建筑能效理论值标识______星的要求
15. 设备、管道的设置是否便于维修、改造和更换：□是 □否

续表

四、暖通设计指标

1. 是否采用电热锅炉、电热水器作为直接采暖和空气调节系统的热源：□是 □否；空调系统采用的冷热源形式：□常规水冷机组 □常规水冷机组＋锅炉 □常规水冷机组＋风冷热泵机组 □常规水冷机组＋热源塔供热机组 □水源热泵机组 □蒸发式冷凝机组 □风冷热泵机组 □高效多联机空调机组 □地源热泵机组 □分体空调器；空调冷源设备的IPLV值为：___；锅炉热效率为：___；如采用水源热泵机组或地源热泵机组，其提供的负荷占总负荷比例：________

2. 达到建筑能效理论值标识______星的要求

3. 是否合理采用蓄冷蓄热技术：□是 □否；用于蓄冷的电驱动蓄能设备提供的冷量达到设计日累计负荷的：______%

4. 是否利用排风对新风进行预热（或预冷）处理，以降低新风负荷：□是 □否

5. 全空气空调系统是否采取实现全新风运行或可调新风比的措施：□是 □否

6. 空调系统的部分负荷调节措施为：□分区控制 □空调主机台数控制 □水系统变流量运行 □空调风系统变速运行

7. 空调冷水系统的输送系数为：______；空调热水系统的输送系数为：______；空调冷却水系统的输送系数为：________

8. 空气处理机组按照风量加权平均后的单位风量功耗为：______；冷热水系统的输送能效比：______

9. 是否选用余热或废热利用等方式提供建筑所需蒸汽或生活热水：□是 □否

10. 若采用集中空调，房间内的温度：___；湿度：___；风速：______；新风量：______

11. 系统采用的空调末端形式：□独立开启形式 □温度调节形式 □温度独立调节形式

12. 设备、管道的设置是否便于维修、改造和更换：□是 □否

五、电气设计指标

1. 各房间照明功率密度值不高于现行设计标准的：□现行值 □目标值

2. 冷热源、输配系统和照明等各部分能耗是否进行独立分项计量：□是 □否

3. 是否充分利用太阳能等可再生能源：□是 □否；可再生能源发电量占建筑用电量的比例：________

4. 达到建筑能效理论值标识______星的要求

5. 是否采用分布式热电冷联供技术：□是 □否

6. 建筑室内照度、统一眩光值、一般显色指数等指标是否满足现行国家标准《建筑照明设计标准》GB 50034中的有关要求：□是 □否

7. 是否设置室内空气质量监控系统，保证健康舒适的室内环境：□是 □否

8. 建筑通风、空调、照明等设备是否实施自动监控系统技术：□是 □否；能够实现：□空调系统、通风设备、环境参数的定期自动监测和记录 □空调通风系统根据负荷变化而自动调节 □公共区域照明系统自动调节

9. 智能化系统是否完善：□是 □否；主要功能包括：__________

10. 采用的技术是否是先进、实用、可靠，达到安全防范子系统、管理与设备监控子系统与信息网络子系统的基本配置要求：□是 □否

11. 设备、管道的设置是否便于维修、改造和更换：□是 □否

建设单位意见	负责人：	（盖章） 年 月 日
设计单位内部审核综合结论	□填报内容属实并与设计图纸内容一致 □各专业绿色建筑设计符合国家和地方相关标准要求 负责人：	（盖章） 年 月 日

民用建筑绿色设计审查汇总（略）

附件 2　民用建筑绿色设计专篇

(1) 居住建筑

1. 设计依据

《绿色建筑评价标准》　GB 50378—2014

《各省、市、自治区绿色建筑评价标准》

《民用建筑绿色设计规范》　JGJ/T 229—2010

《建筑采光设计标准》　GB 50033—2013

《建筑照明设计标准》　GB 50034—2013

《民用建筑热工设计规范》　GB 50176—1993

《民用建筑节水设计标准》　GB 50555—2010

《建筑幕墙》　GB 21086—2007

《建筑外窗气密、水密、抗风压性能分级及其检测方法》　GB/T 7106—2008

《建筑门窗玻璃幕墙热工计算规程》　JGJ/T 151—2008

《各省、市、自治区民用建筑节能设计标准》

国家、省、市现行的相关建筑节能法律、法规

2. 工程概况

申报绿色建筑的区域范围示意图：(应注明北向角度)

项目用地面积：__________m^2

项目建筑面积，其中地上：__________m^2，地下：__________m^2，计入容积率面积：__________m^2，容积率：__________

是否有旧建筑：有□　　　无□

3. 通用评星标准

根据《绿色建筑评价标准》GB 50378—2014 及《各省、市、自治区绿色建筑评价标准》绿色建筑应满足标准中所有控制项的要求，并按满足评分项的分数要求。

4. 不参评条文说明

(1) 不参评条文分为两类：第一类为设计阶段不参评；第二类为特定情况下不参评。

(2) 设计阶段不参评条文。

(3) 特定情况下不参评条文。

按照《各省、市、自治区绿色建筑评价标准》规定的特定情况下不参评条文确定。

5. 本项目评星标准

绿色建筑评价的总得分按下式进行计算，其中评价指标体系 7 类指标评分项的权重 $w_1 \sim w_7$ 按《绿色建筑评价标准》GB 50378—2014 下表取值。

$$\sum Q = w_1 Q_1 + w_2 Q_2 + w_3 Q_3 + w_4 Q_4 + w_5 Q_5 + w_6 Q_6 + w_7 Q_7 + Q_8$$

绿色建筑各类评价指标的权重

		节地与室外环境 w_1	节能与能源利用 w_2	节水与水资源利用 w_3	节材与材料资源利用 w_4	室内环境质量 w_5	施工管理 w_6	运营管理 w_7
设计评价	居住建筑	0.21	0.24	0.20	0.17	0.18	—	—
	公共建筑	0.16	0.28	0.18	0.19	0.19	—	—

续表

		节地与室外环境 w_1	节能与能源利用 w_2	节水与水资源利用 w_3	节材与材料资源利用 w_4	室内环境质量 w_5	施工管理 w_6	运营管理 w_7
运行评价	居住建筑	0.17	0.19	0.16	0.14	0.14	0.10	0.10
	公共建筑	0.13	0.23	0.14	0.15	0.15	0.10	0.10

注：1. 表中“——”表示施工管理和运营管理两类指标不参与设计评价。2. 对于同时具有居住和公共功能的单体建筑，各类评价指标权重取为居住建筑和公共建筑所对应权重的平均值。

（2）公共建筑

1. 设计依据

（1）《绿色建筑评价标准》　GB 50378—2014

（2）《民用建筑绿色设计规范》　JGJ/T 229—2010

（3）《建筑采光设计标准》　GB 50033—2013

（4）《建筑照明设计标准》　GB 50034—2013

（5）《民用建筑热工设计规范》　GB 50176—1993

（6）《民用建筑节水设计标准》　GB 50555—2010

（7）《建筑幕墙》　GB 21086—2007

（8）《公共建筑节能设计标准》　GB 50189—2015

（9）《建筑外窗气密、水密、抗风压性能分级及其检测方法》　GB/T 7106—2008

（10）《建筑门窗玻璃幕墙热工计算规程》　JGJ/T 151—2008

（11）《各省、市、自治区绿色建筑评价标准》

（12）国家、省、市现行的相关建筑节能法律、法规

2. 工程概况

（1）申报绿色建筑的区域范围示意图：(应注明北向角度)

（2）项目用地面积：______________m^2

（3）项目建筑面积，其中地上：______________m^2，地下：________________m^2

（4）是否有旧建筑：有□　　　无□

3. 通用评星标准

绿色建筑评价的总得分按下式进行计算，其中评价指标体系 7 类指标评分项的权重 $w_1 \sim w_7$ 按《绿色建筑评价标准》GB 50378—2014 下表取值。$\sum Q = w_1 Q_1 + w_2 Q_2 + w_3 Q_3 + w_4 Q_4 + w_5 Q_5 + w_6 Q_6 + w_7 Q_7 + Q_8$

绿色建筑各类评价指标的权重

		节地与室外环境 w_1	节能与能源利用 w_2	节水与水资源利用 w_3	节材与材料资源利用 w_4	室内环境质量 w_5	施工管理 w_6	运营管理 w_7
设计评价	居住建筑	0.21	0.24	0.20	0.17	0.18	—	—
	公共建筑	0.16	0.28	0.18	0.19	0.19	—	—
运行评价	居住建筑	0.17	0.19	0.16	0.14	0.14	0.10	0.10
	公共建筑	0.13	0.23	0.14	0.15	0.15	0.10	0.10

注：1. 表中“——”表示施工管理和运营管理两类指标不参与设计评价。2. 对于同时具有居住和公共功能的单体建筑，各类评价指标权重取为居住建筑和公共建筑所对应权重的平均值。

4. 不参评条文说明。不参评条文分为两类：第一类为设计阶段不参评；第二类为特定情况下不参评。

附件3　民用建筑绿色设计支撑材料汇总表

(1) 居住建筑

支撑材料编号	支撑材料名称	是否需要提交
1	土地使用证	□
2	立项批复文件	□
3	规划许可证	□
4	规划现状地形图	□
5	环评报告书（表）	□
6	场址检测报告	□
7	文物局、园林局、旅游局或自然保护区管理部门的相关证明文件	□
8	场地相关专项报告	□
9	项目审批文件	□
10	原始场地地形图	□
11	日照模拟分析报告	□
12	噪声现场测试报告	□
13	噪声相关设计分析文件	□
14	热岛模拟分析报告	□
15	室外风环境模拟分析报告	□
16	自然通风效果优化模拟计算报告	□
17	自然采光效果优化模拟计算报告	□
18	建筑总平面图	□
19	建筑地下空间设计图纸及说明	□
20	建筑效果图	□
21	建筑施工图设计说明及图纸	□
22	门窗表	□
23	窗地面积比计算说明书	□
24	热工计算说明书	□
25	节能计算报告	□
26	内表面温度计算说明书	□
27	遮阳系统设计说明及图纸	□
28	玻璃和遮阳产品对紫外线防护的检测报告	□
29	旧建筑相关图纸或照片	□
30	旧建筑改造方案（图纸和说明）	□
31	旧建筑结构检测报告	□

续表

支撑材料编号	支撑材料名称	是否需要提交
32	废弃地处理方案	□
33	建设场地处理方案	□
34	可体现对污染源控制措施的图纸或说明	□
35	交通分析图	□
36	最新交通地图	□
37	景观绿化施工图设计说明及图纸	□
38	场地铺装图	□
39	种植设计施工图	□
40	苗木表	□
41	暖通施工图设计说明及图纸	□
42	热量分户计量系统图	□
43	《各省、市、自治区建筑能效标识测评报告（理论值标识）》	□
44	热回收系统设计说明	□
45	太阳能系统施工图设计说明及图纸	□
46	太阳能热水系统与建筑统一设计文件	□
47	电气施工图设计说明及图纸	□
48	建筑智能化施工图设计说明及图纸	□
49	给水排水施工图设计说明及图纸	□
50	非传统水源利用方案	□
51	景观用水施工图设计说明及图纸	□
52	雨水系统施工图设计说明及图纸	□
53	中水系统施工图设计说明及图纸	□
54	再生水利用方案及设计说明	□
55	雨水系统设计计算书	□
56	非传统水源利用率计算书	□
57	消防水池综合利用施工图设计说明及图纸	□
58	结构施工图设计说明及图纸	□
59	每平方米用钢量、每平方米混凝土用量说明书	□
60	建筑工程造价预算表	□
61	双层外墙面积占外墙总面积比例的计算书	□
62	装饰性构件造价占工程总造价比例的计算书	□
63	全部使用预拌混凝土的相关证明	□
64	使用商品砂浆比例证明材料	□
65	混凝土竖向承重结构高性能混凝土的比例计算书	□
66	混合结构的受力钢筋中高强度钢的比例计算书	□
67	高耐久性的高性能混凝土的比例计算书	□

续表

支撑材料编号	支撑材料名称	是否需要提交
68	可再循环材料使用重量占所有建筑材料总重量的比例计算书	□
69	土建和装修工程一体化设计文件	□
70	工厂化预制的装修材料或部件重量占装饰装修材料总重量的比例计算书	□
71	结构体系（包括各水平、竖向分体系，基坑支护方案）优化论证报告	□

（2）公共建筑

支撑材料编号	支撑材料名称	是否需要提交
1	土地使用证	□
2	立项批复文件	□
3	规划许可证	□
4	规划现状地形图	□
5	环评报告书（表）	□
6	场址检测报告	□
7	文物局、园林局、旅游局或自然保护区管理部门的相关证明文件	□
8	原始场地地形图	□
9	场地相关专项报告	□
10	日照模拟分析报告	□
11	噪声现场测试报告	□
12	噪声相关设计分析文件	□
13	室外风环境模拟分析报告	□
14	自然通风效果优化模拟计算报告	□
15	自然采光效果优化模拟计算报告	□
16	室内背景噪声设计及计算说明书	□
17	建筑总平面图	□
18	建筑效果图	□
19	建筑施工图设计说明及图纸	□
20	交通分析图	□
21	最新交通地图	□
22	建筑地下空间设计图纸及说明	□
23	废弃地处理方案	□
24	建设场地处理方案	□
25	旧建筑相关图纸或照片	□
26	旧建筑结构检测报告	□
27	旧建筑改造方案（图纸和说明）	□
28	可体现各控制措施的图纸或说明	□
29	玻璃幕墙或镜面式铝合金装饰外墙设计文件	□
30	玻璃幕墙相关专项报告	□

续表

支撑材料编号	支撑材料名称	是否需要提交
31	玻璃和遮阳产品对紫外线防护的检测报告	□
32	遮阳系统设计说明及图纸	□
33	门窗表	□
34	幕墙设计说明及计算书	□
35	维护结构做法详图	□
36	屋顶绿化施工图设计说明及图纸	□
37	垂直绿化施工图设计说明及图纸	□
38	景观绿化施工图设计说明及图纸	□
39	种植设计施工图	□
40	苗木表	□
41	场地铺装图	□
42	节能计算报告	□
43	热工计算说明书	□
44	暖通施工图设计说明及图纸	□
45	建筑能耗分项计量系统图纸	□
46	《各省、市、自治区建筑能效标识测评报告（理论值标识）》	□
47	可再生能源应用系统与建筑统一设计文件	□
48	可再生能源应用系统设计说明及图纸	□
49	蓄冷蓄热技术设计说明及计算报告	□
50	排风热回收系统设计说明	□
51	利用排风对新风进行预热（或预冷）系统设计图	□
52	风机的单位风量耗功率和冷热水系统的输送能效比的计算书	□
53	特殊空间气流组织设计说明	□
54	电气施工图设计说明及图纸	□
55	景观照明设计说明及图纸	□
56	照明功率密度计算书	□
57	分布式热电冷联供系统设计说明及图纸	□
58	建筑智能化施工图设计说明及图纸	□
59	给水排水施工图设计说明及图纸	□
60	非传统水源利用方案	□
61	避免管网漏损产品设计说明	□
62	雨水系统施工图设计说明及图纸	□
63	中水系统施工图设计说明及图纸	□
64	景观用水施工图设计说明及图纸	□
65	雨水系统设计计算书	□
66	再生水利用方案及设计说明	□

续表

支撑材料编号	支撑材料名称	是否需要提交
67	非传统水源利用率计算书	□
68	消防水池综合利用施工图设计说明及图纸	□
69	建筑工程造价预算表	□
70	装饰性构件造价占工程总造价比例的计算书	□
71	装饰性构件及其功能一览表	□
72	结构施工图设计说明及图纸	□
73	每平方米用钢量、每平方米混凝土用量说明书	□
74	混凝土竖向承重结构高性能混凝土的比例计算书	□
75	混合结构的受力钢筋中高强度钢的比例计算书	□
76	高耐久性的高性能混凝土的比例计算书	□
77	可再循环材料使用重量占所有建筑材料总重量的比例计算书	□
78	土建和装修工程一体化设计文件	□
79	工厂化预制的装修材料或部件重量占装饰装修材料总重量的比例计算书	□
80	可变换功能的室内空间采用灵活隔断的比例计算书	□
81	结构体系（包括各水平、竖向分体系，基坑支护方案）优化论证报告	□

课后练习题

第2章　绿色建筑标识送审要求

一、单选题

1. 绿色建筑设计标识评审合格后颁发绿色建筑设计评价标识的有效期为（　　）。

A. 1年　　B. 2年　　C. 3年　　D. 永久

2. 绿色建筑设计标识评价指标体系由几类指标组成。（　　）

A. 5　　B. 4　　C. 3　　D. 2

3. 绿色建筑设计标识审查合格后审查机构应当向建设单位出具（　　）。

A.《绿色建筑施工图设计审查备案登记表》

B.《民用建筑节能设计审查备案登记表》

C.《绿色建筑施工图设计审查备案登记表》

D. 以上都是

4. 设计单位在进行绿色建筑设计时，除满足《绿色建筑评价标准》GB/T 50378—2014外，根据国家规范的要求及相关技术标准进行。同时，还应满足（　　）的要求。

A.《各省、市、自治区民用建筑节能设计标准》

B.《绿色建筑评价标准》

C.《绿色建筑评价技术细则》

D.《绿色建筑评价技术细则补充说明》

5. 对申请运行评价的建筑，评价机构还应组织现场考察，进一步审核规划设计要求的落实情况以及建筑的实际性能和（　　）。

A. 客观性能　　B. 动作效果

C. 运行效果　　D. 工作性能

二、多选题

1. 绿色建筑设计评价标识是由住房和城乡建设部授权机构依据（　　）对完成施工图设计审查阶段的建筑，进行评价标识。

A.《绿色建筑评价标准》

B.《绿色建筑评价技术细则》

C.《绿色建筑评价技术细则补充说明》

D.《绿色建筑评价技术》

2. 绿色建筑设计评价标识的等级由低至高分为（　　）等级。

A. 一星级　　B. 二星级　　C. 三星级　　D. 四星级

3. 绿色建筑设计标识评价指标体系由节地与室外环境和（　　）组成。

A. 节能与能源利用　　B. 节水与水资源利用

C. 节材与材料资源利用　　D. 室内环境质量

三、思考题

1. 设计单位对绿色建筑设计标识送审时需要做哪些工作？

2. 绿色建筑设计标识审查文件存档需要存哪些文件？

第3章　绿色建筑评价标准与解读

3.1　总则与解读

3.1.1　贯彻国家技术经济政策

《绿色建筑评价标准》GB/T 50378—2006（以下称2006年版）总结我国绿色建筑方面的实践经验和研究成果，确立了我国以“四节一环保”为核心内容的绿色建筑发展理念和评价体系。自2006年发布实施以来，已经成为我国各级各类绿色建筑标准研究和编制的重要基础，有效指导了我国绿色建筑实践工作。

“十二五”以来，我国绿色建筑快速发展。随着绿色建筑各项工作的逐步推进，绿色建筑的内涵和外延不断丰富，各行业、各类别建筑践行绿色理念的需求不断提出，由2006～2014年我国建筑行业诸多标准已经更新或将于近期颁布，意味着绿色建筑技术性能参数集体升级为贯彻国家技术经济政策，为节约资源，保护环境，规范绿色建筑的评价，制定《绿色建筑评价标准》GB/T 50378—2014。

3.1.2　标准适用范围

《绿色建筑评价标准》GB/T 50378—2014将标准适用范围由住宅建筑和公共建筑中的办公建筑、商业建筑和旅馆建筑，扩展至各类民用建筑。该建筑因使用功能不同，其能源资源消耗和对环境的影响存在较大差异。本次修订，将适用范围扩展至覆盖民用建筑各主要类型，并兼具通用性和可操作性，以适应现阶段绿色建筑实践及评价工作的需要。

3.1.3　绿色建筑评价原则

绿色建筑评价应遵循因地制宜的原则，结合建筑所在地域的气候、环境、资源、经济及文化等特点，对建筑全寿命期内节能、节地、节水、节材、保护环境等性能进行综合评价。旧标准采用了条数计数法判定级别，新标准采用分数计数法判定级别，这是新标准的重要变化。分数计数法判定级别的最大优势是条文权衡性和弹性空间增强，为绿色建筑设计方案和策略提供更为丰富的遴选空间，基本实现了对建筑全寿命期内各环节和阶段的覆盖。节能、节地、节水、节材和保护环境（四节一环保）是我国绿色建筑发展和评价的核心内容。绿色建筑要求在建筑全寿命期内，最大限度地节能、节地、节水、节材和保护环境，同时满足建筑功能要求。

3.1.4　绿色建筑的评价规定

符合国家法律法规和相关标准是参与绿色建筑评价的前提条件。本标准重点在于对建筑的“四节一环保”性能进行评价，在具体的评价内容上有如下特点：

1. 结构体系更紧凑

保持原有“控制项”不变；取消“一般项”和“优选项”，二者合并成为“评分项”；新增“施工管理”、“提高和创新”。可以说，新增项内容促使绿色建筑设计、建设和运营的发挥空间更加宽阔，致使绿色建筑在整个生命周期内各阶段体现得更加淋漓尽致。

同时，结构体系也沿用了国际主流绿色建筑标准LEED结构体系，赢得绿色建筑业界一致的称赞和肯定，评价方法和结构体系的更新升级，显现出国内绿色建筑逐渐踏入国际主流轨道，于细微处表达了与时俱进、同步国际的理念。

2. 保持级别不变

新标准绿色建筑等级依旧保持为原有三个等级，一星、二星和三星，三星为最高级别。

7大项分数各为100分，提高和创新为10分，7大项通过加权平均计算出分数，并且各大项分数不应少于40分。一星：50～60分；二星：60～80分；三星：80～110分。7大项包括：“节地与室外环境”、“节能与能源利用”、“节水与水资源利用”、“节材与材料资源利用”、“室内环境质量”、“施工管理”、“运营管理”。

3. 条文适用性更加清晰

在评价标准条文说明中，对每个条文均明确说明条文的适用性，主要体现在两个方面，例如：本条文适用所有民用建筑；此条文适用所有民用建筑的运行评价；本条文适用设计标识评价等。这些具体的条文信息使绿色建筑设计工程师对评价标准进一步清晰。

3.2　术语与解读

3.2.1　绿色建筑及其他称谓

《绿色建筑评价标准》GB/T 50378—2014版中，绿色建筑是指在全寿命期内，最大限度地节约资源（节能、节地、节水、节材）、保护环境、减少污染，为人们提供健康、适用和高效的使用空间，与自然和谐共生的建筑。因此，“绿色建筑”的“绿色”，并不是指一般意义的立体绿化、屋顶花园，而是代表一种概念或象征，指建筑对环境无害，能充分利用环境自然资源，并且在不破坏环境基本生态平衡条件下建造的一种建筑，也可称为：可持续发展的建筑或生态、节能环保的建筑。

3.2.2　热岛效应与强度

热岛效应，指由于人为原因，改变了城市地表的局部温度、湿度、空气对流等因素，进而引起的城市小气候变化现象。该现象属于城市气候最明显的特征之一。由于城镇化的速度加快，城市建筑群密集、柏油路和水泥路面比郊区的土壤、植被具有更大的吸热率和更小的比热容，使得城市地区升温较快，并向四周和大气中大量辐射，造成了同一时间城区气温普遍高于周围的郊区气温，高温的城区处于低温的郊区包围之中，如同汪洋大海中的岛屿，人们把这种现象称之为城市热岛效应。热岛强度则是城市内一个区域的气温与郊区气温的差别，用二者代表性测点气温的差值表示，是城市热岛效应的表征参数。

3.2.3 可再生能源

能源可以分为再生能源和非再生能源两大类型。再生能源是包括太阳能、水力、风力、生物质能、波浪能、潮汐能、海洋温差能等非化石能源的统称。它们在自然界可以循环再生。

3.2.4 可再利用材料与可再循环材料

可再利用建筑材料是指基本不改变旧建筑材料或制品的原貌，仅对其进行适当清洁或修整等简单工序后经过性能检测合格，直接回用于建筑工程的建筑材料。一般是指制品、部品或型材形式的建筑材料。合理使用可再利用建筑材料，可延长仍具有使用价值的建筑材料的使用周期，减少新建材的使用量。

可再循环建筑材料是指经过破碎、回炉等专门工艺加工，对建筑材料或制品不能直接回用在建筑工程中形成再生原材料，用于替代传统形式的原生原材料生产出新的建筑材料，例如钢筋、钢材、铜、铝合金型材、玻璃等。

充分使用可再利用和可再循环的建筑材料可以减少生产加工新材料带来的资源、能源消耗和环境污染，充分发挥建筑材料的循环利用价值，对于绿色建筑的可持续性具有非常重要的意义。

3.2.5 公共服务设施及兼容

公共服务设施应包括：教育、医疗卫生、文化体育、商业服务、金融邮电、社区服务、市政公用和行政管理等八类设施。

公共服务设施兼容是指两种及以上主要公共服务功能在建筑内部混合布局，部分空间共享使用。如建筑中设有共用的会议设施、展览设施、健身设施以及交往空间、休息空间等；配套辅助设施设备是指建筑或建筑群的车库、锅炉房或空调机房、监控室、食堂等可以共用的辅助性设施设备。

3.3 基本规定与解读

3.3.1 一般规定

3.1.1 绿色建筑的评价应以单栋建筑或建筑群为评价对象。评价单栋建筑时，凡涉及系统性、整体性的指标，应基于该栋建筑所属工程项目的总体进行评价。

【条文解读】该条文将绿色建筑由单体的评价作了拓展和延伸，建筑单体和建筑群均可以参评绿色建筑。绿色建筑的评价，首先应基于评价对象的性能要求。当需要对某工程项目中的单栋建筑进行评价时，由于有些评价指标是针对该工程项目设定的（如住区的绿地率），或该工程项目中其他建筑也采用了相同的技术方案（如再生水利用），难以仅基于该单栋建筑进行评价，此时，应以该栋建筑所属工程项目的总体为基准进行评价。

【案例 3-1】　南方某新城区地产项目

该项目以×市政府建设“中国历史文化城”为战略思想，以“×市新城控制性详细规划”为背景，由政府牵头，打造最大的民俗文化城和旅游、居住目的地，分步骤、分阶段加快推进新城区建设工作，提升城市品位和人居环境质量，推动城镇化建设，促进城市经济和社会协调发展见图 3-1。

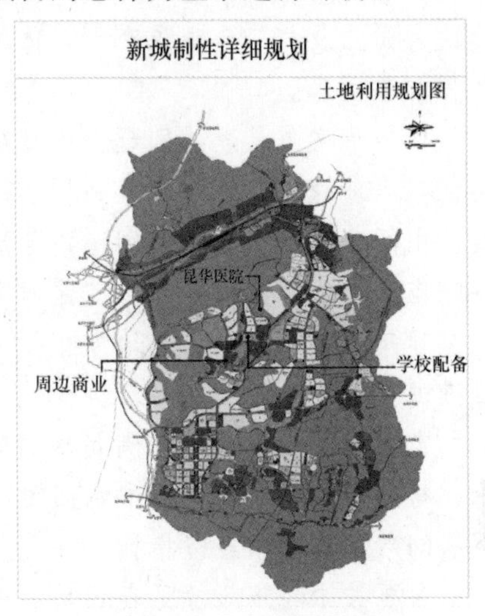

图 3-1　新城控制性详细规划

（1）理念与定位

理念——贯彻整体规划思想，在新城区打造安全、舒适、宜人的复合型人文高档社区。从绿色生态理念出发，采用 BIM 计算机协同软件及节能环保的先进技术，规划崭新的居住社区，城市商业及教育等配套于一体的城市新片区，树立城市新形象，为居民以及新城的明天添姿增彩。

定位——结合新城整体规划，遵循城市整体规划发展，保持优良的居住品质，打造成集历史古城、文化旅游、人居环境为一体的和谐社区，同时改善居民生活环境质量，加强市政、公用设施配置，完善城市功能。

（2）用地功能布局

本项目地块位于新城区，用地现状为山地，经济发展不足，市政与公共配套不足。

场地内地势高差较大，总体呈西高东低走势，由北向南自妥乐水库引出的防洪沟以及

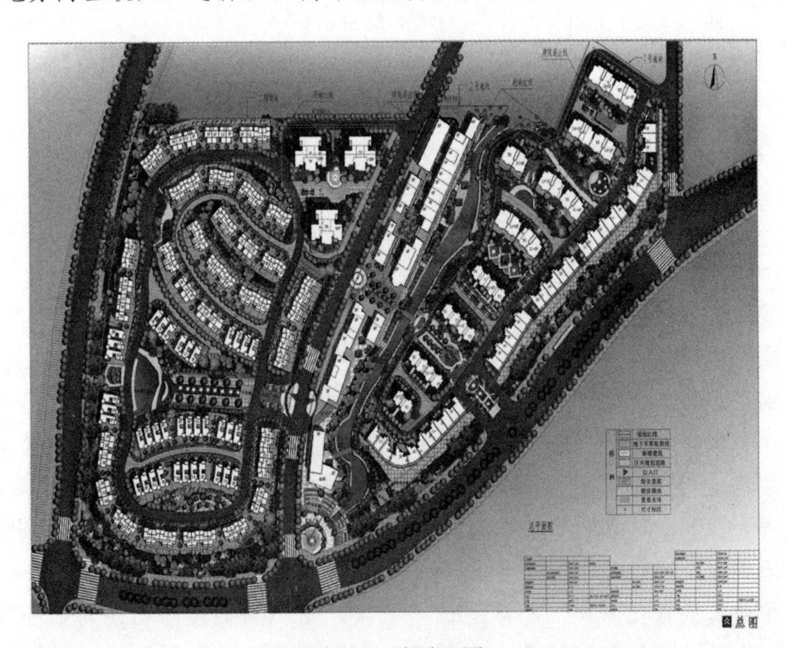

图 3-2　总平面图

小镇控规规划道路贯穿整个用地，将用地划分为两个片区见图 3-2。

(3) 规划布局

该项目用地 1 号地块为单一性质的高档小高层花园洋房和沿街联排别墅住宅区，2 号地块为商业及相应公建配套于一体的综合性质用地，配有市政、设备、社区服务、商业与各种配套用房。

住宅形式包括联排别墅、中高层 (11+1 层)、1 号地块靠近西环主干道一侧设置了低层住宅，地块内部则布置了高档小高层花园洋房，从城市道路看去形成了良好的城市天际线。中间 2 号地块夹在规划道路与泄洪沟之间，形成自然的条状商业。商业与居住建筑遥相呼应，形成“围而不死”，“通而不透”的空间景观。

建筑退让满足国家及地方相关法律法规，日照设计满足“住宅每户一个主要房间冬至日满窗日照 1 小时”的要求。

市政公用设施的设计满足《城市居住区规划设计规范》的要求，规划配套必要的给水、排水、电力、电信及中水回用设备，小型垃圾中转站，公厕等生活必需设施。

(4) 主要技术经济指标

主要技术经济指标见表 3-1。

主要技术经济指标 **表 3-1**

指标类别	数 值	备 注
总用地面积	53992.3m^2	
总建筑面积	104699.95m^2	
其中	67112.57m^2	地上面积
	48203.16m^2	1#地块住宅
	18909.41m^2	2#地块商业
	37587.38m^2	地下面积
基地面积	12201.77m^2	
建筑密度	0.23%	
容积率	1.24	
户数	322 户	
人数	1127 人	按每户 3.5 人计算
车位	792 个	

(5) 新型绿化景观系统

呼应新城区建设的要求，建立树木葱茏，绿叶成荫的生态体系，强调人与自然的和谐相处，提升城市品位。绿化系统景观规划从整个城市的高度对其景观环境进行了研究。注重城市设计：小区建筑排列有序，韵律感强，以理性严整的群体形态与沿路其他建筑群，尤其是与公共建筑相呼应，注重城区整体景观。丰富城市街景：根据控规要求各地块退 40 米规划道路的 20 米，主要用来作为集中绿化，建筑与道路间层次丰富，适宜的绿化美化、栖居广场丰富了小区沿街景观，提升了整个城市的品质。融入城市生态：小区设中心绿地、院落绿地二级绿化系统。小区周边“城市广场”向内与中心绿地、院落绿地相通，向外和城区道路绿化连接，与城区生态绿化系统融为一体，连通度高，生态效益明显。

居住区内部景观设计从户外空间的总体脉络和层次入手，强调系统性和景观的可用性，重视景观生态体验。

小区内部景观系统强调景观的连贯性，主要由以下空间组成：入口广场、带状健身绿道、城市公共绿地、住宅组群庭院花园、区内水景休闲区、景观缓坡、环形道路及沿路串珠型绿带等。

带状健身绿道位于中心绿地与两侧居住组群之间，以密植高大乔木绿化为主，形成中心花园的绿色背景，树下则是富氧、安静的健身场所，是居民晨跑、练功的理想去处。

中心休闲花园连接小区入口水景广场，喷泉、浅水、小桥以及各种景观元素等，结合中心绿地和两侧的漫游健康步道构成有着绿色背景的丰富而生动的景观效果。区内水景花园除了提供住户一个自然绿化的居住环境外，还明确了空间的层次感和用来区分不同部分的功能空间。

区内每一居住组群都布置了组群绿地，使每户居民就近都有一处供游憩、活动和邻里交往的场所，组群绿地都经过细心设计和处理，各有特色而又务求展现出贯彻整个发展区、统一的空间层次感。设计上强调不同空间在功能及视觉轴线上的联系，使建筑空间能更有效地融会于景观中。设计风格统一并强调现代生活中户外空间明快及简洁的感觉。而在此统一的基调上，则以布局和装饰手法各异的庭院设施，如：草坪、花卉绿化、遮阳架、水景和座椅等来铺排出各个别具风格的分区住宅庭院和花园，提高了居住环境质量。更会种植各具特色的观赏树木和特色花卉，以突显其空间特色。中心绿地连接小区入口主题景观广场、喷泉、浅水、浮桥以及各种景观元素等，结合主轴步行道及漫游健康步道构成丰富而生动的景观效果。

按3.3.1一般规定：该项目的绿色建筑的评价应以项目内各单栋建筑或建筑群为评价对象。其中，评价单栋建筑时，凡涉及系统性、整体性的指标，如：绿化率、中水利用、室外风环境、热岛效应等，应基于该栋建筑所属工程项目的总体进行评价。

3.1.2　绿色建筑的评价分为设计评价和运行评价。设计评价应在建筑工程施工图设计文件审查通过后进行，运行评价应在建筑通过竣工验收并投入使用一年后进行。

【条文解读】《绿色建筑评价标准》GB/T 50378—2014在评价阶段上也作了划分，便于更好地与相关管理文件配合使用。具体方法上，将“施工管理”、“运营管理”两章的内容仅在运行阶段评价。基于此，《绿色建筑评价标准》GB/T 50378—2014将设计评价内容定为“节地与室外环境”、“节能与能源利用”、“节水与水资源利用”、“节材与材料资源利用”、“室内环境质量”5章，运行评价则在此基础上增加“施工管理”、“运营管理”2章。

3.1.3　申请评价方应进行建筑全寿命期技术和经济分析，合理确定建筑规模，选用适当的建筑技术、设备和材料，对规划、设计、施工、运行阶段进行全过程控制，并提交相应分析、测试报告和相关文件。

【条文解读】申请评价方依据全国各地有关管理制度文件确定。绿色建筑注重全寿命期内能源资源节约与环境保护的性能，申请评价方应对建筑全寿命期内各个阶段进行控制，综合考虑性能、安全、耐久、经济、美观等因素，优化建筑技术、设备和材料选用，综合评估建筑规模、建筑技术与投资之间的总体平衡，并按本标准的要求提交相应分析、测试报告和相关文件。

3.1.4 评价机构应按本标准的有关要求，对申请评价方提交的报告、文件进行审查，出具评价报告，确定等级。对申请运行评价的建筑，尚应进行现场考察。

【条文解读】绿色建筑评价机构依据有关管理制度文件确定。本条对绿色建筑评价机构的相关工作提出要求。绿色建筑评价机构应按照本标准的有关要求审查申请评价方提交的报告、文档，并在评价报告中确定等级。对申请运行评价的建筑，评价机构还应组织现场考察，进一步审核规划设计要求的落实情况以及建筑的实际性能和运行效果。

3.3.2 评价与等级划分

《绿色建筑评价标准》GB/T 50378—2014 的评价方法定为逐条评分后，分别计算各类指标得分和加分项附加得分，然后对各类指标得分加权求和并累加上附加得分计算出总得分。等级划分则采用“三重控制”的方式：首先保持一定数量的控制项，作为绿色建筑的基本要求；其次每类指标设固定的最低得分要求；最后再依据总得分来具体分级。

严格地讲，上述“各类指标得分”和“总得分”实际上都是“得分率”。因为建筑的情况多样，各类指标下的评价条文不可能适用于所有的建筑，对某一栋具体的被评建筑，总有一些评价条文不能参评。因此，用“得分率”来衡量建筑实际达到的绿色程度更加合理。但是在习惯上，“按分定级”更容易被理解和接受，新的《绿色建筑评价标准》在“基本规定”一章中规定了一种折算的方法，避免了在字面上出现“得分率”。

3.2.1 绿色建筑评价指标体系由节地与室外环境、节能与能源利用、节水与水资源利用、节材与材料资源利用、室内环境质量、施工管理、运营管理 7 类指标组成。每类指标均包括控制项和评分项。评价指标体系还统一设置加分项。

【条文解读】本次修订增加了“施工管理”类评价指标，实现标准对建筑全寿命期内各环节和阶段的覆盖。本次修订将本标准 2006 年版中“一般项”改为“评分项”。为鼓励绿色建筑在节约资源、保护环境的技术、管理上的创新和提高，本次修订增设了“加分项”。“加分项”部分条文本可以分别归类到七类指标中，但为了将鼓励性的要求和措施与对绿色建筑的七个方面的基本要求区分开来，本次修订将全部“加分项”条文集中在一起，列成单独一章。

3.2.2 设计评价时，不对施工管理和运营管理 2 类指标进行评价，但可预评相关条文。运行评价应包括 7 类指标。

【条文解读】运行评价是最终结果的评价，检验绿色建筑投入实际使用后是否真正达到了“四节一环保”的效果，应对全部指标进行评价。设计评价的对象是图纸和方案，还未涉及施工和运营，所以不对施工管理和运营管理两类指标进行评价。但是，施工管理和运营管理的部分措施如能得到提前考虑，并在设计评价时预评，将有助于达到这两个阶段节约资源和环境保护的目的。

3.2.3 控制项的评定结果为满足或不满足；评分项和加分项的评定结果为分值。

【条文解读】评分项的评价，依据评价条文的规定确定得分或不得分，得分时根据需要对具体评分子项确定得分值，或根据具体达标程度确定得分值。加分项的评价，依据评价条文的规定确定得分或不得分。

3.2.4 绿色建筑评价应按总得分确定等级。

【条文解读】本版标准依据总得分来确定绿色建筑的等级。考虑到各类指标重要性方面的相对差异，计算总得分时引入了权重。同时，为了鼓励绿色建筑技术和管理方面的提升和创新，计算总得分时还计入了加分项的附加得分。

设计评价的总得分为节地与室外环境、节能与能源利用、节水与水资源利用、节材与材料资源利用、室内环境质量5类指标的评分项得分经加权计算后与加分项的附加得分之和；运行评价的总得分为节地与室外环境、节能与能源利用、节水与水资源利用、节材与材料资源利用、室内环境质量、施工管理、运营管理7类指标的评分项得分经加权计算后与加分项的附加得分之和。

3.2.5　评价指标体系7类指标的总分均为100分。7类指标各自的评分项得分 Q_1、Q_2、Q_3、Q_4、Q_5、Q_6、Q_7 按参评建筑该类指标的评分项实际得分值除以适用于该建筑的评分项总分值再乘以100分计算。

【条文解读】本次修订按评价总得分确定绿色建筑的等级。对于具体的参评建筑而言，它们在功能、所处地域的气候、环境、资源等方面客观上存在差异，对不适用的评分项条文不予评定。这样，适用于各参评建筑的评分项的条文数量和总分值可能不一样。对此，计算参评建筑某类指标评分项的实际得分值与适用于参评建筑的评分项总分值的比率，反映参评建筑实际采用的“绿色措施”和（或）效果占理论上可以采用的全部“绿色措施”和（或）效果的相对得分率。

3.2.6　加分项的附加得分 Q_8 按本标准第11章的有关规定确定。

3.2.7　绿色建筑评价的总得分按下式进行计算，其中评价指标体系7类指标评分项的权重 w_1～w_7 按表3-2取值。

$$\sum Q = w_1Q_1 + w_2Q_2 + w_3Q_3 + w_4Q_4 + w_5Q_5 + w_6Q_6 + w_7Q_7 + Q_8 \tag{3-1}$$

绿色建筑各类评价指标的权重　　**表3-2**

		节地与室外环境 w_1	节能与能源利用 w_2	节水与水资源利用 w_3	节材与材料资源利用 w_4	室内环境质量 w_5	施工管理 w_6	运营管理 w_7
设计评价	居住建筑	0.21	0.24	0.20	0.17	0.18	—	—
	公共建筑	0.16	0.28	0.18	0.19	0.19	—	—
运行评价	居住建筑	0.17	0.19	0.16	0.14	0.14	0.10	0.10
	公共建筑	0.13	0.23	0.14	0.15	0.15	0.10	0.10

注：表中“——”表示施工管理和运营管理两类指标不参与设计评价。2 对于同时具有居住和公共功能的单体建筑，各类评价指标权重取为居住建筑和公共建筑所对应权重的平均值。

【条文解读】本条对各类指标在绿色建筑评价中的权重作出规定。表3-2中给出了设计评价、运行评价时居住建筑、公共建筑的分项指标权重。施工管理和运营管理两类指标不参与设计评价。各类指标的权重经广泛征求意见和试评价后综合调整确定。

3.2.8　绿色建筑分为一星级、二星级、三星级3个等级。3个等级的绿色建筑均应满足本标准所有控制项的要求，且每类指标的评分项得分不应小于40分。当绿色建筑总得分分别达到50～59分、60～79分、80分以上分值时，绿色建筑等级分别为一星级、二星级、三星级。

【条文解读】控制项是绿色建筑的必要条件。本次修订规定了每类指标的最低得分要求，避免仅按总得分确定等级引起参评的绿色建筑可能存在某一方面性能过低的情况。

在满足全部控制项和每类指标最低得分的前提下，绿色建筑按总得分确定等级。

案例：3-1 评价得分及最终评价结果按表 3-3 记录。

绿色建筑评价得分与结果汇总表　　表 3-3

工程项目名称		南方某新城区地产项目						
申请评价方		××房地产有限公司、××设计院						
评价阶段		☑ 设计评价 □运行评价			建筑类型		☑ 居住建筑 □公共建筑	
评价指标		节地与室外环境	节能与能源利用	节水与水资源利用	节材与材料资源利用	室内环境质量	施工管理	运营管理
控制项	评定结果	☑ 满足	☑ 满足	☑ 满足	☑ 满足	☑ 满足	□满足	□满足
	说明							
评分项	权重 w_i	0.21	0.24	0.20	0.17	0.18		
	适用总分	100	100	100	100	100		
	实际得分	90	70	80	70	60		
	得分 Q_i	18.9	16.8	16	11.9	10.8		
加分项	得分 Q_8	2						
	说明	应用 BIM 协同设计						
总得分$\sum Q$		74.4+2=76.4						
绿色建筑等级		□一星级　☑二星级　□三星级						
评价结果说明		项目设计阶段评价为：二星级绿色建筑						
评价机构		××评价机构			评价时间	2015 年×月×日		

对多功能的综合性单体建筑，应按本标准全部评价条文逐条对适用的区域进行评价，确定各评价条文的得分。

【条文解读】不论建筑功能是否综合，均以各个条/款为基本评判单元。对于某一条文，只要建筑中有相关区域涉及，则该建筑就参评并确定得分。

随着绿色建筑实际项目落地应用，新版绿色建筑评价标准同时也暴露出一些瑕疵和不足，亟待后续《绿色建筑评价标准细则》完善、补充和解说。3.2.9 条是针对多功能综合性单体建筑，并非适用区域内包含多功能分散性混合功能建筑群。比如，小区内包含了居住、商业、幼儿园等混合功能类型分散性建筑群。这类混合功能类型建筑应该采用各单体逐项评分，整体等级原则是就低不就高；而混合功能类型建筑是指同一建筑物，其申报原则和方法曾在 2012 年住建部就有了详细的文件说明，《住房城乡建设部办公厅关于加强绿色建筑评价标识管理和备案工作的通知》建办科［2012］47 号中规定“混合功能类型（即在同一建筑中有两种或两种以上的使用功能，如商用和居住等）的建筑应作为一个整体申报，不同功能区分别评价，整栋建筑星级评定就低不就高”。

当同一单体建筑出现需要按两种分类（居住和公建）评价时，按不同功能区项目分别评价的结果，就低不就高；对建筑群则相同功能分别评分后，按面积权重进行加权汇总最终得分后，确定最终评定等级。

【案例 3-2】　南方××综合楼

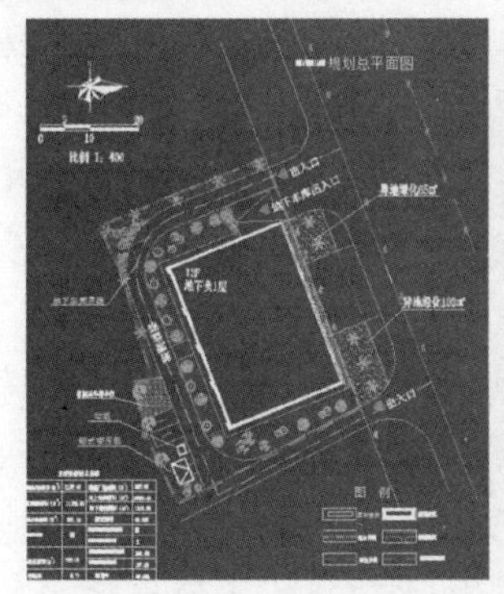

主要经济技术指标

规划总占地面积(m^2)	2107.05	道路广场面积(m^2)	528.68
总建筑面积(m^2)	11186.59	地上建筑面积(m^2)	10085.24
		地下建筑面积(m^2)	1101.35
建筑占地面积(m^2)	821.34	建筑密度	38.98%
停车位(个)	50	地下机械式停车位(个)	48
		地面上停车位(个)	2
绿地面积(m^2)	757.03	选址居住绿地面积(m^2)	590.03
		异地绿化面积(m^2)	167.00
容积率	4.79	绿地率	35.92%

图 3-3　总平面及技术指标

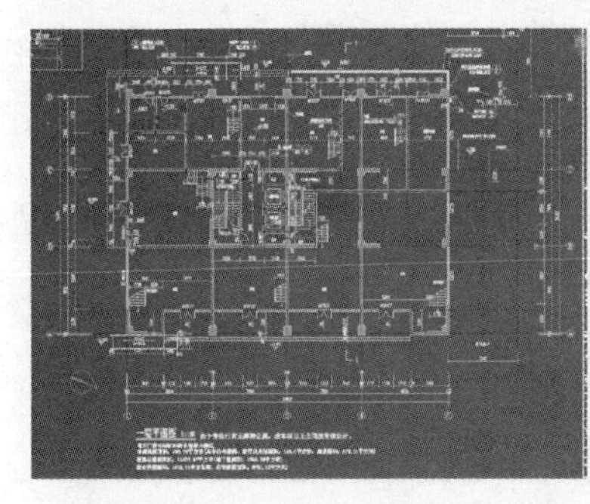

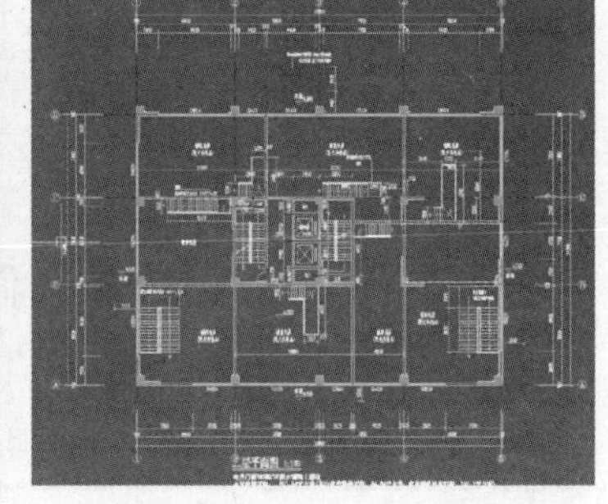

图 3-4　公共部分平面图

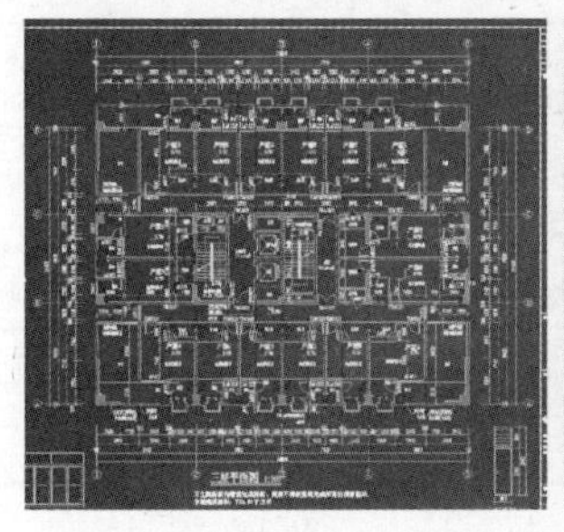

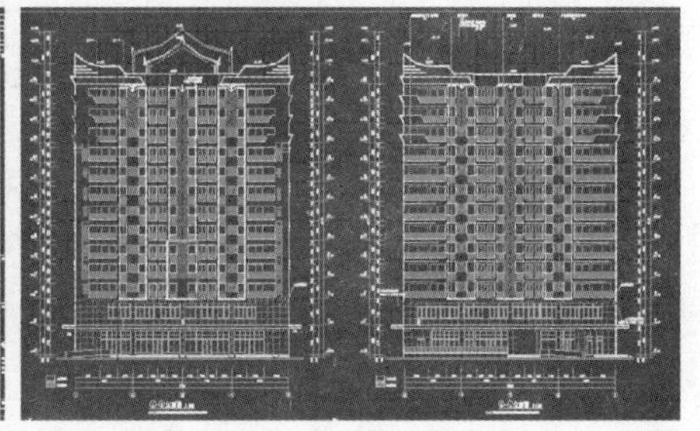

图 3-5　居住部分平面图及立面图

项目的绿色技术评价说明

1. 节能措施

建筑热环境和能源系统的设计执行《夏热冬冷地区居住建筑节能设计标准》。在保证舒适、健康的室内热环境基础上，采取有效的节能措施，改善建筑的热工性能，降低建筑全年能耗；积极采用对环境污染小的可再生能源，并提高采暖、空调等耗能系统的效率。本次设计主要运用一些技术措施：

(1) 夏季充分利用自然通风；

(2) 充分利用本地区特有太阳能资源；

(3) 系统与设备的合理选择，减少耗电量。

2. 节水措施

(1) 合理规划和建设区内水环境，提供安全。有效的供水、污水处理、日用系统，节约用水。完善的排水系统；雨水或生活污水经处理后回用作生活杂用水等各种用途，水质达到国家规定的相应标准，保障回用水的安全和适用。

(2) 对公寓内用水量和水质进行估算与评价，提供详尽的居民用水量估算资料。提出合理用水分配计划、水质和水量保证方案。最大限度地有效利用水资源，减少区内污水的排放量，实现区内用水的良性循环。

(3) 景观用水应设置循环系统，并结合中水系统进行优化设计以保证水质，提高用水效率。提倡营造少灌或免灌绿化群落，减少草坪面积，尤其是冷地型草坪面积。绿化用水应利用雨水或生活污水回用作为绿化用水，以利于节水及利用自然渗透补充地下水。

(4) 节水器具应用，使用节水型器具，不断提高用水效益。不使用耗水9升和9升以上的坐便器。选用延时自动关闭（延时自闭）式、水力式、光电感应式和电容感应式等类型水龙头；手压、脚踏、肘动式水龙头；停水自动关闭（停水自闭）式水龙头；陶瓷片防漏水龙头等节流水龙头。

3. 针对复合功能单体建筑的评价

该综合楼地下一层；地上13层，其中，第一、二层是商场；第3～13层为公寓。属于公共建筑和居住建筑混合的单体建筑。评价应分别对以上两个区域进行，以等级低的作为该项目的绿色建筑星级标准见表3-4。

绿色建筑评价得分与结果汇总表 **表3-4**

<table>
<tr><td colspan="2">工程项目名称</td><td colspan="7">南方××综合楼项目</td></tr>
<tr><td colspan="2">申请评价方</td><td colspan="7">××房地产有限公司、××设计院</td></tr>
<tr><td colspan="2">评价阶段</td><td colspan="3">☑设计评价
□运行评价</td><td>建筑类型</td><td colspan="3">☑居住建筑
□公共建筑</td></tr>
<tr><td colspan="2">评价指标</td><td>节地与室外环境</td><td>节能与能源利用</td><td>节水与水资源利用</td><td>节材与材料资源利用</td><td>室内环境质量</td><td>施工管理</td><td>运营管理</td></tr>
<tr><td rowspan="2">控制项</td><td>评定结果</td><td>☑满足</td><td>☑满足</td><td>☑满足</td><td>☑满足</td><td>☑满足</td><td>□满足</td><td>□满足</td></tr>
<tr><td>说明</td><td></td><td></td><td></td><td></td><td></td><td></td><td></td></tr>
<tr><td rowspan="4">评分项</td><td>权重 w_i</td><td>0.21</td><td>0.24</td><td>0.20</td><td>0.17</td><td>0.18</td><td></td><td></td></tr>
<tr><td>适用总分</td><td>100</td><td>100</td><td>100</td><td>100</td><td>100</td><td></td><td></td></tr>
<tr><td>实际得分</td><td>90</td><td>80</td><td>90</td><td>90</td><td>70</td><td></td><td></td></tr>
<tr><td>得分 Q_i</td><td>18.9</td><td>19.2</td><td>18</td><td>15.3</td><td>12.6</td><td></td><td></td></tr>
<tr><td rowspan="2">加分项</td><td>得分 Q_8</td><td colspan="7">1</td></tr>
<tr><td>说明</td><td colspan="7">按11.2.4卫生器具的用水效率均为国家现行有关卫生器具用水等级标准规定的1级，评价得分为1分</td></tr>
<tr><td colspan="2">总得分$\sum Q$</td><td colspan="7">84+1=85</td></tr>
<tr><td colspan="2">绿色建筑等级</td><td colspan="7">□一星级□二星级☑三星级</td></tr>
<tr><td colspan="2">评价结果说明</td><td colspan="7">项目按居住建筑评价为：三星级绿色建筑</td></tr>
<tr><td colspan="2">评价机构</td><td colspan="3">××评价机构</td><td>评价时间</td><td colspan="3">2015年×月×日</td></tr>
</table>

绿色建筑评价得分与结果汇总表　　表 3-5

工程项目名称		南方××综合楼项目						
申请评价方		××房地产有限公司、××设计院						
评价阶段		☑设计评价 □运行评价			建筑类型		□居住建筑 ☑公共建筑	
评价指标		节地与室外环境	节能与能源利用	节水与水资源利用	节材与材料资源利用	室内环境质量	施工管理	运营管理
控制项	评定结果	☑满足	☑满足	☑满足	☑满足	☑满足	□满足	□满足
	说明							
评分项	权重 w_i	0.21	0.24	0.20	0.17	0.18		
	适用总分	100	100	100	100	100		
	实际得分	80	70	60	70	60		
	得分 Q_i	16.8	16.8	12	11.9	10.8		
加分项	得分 Q_8	无						
	说明							
总得分$\sum Q$		68.3+0=68.3						
绿色建筑等级		□一星级　☑二星级　□三星级						
评价结果说明		项目按公共建筑评价为：二星级绿色建筑						
评价机构		××评价机构			评价时间	2015年×月×日		

评价结论：南方××综合楼项目属于公共建筑和居住建筑混合的单体建筑。分别对以上两个区域进行评价后，最终以等级低的二星级作为该项目的绿色建筑星级标准见表3-5。

课后练习题

第3章　绿色建筑评价标准与解读

一、单选题

1.《绿色建筑评价标准》GB/T 50378—2014 较 2006 年版适用范围由住宅建筑和公共建筑中的办公建筑、商业建筑和旅馆建筑，又扩展至（　　）。

A. 民用建筑　　B. 部分民用建筑　　C. 各类民用建筑　　D. 一般民用建筑

2. 2006 年至 2014 年我国建筑行业诸多标准已经更新或将于近期颁布，意味着绿色建筑技术性能参数集体升级为贯彻国家技术经济政策，为节约资源，保护环境，规范绿色建筑的评价，制定（　　）。

A.《绿色建筑评价标准》GB/T 50378—2006

B.《绿色建筑评价标准》GB/T 50378—2014

C.《绿色建筑评价标准》GB/T 50378—2013

D.《绿色建筑评价标准》50378—2014

3. 公共服务设施应包括（　　）类设施。

A. 10　　B. 8　　C. 6　　D. 4

4. 绿色建筑的评价应以（　　）为评价对象。

A. 单栋建筑　　B. 多栋建筑　　C. 建筑群　　D. 单栋建筑或建筑群

5. 绿色建筑的评价分为设计评价和（　　）。

A. 实际评价　　B. 客观评价　　C. 运行评价　　D. 工作评价

二、多选题

1. 绿色建筑评价应遵循因地制宜的原则，结合建筑所在地域的气候、环境、资源、经济及文化等特点，对建筑全寿命期内的（　　）性能进行综合评价。

A. 节能　　B. 节地　　C. 节水　　D. 节材

2. 热岛效应，指由于人为原因，改变了城市地表的（　　）因素，进而引起的城市小气候变化现象。

A. 温度　　B. 湿度　　C. 空气对流　　D. 气流

3.《绿色建筑评价标准》GB/T 50378—2014 的重点在于对建筑的“四节一环保”性能进行评价，具体的评价内容上有哪些特点？（　　）

A. 结构体系更紧凑　　B. 保持级别不变

C. 条文适用性更加清晰　　D. 评价要求更加明确

三、思考题

1.《绿色建筑评价标准》GB/T 50378—2014 包括几个评分项以及所包括的内容？

2.《绿色建筑评价标准》GB/T 50378—2014 中，绿色建筑的定义以及绿色建筑的内容主要体现在哪些方面？

第二部分　评价标准与实务

第 4 章　节地与室外环境内容解读

4.1　控制项与解读

节地与室外环境控制项见表 4-1。

节地与室外环境控制项汇总表　　表 4-1

序号	对应内容	是否满足	对应评价条款	备注
1	项目选址应符合所在地城乡规划，且应符合各类保护区、文物古迹保护的建设控制要求		4.1.1	
2	场地应无洪涝、滑坡、泥石流等自然灾害的威胁，无危险化学品、易燃易爆危险源的威胁，无电磁辐射、含氡土壤等危害		4.1.2	
3	场地内不应有排放超标的污染源		4.1.3	
4	建筑规划布局应满足日照标准，且不得降低周边建筑的日照标准		4.1.4	
汇总	控制是否全部满足			

4.1.1　项目选址要求

4.1.1　项目选址应符合所在地城乡规划，且应符合各类保护区、文物古迹保护的建设控制要求见图 4-1。

【条文解读】本条适用于各类民用建筑的设计、运行评价。

各类保护区是指受到国家法律法规保护、划定有明确的保护范围、制定有相应的保护措施的各类政策区，主要包括：基本农田保护区（《基本农田保护条例》）、风景名胜区（《风景名胜区条例》）、自然保护区（《自然保护区条例》）、历史文化名城名镇名村（《历史文化名城名镇名村保护条例》）、历史文化街区（《城市紫线管理办法》）等。

文物古迹是指人类在历史上创造的、具有价值的、不可移动的实物遗存，包括地面与地下的古遗址、古建筑、古墓葬、石窟寺、古碑石刻、近代代表性建筑、革命纪念建筑等，主要指文物保护单位、保护建筑和历史建筑。

本条的评价方法为：设计评价查阅项目场地区位图、地形图以及当地城乡规划、国土、文化、园林、旅游或相关保护区等有关行政管理部门提供的法定规划文件或出具的证明文件；运行评价在设计评价方法之外还应现场核实，见表 4-2。

图 4-1　南方××书院选址

南方××书院选址分析表　　**表 4-2**

	选址一		选址二	
	优势	劣势	优势	劣势
区位	位于鲁史镇中心地段四方街内。交通便利，基础设施完善	四方街中心，人口密集，建筑密度高。不利于建筑扩建	位于鲁史镇西侧鲁史小学校址（兴隆寺），场地完整独立，不受干扰。周围自然环境优越	距离位置较偏僻，交通不便，游客认知度较低
用地规模	地块约为 12 亩，围合布局，易形成区域内标志性景观建筑	可用空间较少，交通环境局限	地块约为 13 亩，可用空间较大。分布范围广	地块呈长体性，整体性不强
使用情况	使用人群多为当地居民。古建筑使用率高	古建筑现多用于居住用房。对于改建工作难度较大	现有鲁史镇小学，已准备搬迁。有利于改建工作的进行	不利于古建筑的保护
现状情况	古建筑仍保留原有风貌。开发价值较高	传统建筑保护力度不够。建筑风格不统一。古镇景观性不强	现存兴隆寺正殿	不利于古建筑的保护
投资	四方街内有价值的古建筑，改进后将发挥传统建筑的魅力	地段内当地居民人口众多，投资规模增大	地处偏僻地段，地块内多为自然林地。投资量小	周围基础设施不全，需加大服务设施改建的资金投入

续表

	选址一		选址二	
	优势	劣势	优势	劣势
对旅游的影响	现存建筑群保存较为完整，改建后还原古镇风貌，有利于吸引外来游客	产生古建筑的改建和保护之间的矛盾	现存建筑群保存较为完整，改建后还原古镇风貌，有利于吸引外来游客	产生古建筑的改建和保护之间的矛盾；商业价值较低
建议	选址一位于四方街内，古建筑林立，人口密集，四方街的传统建筑有很高的保护开发价值，但是，投资大；同时，要处理好当地居民拆迁、改造的工作		选址二位于西侧的兴隆寺内，环境优越，传统书院气息浓厚，完整保留的建筑，只要稍加改建就能提升地段整体氛围、增加鲁史镇历史文化气氛。投资少，商业价值较低	

4.1.2　场地威胁与危害

4.1.2　场地应无洪涝、滑坡、泥石流等自然灾害的威胁，无危险化学品、易燃易爆危险源的威胁，无电磁辐射、含氡土壤等危害。

【条文解读】本条适用于各类民用建筑的设计、运行评价。

本条对绿色建筑的场地安全提出要求。建筑场地与各类危险源的距离应满足相应危险源的安全防护距离等控制要求，对场地中的不利地段或潜在危险源应采取必要的避让、防护或控制、治理等措施，对场地中存在的有毒有害物质应采取有效的治理与防护措施进行无害化处理，确保符合各项安全标准。

场地的防洪设计符合现行国家标准《防洪标准》GB 50201及《城市防洪工程设计规范》GB/T 50805的规定；抗震防灾设计符合现行国家标准《城市抗震防灾规划标准》GB 50413及《建筑抗震设计规范》GB 50011的要求；土壤中氡浓度的控制应符合现行国家标准《民用建筑工程室内环境污染控制规范》GB 50325的规定；电磁辐射符合现行国家标准《电磁辐射防护规定》GB 8702的规定。

本条的评价方法为：设计评价查阅地形图，审核应对措施的合理性及相关检测报告；运行评价在设计评价方法之外还应现场核实。

4.1.3　场地污染

4.1.3　场地内不应有排放超标的污染源。

【条文解读】本条适用于各类民用建筑的设计、运行评价。

建筑场地内不应存在未达标排放或者超标排放的气态、液态或固态的污染源，例如，易产生噪声的运动和营业场所，油烟未达标排放的厨房，煤气或工业废气超标排放的燃煤锅炉房，污染物排放超标的垃圾堆等。若有污染源应积极采取相应的治理措施并达到无超标污染物排放的要求见图4-2。

本条的评价方法为：设计评价查阅环评报告，审核应对措施的合理性；运行评价在设计评价方法之外还应现场核实。

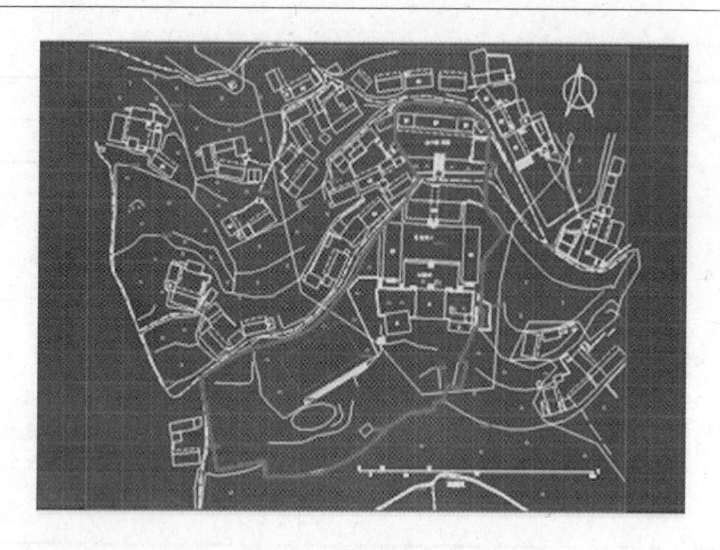

图 4-2　南方××书院选址现状地形图

4.1.4　建筑规划布局

4.1.4　建筑规划布局应满足日照标准，且不得降低周边建筑的日照标准。

【条文解读】本条适用于各类民用建筑的设计、运行评价。

本条由本标准明确了建筑日照的评价要求。建筑室内的空气质量与日照环境密切相关，日照环境直接影响居住者的身心健康和居住生活质量。我国对居住建筑以及幼儿园、医院、疗养院等公共建筑都制定有相应的国家标准或行业标准，对其日照、消防、防灾、视觉卫生等提出了相应的技术要求，直接影响着建筑布局、间距和设计，见图 4-3。

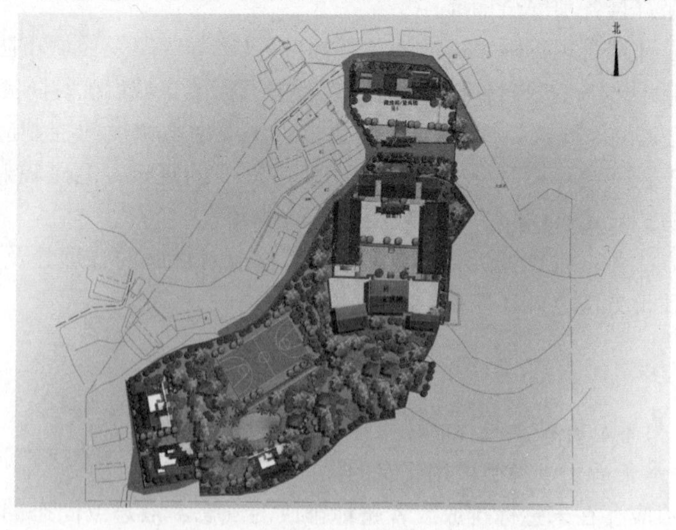

图 4-3　南方××书院建筑规划布局图

如《城市居住区规划设计规范》GB 50180—1993（2002 年版）中第 5.0.2.1 规定了住宅的日照标准，同时明确：老年人居住建筑不应低于冬至日日照 2h 的标准；在原设计建筑外增加任何设施不应使相邻住宅原有日照标准降低；旧区改建的项目内新建住宅日照标准可酌情降低，但不应低于大寒日日照 1h 的标准。

如《托儿所、幼儿园建筑设计规范》JGJ 39—1987中规定：托儿所、幼儿园的生活用房应布置在当地最好日照方位，并满足冬至日底层满窗日照不少于3h的要求，温暖地区、炎热地区的生活用房应避免朝西，否则应设遮阳设施；《中小学校设计规范》GB 50099—2011中对建筑物间距的规定是：南向的普通教室冬至日底层满窗日照不应小于2h。因此，建筑的布局与设计应充分考虑上述技术要求，最大限度地为建筑提供良好的日照条件，满足相应标准对日照的控制要求；若没有相应标准要求，符合城乡规划的要求即为达标见图4-4。

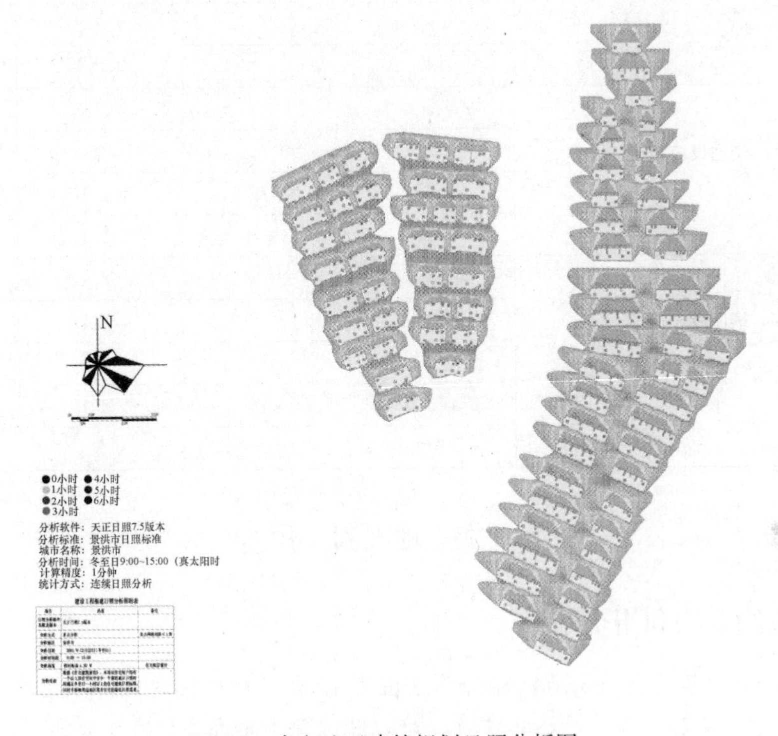

图4-4　南方地区建筑规划日照分析图

建筑布局不仅要求本项目所有建筑都满足有关日照标准，还应兼顾周边，减少对相邻的住宅、幼儿园生活用房等有日照标准要求的建筑产生不利的日照遮挡。条文中的“不降低周边建筑的日照标准”是指：(1) 对于新建项目的建设，应满足周边建筑有关日照标准的要求。(2) 对于改造项目分两种情况：周边建筑改造前满足日照标准的，应保证其改造后仍符合相关日照标准的要求；周边建筑改造前未满足日照标准的，改造后不可再降低其原有的日照水平。

本条的评价方法为：设计评价查阅相关设计文件和日照模拟分析报告；运行评价查阅相关竣工图和日照模拟分析报告，并现场核实。

4.2　评分项与解读

节地与室外环境评分项见表4-3。

节地与室外环境评分项汇总表 表 4-3

序号	评分类别	可得分值	实际得分值	对应评价条款	备注
1	土地利用（34分）	19		4.2.1	
2		9		4.2.2	
3		6		4.2.3	
4	室外环境（18分）	4		4.2.4	
5		4		4.2.5	
6		6		4.2.6	
7		4		4.2.7	
8	交通设施与公共服务（24分）	9		4.2.8	
9		3		4.2.9	
10		6		4.2.10	
11		6		4.2.11	
12	场地设计与场地生态（24分）	3		4.2.12	
13		9		4.2.13	
14		6		4.2.14	
15		6		4.2.15	
合计		100			

土 地 利 用

4.2.1 节约集约利用土地

4.2.1 节约集约利用土地，评价总分值为19分。对居住建筑，根据其人均居住用地指标按表4-4的规则评分；对公共建筑，根据其容积率按表4-5的规则评分。

居住建筑人均居住用地指标评分规则 表 4-4

居住建筑人均居住用地指标 A（m^2）					得分
3层及以下	4～6层	7～12层	13～18层	19层及以上	
$35<A\leqslant41$	$23<A\leqslant26$	$22<A\leqslant24$	$20<A\leqslant22$	$11<A\leqslant13$	15
$A\leqslant35$	$A\leqslant23$	$A\leqslant22$	$A\leqslant20$	$A\leqslant11$	19

公共建筑容积率评分规则 表 4-5

容积率 R	得分
$0.5\leqslant R<0.8$	5
$0.8\leqslant R<1.5$	10
$1.5\leqslant R<3.5$	15
$R\geqslant3.5$	19

【条文解读】本条适用于各类民用建筑的设计、运行评价。本标准所指的居住建筑不

包括国家明令禁止建设的别墅类项目。

对居住建筑，人均居住用地指标是控制居住建筑节地的关键性指标，本标准根据国家标准《城市居住区规划设计规范》GB 50180—1993（2002年版）第3.0.3条的规定，提出人均居住用地指标；15分或19分是根据居住建筑的节地情况进行赋值的，评价时要进行选择，可得0分、15分或19分。

对公共建筑，因其种类繁多，故在保证其基本功能及室外环境的前提下应按照所在地城乡规划的要求采用合理的容积率。就节地而言，对于容积率不可能高的建设项目，在节地方面得不到太高的评分，但可以通过精心的场地设计，在创造更高的绿地率以及提供更多的开敞空间或公共空间等方面获得更好的评分；而对于容积率较高的建设项目，在节地方面则更容易获得较高的评分见图4-5。

本条的评价方法为：设计评价查阅相关设计文件；运行评价查阅相关竣工图、计算书。

4.2.2　场地内合理设置绿化用地

4.2.2　场地内合理设置绿化用地，评价总分值为9分，并按下列规则评分：

（1）居住建筑按下列规则分别评分并累计：

1）住区绿地率：新区建设达到30%，旧区改建达到25%，得2分；

2）住区人均公共绿地面积：按表4-6的规则评分，最高得7分。

住区人均公共绿地面积评分规则　　表4-6

住区人均公共绿地面积 A_g		得分
新区建设	旧区改建	
$1.0m^2 \leqslant A_g < 1.3m^2$	$0.7m^2 \leqslant A_g < 0.9m^2$	3
$1.3m^2 \leqslant A_g < 1.5m^2$	$0.9m^2 \leqslant A_g < 1.0m^2$	5
$A_g \geqslant 1.5m^2$	$A_g \geqslant 1.0m^2$	7

（2）公共建筑按下列规则分别评分并累计：

1）绿地率：按表4-7的规则评分，最高得7分；

公共建筑绿地率评分规则　　表4-7

绿地率 R_g	得分
$30\% \leqslant R_g < 35\%$	2
$35\% \leqslant R_g < 40\%$	5
$R_g \geqslant 40\%$	7

2）绿地向社会公众开放，得2分。

【条文解读】本条适用于各类民用建筑的设计、运行评价。

本标准所指住区包括不同规模居住用地构成的居住地区。绿地率指建设项目用地范围内各类绿地面积的总和占该项目总用地面积的比率（%）。绿地包括建设项目用地中各类用作绿化的用地。

地块一技术经济指标表

栋号	基底面积 (m²)	计算容积率建筑面积 (m²)	总建筑面积 (m²)	总户数
1	699.15	1320.26	1949.60	6
2	757.34	1300.11	1996.93	6
3	482.61	865.00	1318.36	4
4	536.93	910.03	1404.45	4
5	641.16	1276.24	1852.02	6
6	512.24	921.40	1378.38	4
7	697.69	1257.76	1917.00	6
8	536.93	910.03	1404.45	4
9	641.16	1276.24	1852.02	6
10	696.79	1324.62	1953.96	6
11	697.69	1257.76	1917.00	6
12	751.49	1302.79	2003.09	6
13	641.16	1276.24	1852.02	6
14	453.87	877.38	1280.80	4
15	512.24	921.40	1378.38	4
16	687.69	1257.76	1917.00	6
17	476.76	867.68	1324.52	4
18	536.93	910.03	1404.45	4
19	570.61	965.42	1475.96	4
20	536.93	906.04	1400.46	4
21	536.93	910.03	1404.45	4
22	512.24	921.40	1378.38	4
23	512.24	921.40	1400.46	4
24	536.93	906.04	2003.09	4
25	751.49	1302.79	1953.96	6
26	696.79	1324.62	1953.96	6
27	696.79	1324.62	1400.46	6
28	536.93	906.04	1324.52	4
29	476.76	867.68	1324.52	4
30	536.93	910.03	1404.45	4
31	696.79	1324.62	1953.96	6
32	696.79	1324.62	1953.96	6
33	536.93	906.04	1400.46	4
34	476.76	867.68	1324.52	4
35	751.49	1302.79	2003.09	6
入口门廊	67.38	67.38	67.38	
变配电室		90.74	90.74	
物管用房	5397.74	91.40	91.40	
商业		10293.83	10293.83	
总计	26495.28	48467.94	67762.30	172

地块二技术经济指标表

栋号	基底面积 (m²)	计算容积率建筑面积 (m²)	总建筑面积 (m²)	总户数
1	453.23	2781.69	3204.11	22
2	604.42	3013.50	3561.92	24
3	317.46	2014.87	2044.55	22
4	757.61	3585.32	3585.32	36
5	335.50	2191.15	2220.27	42
6	928.17	4714.69	4714.69	48
7	327.39	2174.63	2203.75	41
8	757.61	3585.32	2585.32	36
9	335.50	2191.15	2220.27	42
10	928.17	4714.69	4714.69	48
11	335.50	2191.15	2220.27	42
12	757.61	3585.32	3585.32	36
13	327.39	2174.63	2203.75	41
14	696.57	3581.79	3581.79	36
15	495.11	3092.26	3140.14	34
16	757.61	3585.32	3585.32	36
17	519.00	3084.05	3128.57	34
18	696.57	3581.79	3581.79	36
19	687.77	4165.34	4229.18	46
20	757.61	3585.32	3585.32	36
21	721.93	4161.54	4220.90	46
22	397.64	2199.06	2230.98	24
23	305.21	2027.47	2059.39	22
24	928.17	4714.69	4714.69	48
25	410.88	2185.32	2215.00	24
26	317.46	2014.87	2044.55	22
27	929.17	4714.69	4714.69	48
28	687.77	4165.34	4229.18	46
29	757.61	3585.32	3585.32	36
30	519.00	3084.05	3128.57	34
31	696.57	3581.79	3581.79	36
32	241.72	2135.17	2164.29	40
33	482.60	2464.47	2646.47	24
34	345.56	2239.01	2268.13	42
35	466.35	2457.19	2457.19	24
36	327.39	2174.63	2203.75	41
37	482.60	2464.47	2464.47	24
38	250.26	1634.38	1647.88	32
39	466.35	2457.19	2457.19	24
40	118.22	1023.97	1037.47	19
41	306.10	1288.73	1288.73	12
42	127.35	1031.81	1045.31	20
43	317.46	2014.87	2044.55	22
44	495.11	3092.26	3140.14	24
45	317.46	2014.87	2044.55	22
变配电室		64.00	253.47	
物管用房	5033.91	103.84	103.84	
商业		8950.71	8950.71	
总计	31224.65	137639.69	139657.54	1504

示范区综合技术经济指标表

项目			指标	单位
总用地面积			167390.2	m²
总建筑面积			218912.7	m²
其中	计容建筑面积		186107.6	m²
	其中	住宅建筑面积	166445.7	m²
		商铺建筑面积	19244.5	m²
		入口门廊建筑面积	67.4	m²
		配套用房建筑面积	350.0	m²
	屋顶梯间建筑面积		1828.4	
	半地下室建筑面积		30976.7	m²
总户数			1676	户
容积率			1.11	
建筑基底面积			57719.9	m²
建筑密度			34.5	%
机动车停车位			702	辆
其中	地下停车位		296	个
	半地下停车位		406	个
绿地率			35.0	%

地块一综合技术经济指标表

项目			指标	单位
总用地面积			76644.6	m²
总建筑面积			67762.3	m²
其中	计容建筑面积		48467.9	m²
	其中	住宅建筑面积	37924.6	m²
		商铺建筑面积	10293.8	m²
		入口门廊建筑面积	67.4	m²
		配套用房建筑面积	182.1	m²
	半地下室建筑面积		19294.4	m²
总户数			172	户
容积率			0.63	
建筑基底面积			26495.3	m²
建筑密度			34.6	%
机动车停车位			220	个
其中	地下停车位		48	个
	半地下停车位		172	个
绿地率			35.0	%

地块二综合技术经济指标表

项目			指标	单位
总用地面积			90745.6	m²
总建筑面积			151150.4	m²
其中	计容建筑面积		137639.7	m²
	其中	住宅建筑面积	128521.1	m²
		商铺建筑面积	8950.7	m²
		配套用房建筑面积	167.8	m²
	屋顶梯间建筑面积		1828.4	
	半地下室建筑面积		11682.3	m²
总户数			1504	户
容积率			1.52	
建筑基底面积			31224.7	m²
建筑密度			34.4	%
机动车停车位			482	个
其中	地下停车位		248	个
	半地下停车位		234	个
绿地率			35.0	%

图 4-5　南方××居住区规划技术指标

合理设置绿地可起到改善和美化环境、调节小气候、缓解城市热岛效应等作用。绿地率以及公共绿地的数量则是衡量住区环境质量的重要指标之一。根据《城市居住区规划设计规范》GB 50180 的规定，绿地应包括公共绿地、宅旁绿地、公共服务设施所属绿地和道路绿地（道路红线内的绿地），包括满足当地植树绿化覆土要求的地下或半地下建筑的屋顶绿化，不包括其他屋顶、晒台的人工绿地。

住区的公共绿地是指满足规定的日照要求、适合于安排游憩活动设施的、供居民共享的集中绿地，包括居住区公园、小游园和组团绿地及其他块状、带状绿地。集中绿地应满足的基本要求：宽度不小于 8m，面积不小于 400m²，并应有不少于 1/3 的绿地面积在标准的建筑日照阴影线范围之外。

为保障城市公共空间的品质、提高服务质量，每个城市对城市中不同地段或不同性质的公共设施建设项目，都制定有相应的绿地管理控制要求。本条鼓励公共建筑项目优化建筑布局，提供更多的绿化用地或绿化广场，创造更加宜人的公共空间；鼓励绿地或绿化广场设置休憩、娱乐等设施并定时向社会公众免费开放，以提供更多的公共活动空间。

本条的评价方法为：设计评价查阅相关设计文件、居住建筑平面日照等时线模拟图、计算书；运行评价查阅相关竣工图、居住建筑平面日照等时线模拟图、计算书，并现场核实。

××儿童专科医院的绿地率：35.23%，得 5 分见图 4-6；绿地向社会公众开放，得 2 分。因此，两项合计：7 分。

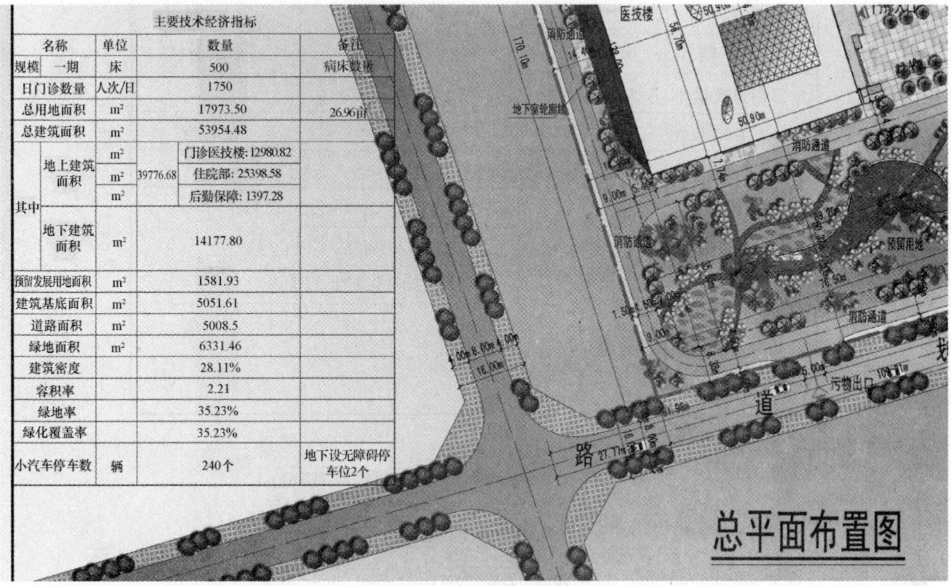

主要技术经济指标

名称		单位	数量		备注
规模	一期	床	500		病床数量
日门诊数量		人次/日	1750		
总用地面积		m²	17973.50		26.96亩
总建筑面积		m²	53954.48		
其中	地上建筑面积	m²	39776.68	门诊医技楼: 12980.82	
		m²		住院部: 25398.58	
		m²		后勤保障: 1397.28	
	地下建筑面积	m²	14177.80		
预留发展用地面积		m²	1581.93		
建筑基底面积		m²	5051.61		
道路面积		m²	5008.5		
绿地面积		m²	6331.46		
建筑密度			28.11%		
容积率			2.21		
绿地率			35.23%		
绿化覆盖率			35.23%		
小汽车停车数		辆	240个		地下设无障碍停车位2个

总平面布置图

图 4-6　××儿童专科医院技术指标

4.2.3　合理开发利用地下空间

4.2.3　合理开发利用地下空间，评价总分值为 6 分，按表 4-8 的规则评分。

地下空间开发利用评分规则　　表 4-8

建筑类型	地下空间开发利用指标		得分
居住建筑	地下建筑面积与地上建筑面积的比率 R_r	$5\% \leqslant R_r < 15\%$	2
		$15\% \leqslant R_r < 25\%$	4
		$R_r \geqslant 25\%$	6
公共建筑	地下建筑面积与总用地面积之比 R_{p1} 地下一层建筑面积与总用地面积的比率 R_{p2}	$R_{p1} \geqslant 0.5$	3
		$R_{p1} \geqslant 0.7$ 且 $R_{p2} < 70\%$	6

【条文解读】本条适用于各类民用建筑的设计、运行评价。由于地下空间的利用受诸多因素制约，因此未利用地下空间的项目应提供相关说明。经论证，场地区位、地质等条件不适宜开发地下空间的，本条不参评。

开发利用地下空间是城市节约集约用地的重要措施之一。地下空间的开发利用应与地上建筑及其他相关城市空间紧密结合、统一规划，但从雨水渗透及地下水补给，减少径流外排等生态环保要求出发，地下空间也应利用有度、科学合理。

本条的评价方法为：设计评价查阅相关设计文件、计算书；运行评价查阅相关竣工图、计算书，并现场核实。

该项目地下建筑面积与总用地面积之比见图 4-7。

主要技术经济指标

<table>
<tr><th colspan="2">名称</th><th>单位</th><th colspan="2">数量</th><th>备注</th></tr>
<tr><td>规模</td><td>一期</td><td>床</td><td colspan="2">500</td><td>病床数量</td></tr>
<tr><td colspan="2">日门诊数量</td><td>人次/日</td><td colspan="2">1750</td><td></td></tr>
<tr><td colspan="2">总用地面积</td><td>m^2</td><td colspan="2">17973.50</td><td>26.96亩</td></tr>
<tr><td colspan="2">总建筑面积</td><td>m^2</td><td colspan="2">53954.48</td><td></td></tr>
<tr><td rowspan="4">其中</td><td rowspan="3">地上建筑面积</td><td>m^2</td><td rowspan="3">39776.68</td><td>门诊医技楼：12980.82</td><td rowspan="3"></td></tr>
<tr><td>m^2</td><td>住院部：25398.58</td></tr>
<tr><td>m^2</td><td>后勤保障：1397.28</td></tr>
<tr><td>地下建筑面积</td><td>m^2</td><td colspan="2">14177.80</td><td></td></tr>
</table>

图 4-7　××儿童专科医院技术指标

$R_{p1}=14177.8/17973.5=0.79$，得 6 分。

室　外　环　境

4.2.4　建筑及照明设计避免产生光污染

4.2.4　建筑及照明设计避免产生光污染，评价总分值为 4 分，并按下列规则分别评分并累计：

(1) 玻璃幕墙可见光反射比不大于 0.2，得 2 分；

(2) 室外夜景照明光污染的限制符合现行行业标准《城市夜景照明设计规范》JGJ/T

163 的规定，得 2 分。

【条文解读】本条适用于各类民用建筑的设计、运行评价。非玻璃幕墙建筑，第 1 款直接得 2 分。

【案例 4-1】　新建的××儿童专科医院属三级专科医院，总体规划中包括住院楼，门诊、医技综合楼，后勤用房，地下室。本次建设完成 1750 人/日的门诊、医技综合楼、500 床住院楼、地下室 14177.80m² 以及所需的后勤用房。配合地形，以节地、合理利用土地为主要目标，营造园林景观，建筑物表面采取防止溢光措施等。使医院环境品质得到极大提升，彰显人与自然的紧密结合。

绿化带是基地中的景观活跃元素，利用现有景观资源，强化医院南北向的景观视廊，绿化带与各景观轴紧密连接，使各个功能都有一个面向绿地的优美视野景观，使新院区中心形成开敞的景观环境。沿基地周围是一圈绿界，作为沿街绿化隔离带。在基地的西面有城市公共绿地，为医院提供了优美的景观环境，见图 4-8。

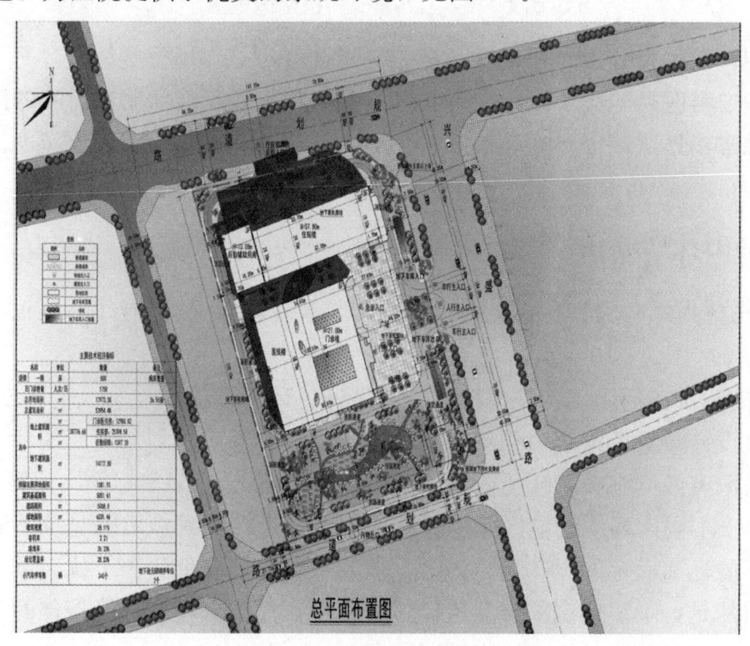

图 4-8　××儿童专科医院平面图

建筑物光污染包括建筑反射光（眩光）、夜间的室外夜景照明以及广告照明等造成的光污染。光污染产生的眩光会让人感到不舒服，还会使人降低对灯光信号等重要信息的辨识力，甚至带来道路安全隐患。

光污染控制对策包括降低建筑物表面（玻璃和其他材料、涂料）的可见光反射比，合理选配照明器具，采取防止溢光措施等。《玻璃幕墙光学性能》GB/T 18091—2015 将玻璃幕墙的光污染定义为有害光反射，对玻璃幕墙的可见光反射比作了规定，本条对玻璃幕墙可见光反射比较该标准中最低要求适当提高，取为 0.2。

室外夜景照明设计应满足《城市夜景照明设计规范》JGJ/T163 第 7 章关于光污染控制的相关要求，并在室外照明设计图纸中体现。

本条的评价方法为：设计评价查阅相关设计文件、光污染分析专项报告；运行评价查

图 4-9　××儿童专科医院透视图

阅相关竣工图、光污染分析专项报告、相关检测报告，并现场核实。

××儿童专科医院的第 1 款直接得 2 分；第 2 款室外夜景照明光污染的限制符合现行行业标准《城市夜景照明设计规范》JGJ/T 163 的规定，得 2 分，见图 4-9。评价总分值为 4 分。

4.2.5　场地内环境噪声

4.2.5　场地内环境噪声符合现行国家标准《声环境质量标准》GB 3096 的有关规定，评价分值为 4 分。

【条文解读】本条适用于各类民用建筑的设计、运行评价。

绿色建筑设计应对场地周边的噪声现状进行检测，并对规划实施后的环境噪声进行预测，必要时采取有效措施改善环境噪声状况，使之符合现行国家标准《声环境质量标准》GB 3096 中对于不同声环境功能区噪声标准的规定。当拟建噪声敏感建筑不能避免临近交通干线，或不能远离固定的设备噪声源时，需要采取措施降低噪声干扰。

需要说明的是，噪声监测的现状值仅作为参考，需结合场地环境条件的变化（如道路车流量的增长）进行对应的噪声改变情况预测。

本条的评价方法为：设计评价查阅环境噪声影响测试评估报告、噪声预测分析报告；运行评价查阅环境噪声影响测试评估报告、现场测试报告。

4.2.6　场地内风环境

4.2.6　场地内风环境有利于室外行走、活动舒适和建筑的自然通风，评价总分值为 6 分，并按下列规则分别评分并累计：

(1) 在冬季典型风速和风向条件下，按下列规则分别评分并累计见图 4-10：

1) 建筑物周围人行区风速小于 5m/s，且室外风速放大系数小于 2，得 2 分见图 4-11；

2) 除迎风第一排建筑外，建筑迎风面与背风面表面风压差不大于 5Pa，得 1 分。

(2) 过渡季、夏季典型风速和风向条件下见图 4-12，按下列规则分别评分并累计：

1）场地内人活动区不出现涡旋或无风区，得2分；

2）50%以上可开启外窗室内外表面的风压差大于0.5Pa，得1分。

图4-10　××项目总平面图

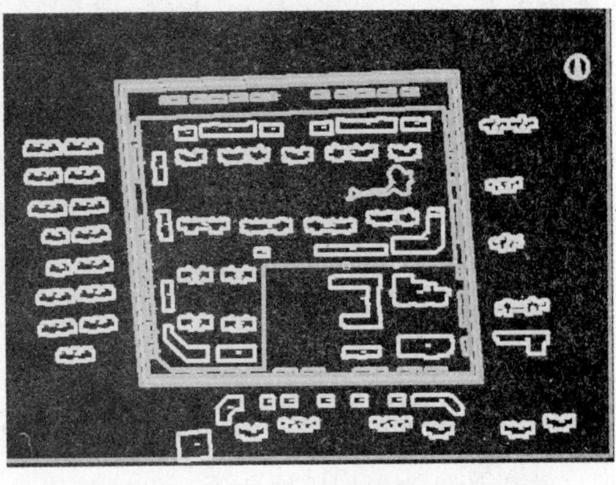

图4-11　分析处理图

【条文解读】本条适用于各类民用建筑的设计、运行评价。

冬季建筑物周围人行区距地1.5m高处风速V<5m/s是不影响人们正常室外活动的基本要求。建筑的迎风面与背风面风压差不超过5Pa，可以减少冷风向室内渗透。

夏季、过渡季通风不畅在某些区域形成无风区和涡旋区，将影响室外散热和污染物消散见图4-13所示。外窗室内外表面的风压差达到0.5Pa有利于建筑的自然通风。

图4-12　夏季工况风速云图

图4-13　夏季工况风速矢量图

利用计算流体动力学（CFD）手段通过不同季节典型风向、风速可对建筑外风环境进行模拟，其中来流风速、风向为对应季节内出现频率最高的风向和平均风速，可通过查阅建筑设计或暖通空调设计手册中所在城市的相关资料得到。

本条的评价方法为：设计评价查阅相关设计文件、风环境模拟计算报告；运行评价查阅相关竣工图、风环境模拟计算报告、现场测试报告。

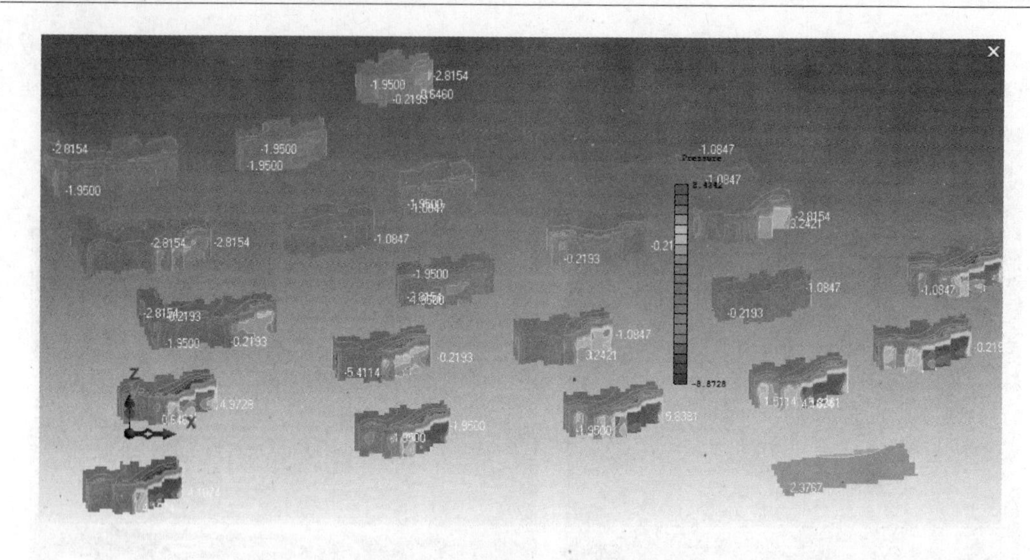

图 4-14　夏季工况迎风面风压图

计算机软件能根据模拟技术，出计算报告书如图 4-15 所示。报告书中包含了项目信息、模拟设置的各参数和工况，让用户一目了然。

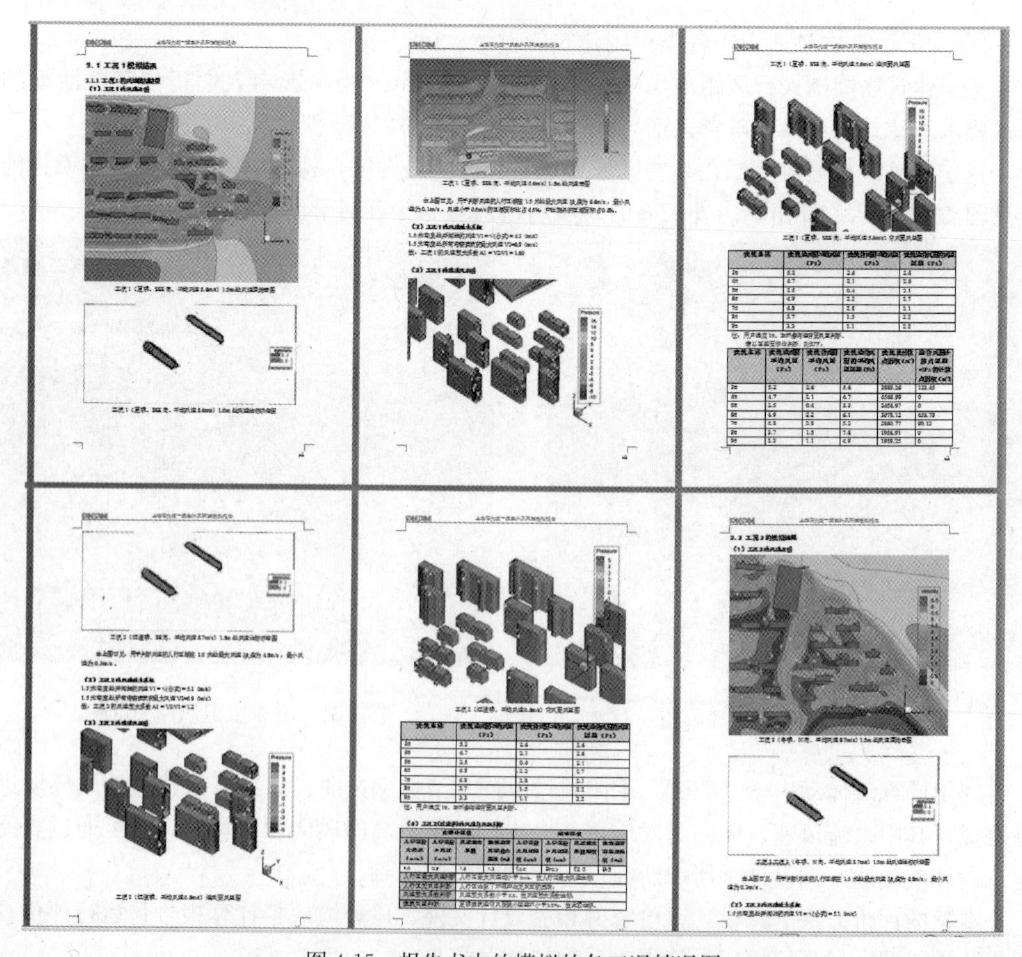

图 4-15　报告书中的模拟的各工况情况图

从报告书中，可以清楚地看出建筑周围的风环境分别情况，为建筑的设计提供参考和数据支持。建筑群和高大建筑物会显著改变城市近地面层风场结构。近地风的状况与建筑物的外形、尺寸、建筑物之间的相对位置以及周围地形地貌有着很复杂的关系。

建筑合理布局是改善室外行人区热舒适的关键；主要是避免在寒冷冬季室外行人区风速加速（西北风情况下），如风巷效应，同时在与西北风垂直方向最好增加裙房，加大底座尺寸，避免冲刷效应和边角效应等。

评价：

(1) 在冬季典型风速和风向条件下，按下列规则分别评分并累计。

①建筑物周围人行区风速小于5m/s，且室外风速放大系数小于2，得2分；

②除迎风第一排建筑外，建筑迎风面与背风面表面风压差不大于5Pa，得1分。

(2) 过渡季、夏季典型风速和风向条件下，按下列规则分别评分并累计。

①场地内人活动区不出现涡旋或无风区，得2分；

②50%以上可开启外窗室内外表面的风压差大于0.5Pa，得1分。

按以上规则分别评分并累计：评价总分值为6分。

4.2.7　采取措施降低热岛强度

4.2.7　采取措施降低热岛强度，评价总分值为4分，并按下列规则分别评分并累计。

(1) 红线范围内户外活动场地有乔木、构筑物遮荫措施的面积达到10%，得1分；达到20%，得2分。

(2) 超过70%的道路路面、建筑屋面的太阳辐射反射系数不小于0.4，得2分。

【条文解读】本条适用于各类民用建筑的设计、运行评价。

本条在本标准2006年版一般项4.1.12条基础上发展而来，不仅扩展了适用范围，而且改变了评价指标。户外活动场地包括：步道、庭院、广场、游憩场和停车场。乔木遮阴面积按照成年乔木的树冠正投影面积计算；构筑物遮阴面积按照构筑物正投影面积计算。

本条的评价方法为：设计评价查阅相关设计文件；运行评价查阅相关竣工图，并现场核实。

交通设施与公共服务

4.2.8　场地与公共交通设施

4.2.8　场地与公共交通设施具有便捷的联系，评价总分值为9分，并按下列规则分别评分并累计：

(1) 场地出入口到达公共汽车站的步行距离不大于500m，或到达轨道交通站的步行距离不大于800m，得3分；

(2) 场地出入口步行距离800m范围内设有2条及以上线路的公共交通站点（含公共汽车站和轨道交通站），得3分；

(3) 有便捷的人行通道联系公共交通站点，得3分。

【条文解读】本条适用于各类民用建筑的设计、运行评价。

优先发展公共交通是缓解城市交通拥堵问题的重要措施，因此建筑与公共交通联系的便捷程度很重要。为便于选择公共交通出行，在选址与场地规划中应重视建筑场地与公共交通站点的便捷联系，合理设置出入口。“有便捷的人行通道联系公共交通站点”包括：建筑外的平台直接通过天桥与公交站点相连，建筑的部分空间与地面轨道交通站点出入口直接连通，为减少到达公共交通站点的绕行距离设置了专用的人行通道，地下空间与地铁站点直接相连等。

本条的评价方法为：设计评价查阅相关设计文件；运行评价查阅相关竣工图，并现场核实。

4.2.9 场地内人行通道采用无障碍设计

4.2.9 场地内人行通道采用无障碍设计，评价分值为3分。

【条文解读】本条适用于各类民用建筑的设计、运行评价。

场地内人行通道及场地内外联系的无障碍设计是绿色出行的重要组成部分，是保障各类人群方便、安全出行的基本设施。

本条的评价方法为：设计评价查阅相关设计文件；运行评价查阅相关竣工图，并现场核实。如果建筑场地外已有无障碍人行通道，场地内的无障碍通道必须与之联系才能得分。

4.2.10 合理设置停车场所

4.2.10 合理设置停车场所，评价总分值为6分，并按下列规则分别评分并累计：

(1) 自行车停车设施位置合理、方便出入，且有遮阳防雨措施，得3分；

(2) 合理设置机动车停车设施，并采取下列措施中至少2项，得3分：

1) 采用机械式停车库、地下停车库或停车楼等方式节约集约用地；

2) 采用错时停车方式向社会开放，提高停车场（库）使用效率；

3) 合理设计地面停车位，不挤占步行空间及活动场所。

【条文解读】本条适用于各类民用建筑的设计、运行评价。本条鼓励使用自行车等绿色环保的交通工具，绿色出行。自行车停车场所应规模适度、布局合理，符合使用者出行习惯。机动车停车应符合所在地控制性详细规划要求，地面停车位应按照国家和地方有关标准适度设置，并科学管理、合理组织交通流线，不应对人行、活动场所产生干扰。

本条的评价方法为：设计评价查阅相关设计文件；运行评价查阅相关竣工图，并现场核实。

4.2.11 提供便利的公共服务

4.2.11 提供便利的公共服务，评价总分值为6分，并按下列规则评分：

(1) 居住建筑：满足下列要求中3项，得3分；满足4项及以上，得6分：

1) 场地出入口到达幼儿园的步行距离不大于300m；

2) 场地出入口到达小学的步行距离不大于500m；

3) 场地出入口到达商业服务设施的步行距离不大于500m；

4) 相关设施集中设置并向周边居民开放；

5) 场地1000m范围内设有5种及以上的公共服务设施。

(2) 公共建筑：满足下列要求中2项，得3分；满足3项及以上，得6分：

1) 2种及以上的公共建筑集中设置，或公共建筑兼容2种及以上的公共服务功能；

2) 配套辅助设施设备共同使用、资源共享；

3) 建筑向社会公众提供开放的公共空间；

4) 室外活动场地错时向周边居民免费开放。

【条文解读】本条适用于各类民用建筑的设计、运行评价。

根据《城市居住区规划设计规范》GB 50180—1993（2002年版）相关规定，住区配套服务设施（也称配套公建）应包括：教育、医疗卫生、文化体育、商业服务、金融邮电、社区服务、市政公用和行政管理等八类设施。住区配套服务设施便利，可减少机动车出行需求，有利于节约能源、保护环境。设施集中布置、协调互补和社会共享可提高使用效率、节约用地和投资。

公共建筑集中设置，配套的设施设备共享，也是提高服务效率、节约资源的有效方法。兼容2种及以上主要公共服务功能是指主要服务功能在建筑内部混合布局，部分空间共享使用，如建筑中设有共用的会议设施、展览设施、健身设施以及交往空间、休息空间等；配套辅助设施设备是指建筑或建筑群的车库、锅炉房或空调机房、监控室、食堂等可以共用的辅助性设施设备；大学、独立学院和职业技术学院、高等专科学校等专用运动场所科学管理，在非校用时间向社会公众开放；文化、体育设施的室外活动场地错时向社会开放；办公建筑的室外场地在非办公时间向周边居民开放；高等教育学校的图书馆、体育馆等定时免费向社会开放等。公共空间的共享既可增加公众的活动场所，有利陶冶情操、增进社会交往，又可提高各类设施和场地的使用效率，是绿色建筑倡导和鼓励的建设理念。

本条的评价方法为：设计评价查阅相关设计文件；运行评价查阅相关竣工图，并现场核实。如果参评项目为建筑单体，则“场地出入口”用“建筑主要出入口”替代。

场地设计与场地生态

4.2.12　场地设计与建筑布局

4.2.12　结合现状地形地貌进行场地设计与建筑布局，保护场地内原有的自然水域、湿地和植被，采取表层土利用等生态补偿措施，评价分值为3分。

【条文解读】本条适用于各类民用建筑的设计、运行评价。

建设项目应对场地可利用的自然资源进行勘查，充分利用原有地形地貌，尽量减少土石方工程量，减少开发建设过程对场地及周边环境生态系统的改变，包括原有水体和植被，特别是大型乔木。在建设过程中确需改造场地内的地形、地貌、水体、植被等时，应在工程结束后及时采取生态复原措施，减少对原场地环境的改变和破坏。表层土含有丰富的有机质、矿物质和微量元素，适合植物和微生物的生长，场地表层土的保护和回收利用是土壤资源保护、维持生物多样性的重要方法之一。除此之外，根据场地实际状况，采取其他生态恢复或补偿措施，如对土壤进行生态处理，对污染水体进行净化和循环，对植被进行生态设计以恢复场地原有动植物生存环境等，也可作为得分依据。

本条的评价方法为：设计评价查阅相关设计文件、生态保护和补偿计划；运行评价查阅相关竣工图、生态保护和补偿报告，并现场核实。

4.2.13 绿色雨水基础设施

4.2.13 充分利用场地空间合理设置绿色雨水基础设施，对大于 $10hm^2$ 的场地进行雨水专项规划设计，评价总分值为9分，并按下列规则分别评分并累计：

（1）下凹式绿地、雨水花园等有调蓄雨水功能的绿地和水体的面积之和占绿地面积的比例达到30%，得3分；

（2）合理衔接和引导屋面雨水、道路雨水进入地面生态设施，并采取相应的径流污染控制措施，得3分；

（3）硬质铺装地面中透水铺装面积的比例达到50%，得3分。

【条文解读】本条适用于各类民用建筑的设计、运行评价。

场地开发应遵循低影响开发原则，合理利用场地空间设置绿色雨水基础设施。绿色雨水基础设施有雨水花园、下凹式绿地、屋顶绿化、植被浅沟、雨水截流设施、渗透设施、雨水塘、雨水湿地、景观水体、多功能调蓄设施等。绿色雨水基础设施有别于传统的灰色雨水设施（雨水口、雨水管道等），能够以自然的方式控制城市雨水径流、减少城市洪涝灾害、控制径流污染、保护水环境。

当场地面积超过一定范围时，应进行雨水专项规划设计。雨水专项规划设计是通过建筑、景观、道路和市政等不同专业的协调配合，综合考虑各类因素的影响，对径流减排、污染控制、雨水收集回用进行全面统筹规划设计。通过实施雨水专项规划设计，能避免实际工程中针对某个子系统（雨水利用、径流减排、污染控制等）进行独立设计所带来的诸多资源配置和统筹衔接问题，避免出现“顾此失彼”的现象。具体评价时，场地占地面积大于 $10hm^2$ 的项目，应提供雨水专项规划设计，不大于 $10hm^2$ 的项目可不做雨水专项规划设计，但也应根据场地条件合理采用雨水控制利用措施，编制场地雨水综合利用方案。

利用场地的河流、湖泊、水塘、湿地、低洼地作为雨水调蓄设施，或利用场地内设计景观（如景观绿地和景观水体）来调蓄雨水，可达到有限土地资源多功能开发的目标。能调蓄雨水的景观绿地包括下凹式绿地、雨水花园、树池、干塘等。

屋面雨水和道路雨水是建筑场地产生径流的重要源头，易被污染并形成污染源，故宜合理引导其进入地面生态设施进行调蓄、下渗和利用，并采取相应截污措施，保证雨水在滞蓄和排放过程中有良好的衔接关系，保障自然水体和景观水体的水质、水量安全。地面生态设施是指下凹式绿地、植草沟、树池等，即在地势较低的区域种植植物，通过植物截流、土壤过滤滞留处理小流量径流雨水，达到径流污染控制目的。

雨水下渗也是消减径流和径流污染的重要途径之一。本条“硬质铺装地面”指场地中停车场、道路和室外活动场地等，不包括建筑占地（屋面）、绿地、水面等。通常停车场、道路和室外活动场地等，有一定承载力要求，多采用石材、砖、混凝土、砾石等为铺地材料，透水性能较差，雨水无法入渗，形成大量地面径流，增加城市排水系统的压力。“透水铺装”是指采用如植草砖、透水沥青、透水混凝土、透水地砖等透水铺装系统，既能满足路用及铺地强度和耐久性要求，又能使雨水通过本身与铺装下基层相通的渗水路径直接渗入下部土壤的地面铺装。当透水铺装下为地下室顶板时，若地下室顶板设有疏水板及导水管等可将渗透雨水导入与地下室顶板接壤的实土，或地下室顶板上覆土深度能满足当地园林绿化部门要求时，仍可认定其为透水铺装地面。评价时以场地中硬质铺装地面中透水铺装所占的面积比例为依据。

本条的评价方法为：设计评价查阅地形图、相关设计文件、场地雨水综合利用方案或雨水专项规划设计（场地大于 $10hm^2$ 的应提供雨水专项规划设计，没有提供的本条不得分）、计算书；运行评价查阅地形图、相关竣工图、场地雨水综合利用方案或雨水专项规划设计（场地大于 $10hm^2$ 的应提供雨水专项规划设计，没有提供的本条不得分）、计算书，并现场核实。

4.2.14　场地雨水实施外排总量控制

4.2.14　合理规划地表与屋面雨水径流，对场地雨水实施外排总量控制，评价总分值为6分。其场地年径流总量控制率达到55%，得3分；达到70%，得6分。

【条文解读】本条适用于各类民用建筑的设计、运行评价。

从区域角度看，雨水的过量收集会导致原有水体的萎缩或影响水系统的良性循环。要使硬化地面恢复到自然地貌的环境水平，最佳的雨水控制量应以雨水排放量接近自然地貌为标准，因此从经济性和维持区域性水环境的良性循环角度出发，径流的控制率也不宜过大而应有合适的量（除非具体项目有特殊的防洪排涝设计要求）。本条设定的年径流总量控制率不宜超过85%。

年径流总量控制率为55%、70%或85%时对应的降雨量（日值）为设计控制雨量，参见表4-9。设计控制雨量的确定要通过统计学方法获得。统计年限不同时，不同控制率下对应的设计雨量会有差异。考虑气候变化的趋势和周期性，推荐采用30年，特殊情况除外。

年径流总量控制率对应的设计控制雨量　　表4-9

城市	年均降雨量（mm）	年径流总量控制率对应的设计控制雨量（mm）		
		55%	70%	85%
北京	544	11.5	19.0	32.5
长春	561	7.9	13.3	23.8
长沙	1501	11.3	18.1	31.0
成都	856	9.7	17.1	31.3
重庆	1101	9.6	16.7	31.0
福州	1376	11.8	19.3	33.9
广州	1760	15.1	24.4	43.0
贵阳	1092	10.1	17.0	29.9
哈尔滨	533	7.3	12.2	22.6
海口	1591	16.8	25.1	51.1
杭州	1403	10.4	16.5	28.2
合肥	984	10.5	17.2	30.2
呼和浩特	396	7.3	12.0	21.2
济南	680	13.8	23.4	41.3

续表

城市	年均降雨量（mm）	年径流总量控制率对应的设计控制雨量（mm）		
		55%	70%	85%
昆明	988	9.3	15.0	25.9
拉萨	442	4.9	7.5	11.8
兰州	308	5.2	8.2	14.0
南昌	1609	13.5	21.8	37.4
南京	1053	11.5	18.9	34.2
南宁	1302	13.2	22.0	38.5
上海	1158	11.2	18.5	33.2
沈阳	672	10.5	17.0	29.1
石家庄	509	10.1	17.3	31.2
太原	419	7.6	12.5	22.5
天津	540	12.1	20.8	38.2
乌鲁木齐	282	4.2	6.9	11.8
武汉	1308	14.5	24.0	42.3
西安	543	7.3	11.6	20.0
西宁	386	4.7	7.4	12.2
银川	184	5.2	8.7	15.5
郑州	633	11.0	18.4	32.6

注：1. 表中的统计数据年限1977～2006年。2. 其他城市的设计控制雨量，可参考所列类似城市的数值，或依据当地降雨资料进行统计计算确定。

设计时应根据年径流总量控制率对应的设计控制雨量来确定雨水设施规模和最终方案，有条件时，可通过相关雨水控制利用模型进行设计计算；也可采用简单计算方法，结合项目条件，用设计控制雨量乘以场地综合径流系数、总汇水面积来确定项目雨水设施总规模，再分别计算滞蓄、调蓄和收集回用等措施实现的控制容积，达到设计控制雨量对应的控制规模要求，即达标。

本条的评价方法为：设计评价查阅当地降雨统计资料、相关设计文件、设计控制雨量计算书；运行评价查阅当地降雨统计资料、相关竣工图、设计控制雨量计算书、场地年径流总量控制报告，并现场核实。

4.2.15 科学配置绿化植物

4.2.15 合理选择绿化方式，科学配置绿化植物，评价总分值为6分，并按下列规则分别评分并累计：

(1) 种植适应当地气候和土壤条件的植物，采用乔、灌、草结合的复层绿化，种植区域覆土深度和排水能力满足植物生长需求，得3分；

(2) 居住建筑绿地配植乔木不少于3株/100m^2，公共建筑采用垂直绿化、屋顶绿化等方式，得3分。

【条文解读】本条适用于各类民用建筑的设计、运行评价。

植物配置应充分体现本地区植物资源的特点，突出地方特色。合理的植物物种选择和搭配会对绿地植被的生长起到促进作用。种植区域的覆土深度应满足乔、灌木自然生长的需要，满足申报项目所在地有关覆土深度的控制要求。

本条的评价方法为：设计评价查阅相关设计文件、计算书；运行评价查阅相关竣工图、计算书，并现场核实。

4.3　节地技术与案例

4.3.1　建筑节地技术

1. 控制用地指标

用地指标是国家政府对工业用地的控制指标，通过用地指标的制定，政府部门从宏观上对工业用地的一些参数进行控制，从而保证工业项目对土地的有效利用。

2. 用地模式的调整

调整目前不合理的用地状态，优化用地模式是当前在用地分布上节约土地的有效手段。

3. 挖掘可利用土地

土地地质条件差，不适应一般的生产和建设活动，如山沟谷地、戈壁荒滩、矿业废地、沿海滩涂等，通过科学改造或因地制宜的规划，它们就可以被很好地利用。通过对这些隐性土地的挖潜，扩大了用地的可利用范围，保障地质条件好的土地不被工业所占，用于农耕或城市建设。

4.3.2　建筑节地措施

1. 居住区节地

(1) 楼板斜向布置、塔式错位布局提高容积率，见图 4-16；

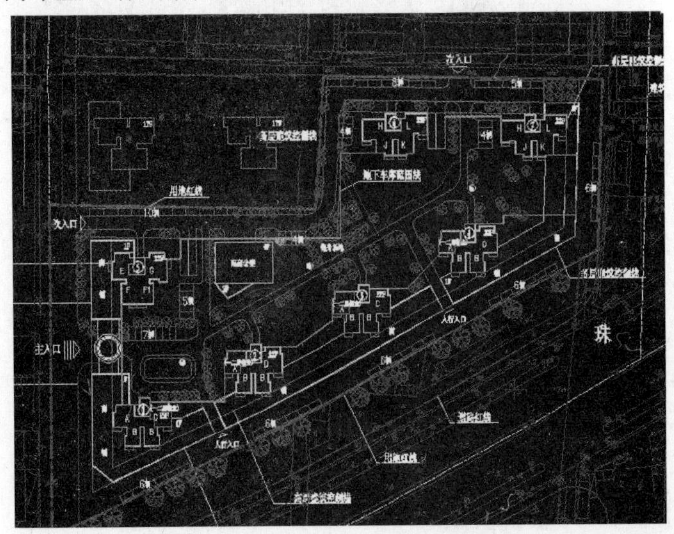

图 4-16　××住宅小区总平图

（2）特殊设计东西向住宅和加深尽端户型，见图 4-17；

（3）适当加大进深缩小面宽。

图 4-17　××小区鸟瞰图

2. 公共建筑群的节地措施：

（1）东西向或周边布置，建筑围合后增加容积率，见图 4-18；

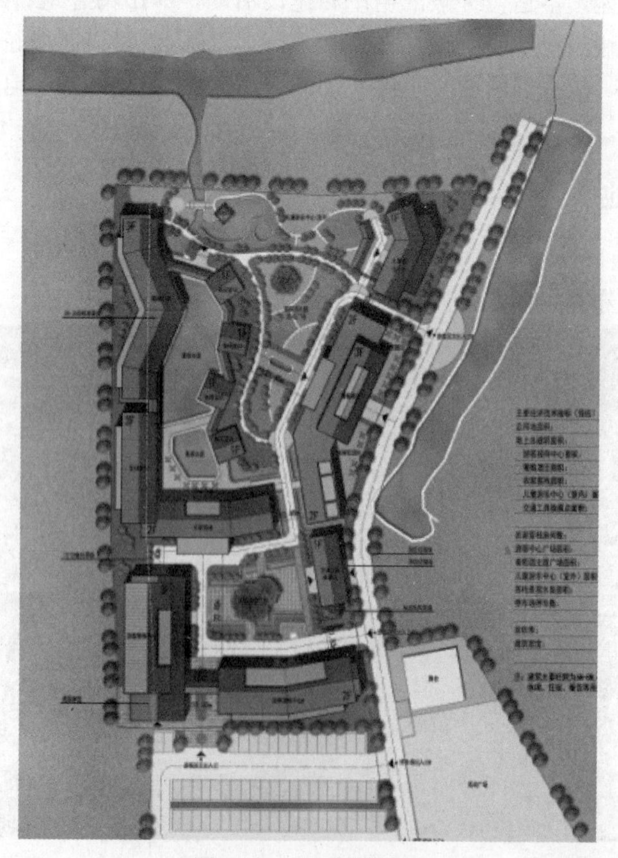

图 4-18　××村镇社区

（2）利用规范最小防火间距也是节地措施之一，见图 4-19。

图 4-19　××商业综合体

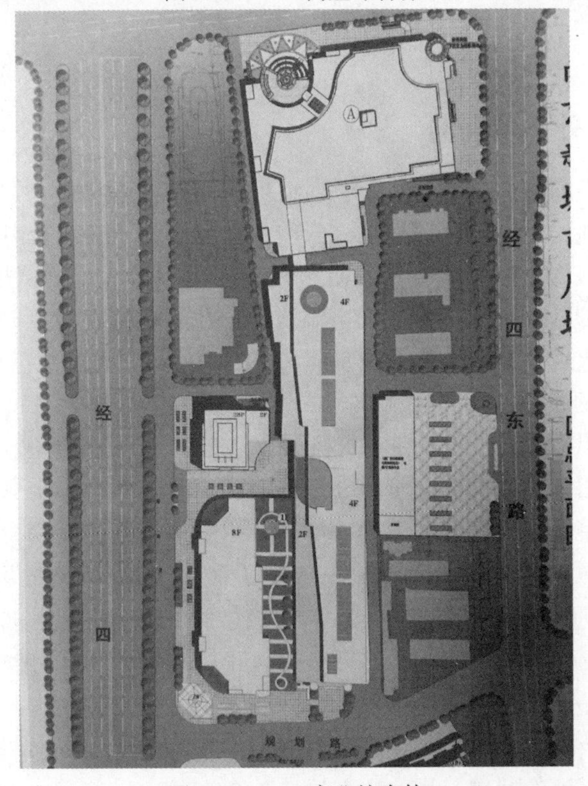

图 4-20　××商业综合体

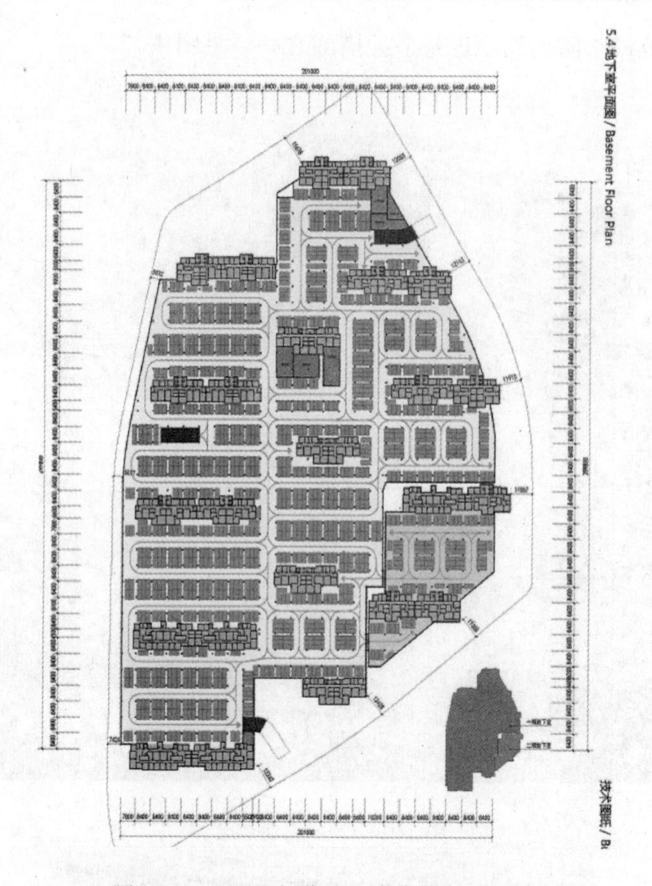

图 4-21　地下空间作为汽车库的节地设计

4.3.3　节地与室外环境案例

项目用地位于昆明市 xx 职教基地对龙河两岸，由职教基地一号路、四号路和十号路三条主干道围成的地块内。项目用地按《云南省教育厅关于确定云南旅游职业学院办学规模的函》（云教函〔2012〕222 号文）批复的在校生 8000 人规模规划。校区规划用地 994.02 亩。其中嵩明县境内 61 亩，官渡区境内 933.02 亩，包括道路代征用地 131.34 亩，对龙河退让绿化地 346 亩，建设用地 516.23 亩。受供地批次指标数限制，项目用地采取“一次征地、两批供地”方式供地，一期供地为建设用地 516.23 亩；二期供地为 477.79 亩，含道路代征 131.02 亩和对龙河退让土地 346.77 亩。

根据教育部的相关文件精神及学院办学的功能要求，总建筑面积约 23 万 m^2。项目的主要建设为：房屋建筑内容：教学用房 26000m^2；图书馆（图文信息中心）15000m^2；实验实训用房 51000m^2；室内体育馆 4000m^2（建议 8000m^2）；风雨操场 4000m^2；学院行政用房 6700m^2；系行政用房 9400m^2；学生宿舍 72000m^2（建议 90000m^2）；学生食堂 16000m^2（建议 11000m^2）；学生会堂 3000m^2；生活保障及辅助用房 15000m^2；公寓房 6400m^2（建议 3600m^2）。总建筑面积约：23 万 m^2。

运动场地建设内容：400 米跑道运动场 1 块；篮球场地 12 块；排球场地 8 块；网球场地 2 块；高尔夫室外发球练习场 1 块、果岭 4 个。

考虑学院办学规模是一个逐步发展的过程以及资金压力的因素，项目宜分两期建设，预计工程建设期为36个月。项目共需建设投资约12.6亿元，一期建设投入资金约9亿元，二期建设投入资金约3.6万元。

对建设红线将项目征地范围分割隔离成大小不同四块，场地坡度大、沟壑纵横的特点见图4-23。规划概况为：一河分两岸，三桥连四区；大分小合布局，环境效率兼顾。根据用地情况和建设要求，将一号建设用地（336亩）规划为：以教学、实训、体育锻炼为主，住宿、生活为辅的综合区；将二号建设用地（58亩）规划为：以学生住宿、生活为主，学习、体育锻炼为辅的综合区；将三号建设用地（118亩）规划为：以教师家庭居住为主、单身教师公寓为辅的生活区。同时，将对龙河两岸退让绿地（330亩）规划为河谷水系、山地景观、文化景点为主，教学实训为辅的生态景区，配合学校AAA级景区的创建见图4-24。

1. 控制项

第4.1.1条项目选址应符合所在地城乡规划，且应符合各类保护区、文物古迹保护的建设控制要求。

原始场地内有自然台地、浅沟，规划时利用浅沟做水系，依据地形布局建筑见图4-22。

图4-22　原始场地内自然台地、浅沟

2. 评分项

4.2.5　场地内环境噪声符合现行国家标准《声环境质量标准》GB 3096的有关规定，评价分值为4分。

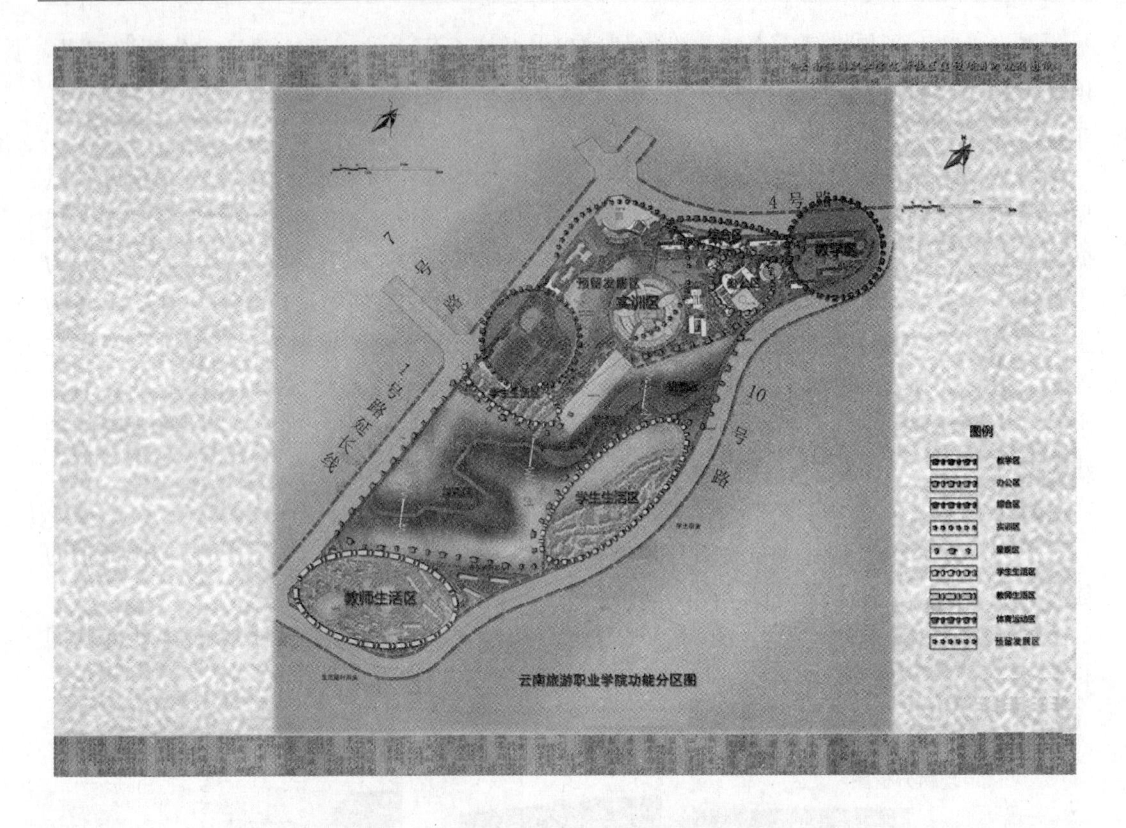

图 4-23　规划时依据地形布局建筑图之一

结论：受交通噪声影响最大的是东北角上临路的高层住宅。其环境噪声白天为 50～55dB（A），夜间为 40～45dB（A），满足住宅环境噪声要求白天不大于 60dB（A），夜间不大于 50dB（A）。

3. 项目节地与室外环境评价

4. 节地与室外环境控制项

节地与室外环境控制项汇总见表 4-10。

节地与室外环境控制项汇总表　　表 4-10

序号	对应内容	是否满足	对应评价条款	备注
1	项目选址应符合所在地城乡规划，且应符合各类保护区、文物古迹保护的建设控制要求	是	4.1.1	
2	场地应无洪涝、滑坡、泥石流等自然灾害的威胁，无危险化学品、易燃易爆危险源的威胁，无电磁辐射、含氡土壤等危害	是	4.1.2	
3	场地内不应有排放超标的污染源	是	4.1.3	
4	建筑规划布局应满足日照标准，且不得降低周边建筑的日照标准	是	4.1.4	
汇总	控制是否全部满足	是		

项目节地与室外环境控制项是否全部满足：是。

节地与室外环境评分项见表 4-11。

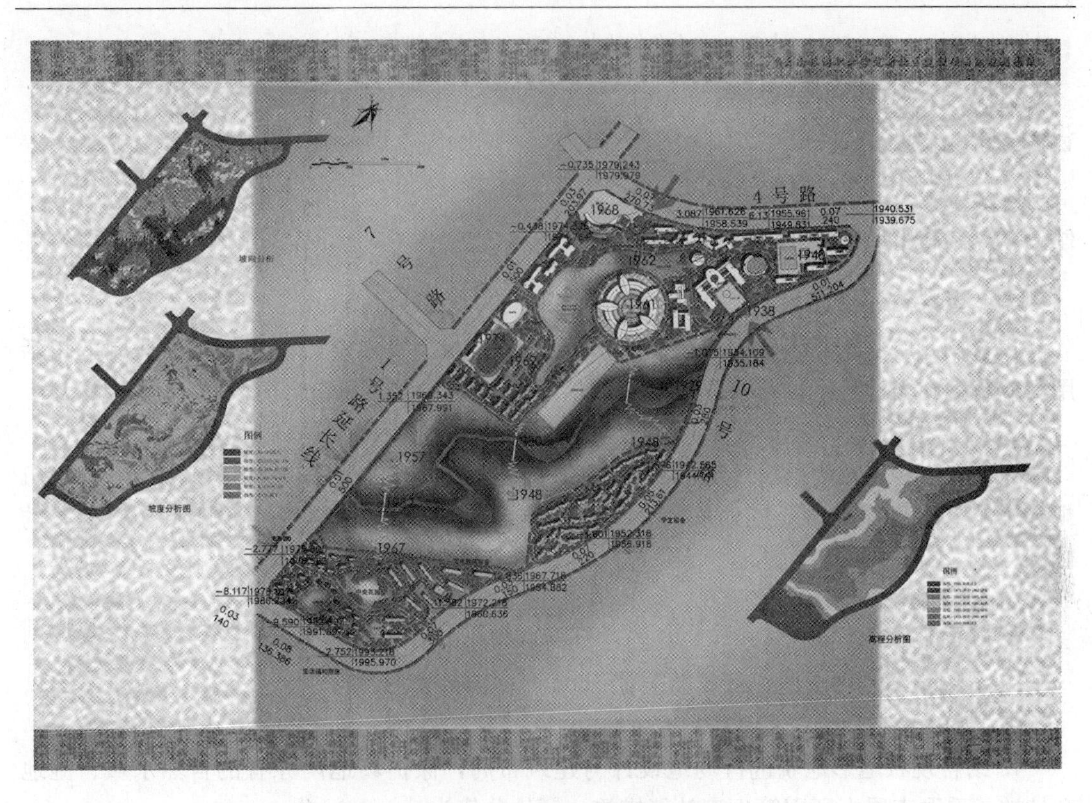

图 4-24　规划时依据地形布局建筑图之二

节地与室外环境评分项汇总表　　表 4-11

序号	评分类别	可得分值	实际得分值	对应评价条款	备注
1	土地利用（34 分）	19	15	4.2.1	
2		9	7	4.2.2	
3		6	6	4.2.3	
4	室外环境（18 分）	4	4	4.2.4	
5		4	4	4.2.5	
6		6	6	4.2.6	
7		4	3	4.2.7	
8	交通设施与公共服务（24 分）	9	7	4.2.8	
9		3	2	4.2.9	
10		6	3	4.2.10	
11		6	2	4.2.11	
12	场地设计与场地生态（24 分）	3	2	4.2.12	
13		9	3	4.2.13	
14		6	2	4.2.14	
15		6	2	4.2.15	
合计		100	68		

项目节地与室外环境评价得分：68 分。

课后练习题

第4章　节地与室外环境内容解读

一、单选题

1.《托儿所、幼儿园建筑设计规范》JGJ 39—1987 中规定：托儿所、幼儿园的生活用房应布置在当地最好日照方位，并满足冬至日底层满窗日照不少于（　　）的要求。

A. 4 小时　　B. 3 小时　　C. 2 小时　　D. 1 小时

2.《城市居住区规划设计规范》GB 50180—1993（2002）（2002 年版）中第 5.0.2.1 规定了住宅的日照标准，同时明确：老年人居住建筑不应低于冬至日日照（　　）的标准。

A. 4 小时　　B. 3 小时

C. 2 小时　　D. 1 小时

3. 节约集约利用土地，评价总分值为（　　）分。

A. 19　　B. 20　　C. 25　　D. 29

4. 结合现状地形地貌进行场地设计与建筑布局，保护场地内原有的自然水域、湿地和植被，采取表层土利用等生态补偿措施，评价分值为（　　）分。

A. 6　　B. 4　　C. 3　　D. 2

5. 土壤中氡浓度的控制应符合现行国家标准的规定（　　）。

A.《城市夜景照明设计规范》JGJ/T 163

B.《民用建筑工程室内环境污染控制规范》GB 50325

C.《声环境质量标准》GB 3096

D.《城市居住区规划设计规范》GB 50180—93

二、多选题

1. 建筑物光污染包括哪些光污染（　　）。

A. 建筑反射光（眩光）　　B. 夜间的室外夜景照明

C. 广告照明　　D. 以上都不是

2. 住区的公共绿地是指满足规定的日照要求、适合于安排游憩活动设施的、供居民共享的集中绿地，包括以下哪些绿地（　　）。

A. 居住区公园　　B. 小游园

C. 组团绿地　　D. 其他块状、带状绿地

3. 场地与公共交通设施具有便捷的联系，评价总分值为 9 分，并按以下哪些规则评分并累计（　　）。

A. 场地出入口到达公共汽车站的步行距离不大于 500m，或到达轨道交通站的步行距离不大于 800m，得 3 分

B. 场地出入口步行距离 800m 范围内设有 2 条及以上线路的公共交通站点（含公共汽车站和轨道交通站），得 3 分

C. 有便捷的人行通道联系公共交通站点，得3分

D. 室外夜景照明光污染的限制符合现行行业标准《城市夜景照明设计规范》JGJ/T 163的规定，得3分

三、思考题

1. 建筑节地技术内容及建筑节地措施?

2. “建筑及照明设计避免产生光污染”的评分标准及评价方法是什么?

第5章　节能与能源利用的内容解读

从目前整体情况来看，我国建筑行业仍是高投入、高消耗、高污染的粗放型经济增长方式，由此决定了能耗水平还比较高，尤其是建筑材料的生产、建筑施工等能源需求量所占比例大。

建筑本身就是能源消耗大户，同时对环境也有重大影响。人类活动产生的垃圾，其中40%为建筑垃圾。对于发展中国家而言，由于大量人口涌入城市，对住宅、道路、地下工程、公共设施的需求越来越高，所耗费的能源也越来越多，这与日益匮乏的石油资源、煤资源产生了不可调和的矛盾。

绿色建筑评价标准中，“节能与能源利用”是其中的第五章，在绿色建筑的七类指标中权重最高，是《绿色建筑评价标准》中最为重要的内容。绿色建筑评价标准规定了评价方法、评价内容、技术指标等，强调了全寿命期能源系统整体设计理念，突出了重要节能措施的评价内容，增强了可操作性、科学性、全面性，使节能技术应用更具地域适应性和合理性。

1. 特点

（1）设计阶段评价权重高。居住建筑达0.24，公共建筑达0.28。

（2）在七大类评价条文中，条文数量最多，内容最广。其中控制项4项，评分项16项，加分项3项。

2. 等级与评价要求

（1）评价对象：条文内容适用于不同民用建筑，具体评价条文应根据条文说明及评价细则对应相应内容进行评价。

（2）评价阶段：不同评价阶段，对应相应评价条文内容。

（3）评价方式：对应不同功能、建筑类型及不用评价阶段，可获得不同单项评价分数，应根据参评项进行单项总分折算。得分方式分为直接得分和分级得分。

控制项的评定结果为满足或不满足。

评分项和加分项的评定结果为分值，其中评分项实际得分值除以适用于该建筑的评分项总分值再乘以100分计算。

单项评分项得分不得小于40分。所以，对于绿色建筑的评估来说，节能与能源利用是重中之重，是绿色建筑所关注的重点。

5.1　控制项与解读

节能与能源利用控制项见表5-1。

节能与能源利用控制项汇总表　　表5-1

序号	对应内容	是否满足	对应评价条款	备注
1	建筑设计应符合国家现行有关建筑节能设计标准中强制性条文的规定		5.1.1	
2	不应采用电直接加热设备作为供暖空调系统的供暖热源和空气加湿热源		5.1.2	
3	冷热源、输配系统和照明等各部分能耗应进行独立分项计量		5.1.3	
4	各房间或场所的照明功率密度值不得高于现行国家标准《建筑照明设计标准》GB 50034中的现行值规定		5.1.4	
汇总	控制是否全部满足			

5.1.1　建筑设计

5.1.1　建筑设计应符合国家现行有关建筑节能设计标准中强制性条文的规定。

【条文解读】本条适用于各类民用建筑的设计、运行评价。

建筑围护结构的热工性能指标、外窗和玻璃幕墙的气密性能指标、供暖锅炉的额定热效率、空调系统的冷热源机组能效比、分户（单元）热计量和分室（户）温度调节等对建筑供暖和空调能耗都有很大的影响。国家和行业的建筑节能设计标准都对这些性能参数提出了明确的要求，有的地方标准的要求比国家标准更高，而且这些要求都是以强制性条文的形式出现的。因此，将本条列为绿色建筑必须满足的控制项。当地方标准要求低于国家标准、行业标准时，应按国家标准、行业标准执行。

本条的评价方法为：设计评价查阅相关设计文件（含设计说明、施工图和计算书）；运行评价查阅相关竣工图，并现场核实。

5.1.2　供暖热源和空气加湿热源

5.1.2　不应采用电直接加热设备作为供暖空调系统的供暖热源和空气加湿热源。

【条文解读】本条适用于集中空调或供暖的各类民用建筑的设计、运行评价。

合理利用能源、提高能源利用率、节约能源是我国的基本国策。高品位的电能直接用于转换为低品位的热能进行供暖或空调，热效率低，运行费用高，应限制这种“高质低用”的能源转换利用方式。

本条的评价方法为：设计评价查阅相关设计文件；运行评价查阅相关竣工图，并现场核实。

5.1.3　能耗进行独立分项计量

5.1.3　冷热源、输配系统和照明等各部分能耗应进行独立分项计量。

【条文解读】本条适用于集中空调或供暖的各类民用建筑的设计、运行评价。

建筑能源消耗情况较复杂，主要包括空调系统、照明系统、其他动力系统等。当未分项计量时，不利于统计建筑各类系统设备的能耗分布，难以发现能耗不合理之处。为此，要求采用集中冷热源的建筑，在系统设计（或既有建筑改造设计）时必须考虑使建筑内各能耗环节如冷热源、输配系统、照明、热水能耗等都能实现独立分项计量。这有助于分析建筑各项能耗水平和能耗结构是否合理，发现问题并提出改进措施，从而有效地实施建筑节能。

本条的评价方法为：设计评价查阅相关设计文件；运行评价查阅相关竣工图、分项计量记录，并现场核实。

5.1.4 照明功率密度值

5.1.4 各房间或场所的照明功率密度值不得高于现行国家标准《建筑照明设计标准》GB 50034 中的现行值规定。

【条文解读】本条适用于各类民用建筑的设计、运行评价。

国家标准《建筑照明设计标准》GB 50034 规定了各类房间或场所的照明功率密度值，分为“现行值”和“目标值”。其中，“现行值”是新建建筑必须满足的最低要求，“目标值”要求更高，是努力的方向。本条将现行值列为绿色建筑必须满足的控制项。

本条的评价方法为：设计评价查阅相关设计文件；运行评价查阅相关竣工图，并现场核实。

5.2 评分项与解读

节能与能源利用评分项见表 5-2。

节能与能源利用评分项汇总表　　表 5-2

序号	评分类别	可得分值	实际得分值	对应评价条款	备 注
1	Ⅰ. 建筑与维护结构（22 分）	6		5.2.1	
2		6		5.2.2	
3		10		5.2.3	
4	Ⅱ. 供暖、通风与空调（37 分）	6		5.2.4	
5		6		5.2.5	
6		10		5.2.6	
7		6		5.2.7	
8		9		5.2.8	
9	Ⅲ. 照明与电气（21 分）	5		5.2.9	
10		8		5.2.10	
11		3		5.2.11	
12		5		5.2.12	
13	Ⅳ. 能量综合利用（20 分）	3		5.2.13	
14		3		5.2.14	
15		4		5.2.15	
16		10		5.2.16	
合计		100			

Ⅰ. 建筑与围护结构

5.2.1　优化设计

5.2.1　结合场地自然条件，对建筑的体形、朝向、楼间距、窗墙比等进行优化设计，评价分值为6分。

【条文解读】本条适用于各类民用建筑的设计、运行评价。

建筑的体形、朝向、窗墙比、楼间距以及楼群的布置都对通风、日照、采光以及遮阳有明显的影响，因而也间接影响建筑的供暖和空调能耗以及建筑室内环境的舒适性，应该给予足够的重视。本条所指优化设计包括体形、朝向、楼间距、窗墙比等。

如果建筑的体形简单、朝向接近正南正北，楼间距、窗墙比也满足标准要求，可视为设计合理，本条直接得6分。体形等复杂时，应对体形、朝向、楼间距、窗墙比等进行综合性优化设计。对于公共建筑，如果经过优化之后的建筑窗墙比都低于0.5，本条直接得6分。

本条的评价方法为：设计评价查阅相关设计文件，进行优化设计的尚需查阅优化设计报告；运行评价查阅相关竣工图，并现场核实。

5.2.2　建筑获得良好的通风

5.2.2　外窗、玻璃幕墙的可开启部分能使建筑获得良好的通风，评价总分值为6分，并按下列规则评分：

(1) 设玻璃幕墙且不设外窗的建筑，其玻璃幕墙透明部分可开启面积比例达到5%，得4分；达到10%，得6分。

(2) 设外窗且不设玻璃幕墙的建筑，外窗可开启面积比例达到30%，得4分；达到35%，得6分。

(3) 设玻璃幕墙和外窗的建筑，对其玻璃幕墙透明部分和外窗分别按本条第1款和第2款进行评价，得分取两项得分的平均值。

【条文解读】本条适用于各类民用建筑的设计、运行评价。有严格的室内温湿度要求、不宜进行自然通风的建筑或房间，本条不参评。当建筑层数大于18层时，18层以上部分不参评。

窗户的可开启比例对室内的通风有很大的影响。对开推拉窗的可开启面积比例大致为40%～45%，平开窗的可开启面积比例更大。

玻璃幕墙的可开启部分比例对建筑的通风性能有很大的影响，但现行建筑节能标准未对其提出定量指标，而且大量的玻璃幕墙建筑确实存在幕墙可开启部分很小的现象。

玻璃幕墙的开启方式有多种，通风效果各不相同。为简单起见，可将玻璃幕墙活动窗扇的面积认定为可开启面积，而不再计算实际的或当量的可开启面积。

本条的玻璃幕墙系指透明的幕墙，背后有非透明实体墙的纯装饰性玻璃幕墙不在此列。

对于高层和超高层建筑，考虑到高处风力过大以及安全方面的原因，仅评判第18层及其以下各层的外窗和玻璃幕墙。

本条的评价方法为：设计评价查阅相关设计文件；运行评价查阅相关竣工图，并现场核实。

5.2.3 建筑节能设计标准

5.2.3 围护结构热工性能指标优于国家现行有关建筑节能设计标准的规定，评分总分值为10分，并按下列规则评分：

(1) 围护结构热工性能比国家现行有关建筑节能设计标准规定的提高幅度达到5%，得5分；达到10%，得10分。

(2) 供暖空调全年计算负荷降低幅度达到5%，得5分；达到10%，得10分。

【条文解读】本条适用于各类民用建筑的设计、运行评价。

围护结构的热工性能指标对建筑冬季供暖和夏季空调的负荷和能耗有很大的影响，国家和行业的建筑节能设计标准都对围护结构的热工性能提出明确的要求。本条对优于国家和行业节能设计标准规定的热工性能指标进行评分。

对于第1款，要求在国家和行业有关建筑节能设计标准中外墙、屋顶、外窗、幕墙等围护结构主要部位的传热系数K和遮阳系数SC的基础上进一步提升。不同窗墙比情况下，节能标准对于透明围护结构的传热系数和遮阳系数数值要求时不一样的，需要在此基础上具体分析针对性地改善。具体说，要求围护结构的传热系数K和遮阳系数SC比标准要求的数值均降低5%得5分，均降低10%得10分。对于夏热冬暖地区，应重点比较透明围护结构遮阳系数的提升，围护结构的传热系数不做进一步降低的要求。对于严寒地区，应重点比较不透明围护结构的传热系数的提升，遮阳系数不做进一步降低的要求。对其他情况，要求同时比较传热系数和遮阳系数。有的地方建筑节能设计标准规定的建筑围护结构的热工性能已经比国家或行业标准规定值有明显提升，按此设计的建筑在进行第1款的判定时有利于得分。

对于温和地区的建筑，或者室内发热量大的公共建筑（人员、设备和灯光等室内发热量累计超过50W/m^2），由于围护结构性能的继续降低不一定最有利于运行能耗的降低，宜按照第2款进行评价。

本条第2款的判定较为复杂，需要经过模拟计算，即需根据供暖空调全年计算负荷降低幅度分档评分，其中参考建筑的设定应该符合国家、行业建筑节能设计标准的规定。计算不仅要考虑建筑本身，而且还必须与供暖空调系统的类型以及设计的运行状态综合考虑，当然也要考虑建筑所处的气候区。应该做如下的比较计算：其他条件不变（包括建筑的外形、内部的功能分区、气象参数、建筑的室内供暖空调设计参数、空调供暖系统形式和设计的运行模式（人员、灯光、设备等）、系统设备的参数取同样的设计值），第一个算例取国家或行业建筑节能设计标准规定的建筑围护结构的热工性能参数，第二个算例取实际设计的建筑围护结构的热工性能参数，然后比较两者的负荷差异。

本条的评价方法为：设计评价查阅相关设计文件、专项计算分析报告；运行评价查阅相关竣工图，并现场核实。

Ⅱ. 供暖、通风与空调

5.2.4 供暖空调系统

5.2.4 供暖空调系统的冷、热源机组能效均优于现行国家标准《公共建筑节能设计标准》GB 50189 的规定以及现行有关国家标准能效限定值的要求，评价分值为 6 分。对电机驱动的蒸气压缩循环冷水（热泵）机组，直燃型和蒸汽型溴化锂吸收式冷（温）水机组，单元式空气调节机、风管送风式和屋顶式空调机组，多联式空调（热泵）机组，燃煤、燃油和燃气锅炉，其能效指标比现行国家标准《公共建筑节能设计标准》GB 50189 规定值的提高或降低幅度满足表 5-3 的要求；对房间空气调节器和家用燃气热水炉，其能效等级满足现行有关国家标准的节能评价值要求。

冷、热源机组能效指标比现行国家标准《公共建筑节能设计标准》GB 50189 的提高或降低幅度　　表 5-3

机组类型		能效指标	提高或降低幅度
电机驱动的蒸气压缩循环冷水（热泵）机组		制冷性能系数（COP）	高 6%
溴化锂吸收式冷水机组	直燃型	制冷、供热性能系数（COP）	高 6%
	蒸汽型	单位制冷量蒸汽耗量	低 6%
单元式空气调节机、风管送风式和屋顶式空调机组		能效比（EER）	高 6%
多联式空调（热泵）机组		制冷综合性能系数［IPLV（C）］	高 8%
锅炉	燃煤	热效率	高 3 个百分点
	燃油燃气	热效率	高 2 个百分点

【条文解读】本条适用于空调或供暖的各类民用建筑的设计、运行评价。对城市市政热源，不对其热源机组能效进行评价。

国家标准《公共建筑节能设计标准》GB 50189—2015 强制性条文第 5.4.3、5.4.5、5.4.8、5.4.9 条，分别对锅炉额定热效率、电机驱动压缩机的蒸气压缩循环冷水（热泵）机组的性能系数（COP）、名义制冷量大于 7100W、采用电机驱动压缩机的单元式空气调节机、风管送风式和屋顶式空气调节机组的能效比（EER）、蒸汽、热水型溴化锂吸收式冷水机组及直燃型溴化锂吸收式冷（温）水机组的性能参数提出了基本要求。本条在此基础上，并结合《公共建筑节能设计标准》GB 50189—2015 的最新修订情况，以比其强制性条文规定值提高百分比（锅炉热效率则以百分点）的形式，对包括上述机组在内的供暖空调冷热源机组能源效率（补充了多联式空调（热泵）机组等）提出了更高要求。对于国家标准《公共建筑节能设计标准》GB 50189 中未予规定的情况，例如量大面广的住宅或小型公建中采用分体空调器、燃气热水炉等其他设备作为供暖空调冷热源（含热水炉同时作为供暖和生活热水热源的情况），可以《房间空气调节器能效限定值及能效等级》GB 12021.3、《转速可控型房间空气调节器能效限定值及能源效率等级》GB 21455、《家用燃气快速热水器和燃气采暖热水炉能效限定值及能效等级》GB 20665 等现行有关国家标准中的节能评价值作为判定本条是否达标的依据。

本条的评价方法为：设计评价查阅相关设计文件；运行评价查阅相关竣工图、主要产品型式检验报告，并现场核实。

5.2.5　耗电输热比和单位风量耗功率

5.2.5　集中供暖系统热水循环泵的耗电输热比和通风空调系统风机的单位风量耗功

率符合现行国家标准《公共建筑节能设计标准》GB 50189 等的有关规定，且空调冷热水系统循环水泵的耗电输冷（热）比比现行国家标准《民用建筑供暖通风与空气调节设计规范》GB 50736 规定值低 20%，评价分值为 6 分。

【条文解读】本条适用于集中空调或供暖的各类民用建筑的设计、运行评价。

（1）供暖系统热水循环泵耗电输热比满足国家标准《公共建筑节能设计标准》GB 50189 的要求。

（2）通风空调系统风机的单位风量耗功率满足国家标准《公共建筑节能设计标准》GB 50189 的要求。

（3）空调冷热水系统循环水泵的耗电输冷（热）比需要比《民用建筑供暖通风与空气调节设计规范》GB 50736 的规定值低 20%以上。耗电输冷（热）比反映了空调水系统中循环水泵的耗电与建筑冷热负荷的关系，对此值进行限制是为了保证水泵的选择在合理的范围，降低水泵能耗。

本条的评价方法为：设计评价查阅相关设计文件；运行评价查阅相关竣工图、主要产品型式检验报告，并现场核实。

5.2.6 供暖、通风与空调系统

5.2.6 合理选择和优化供暖、通风与空调系统，评价总分值为 10 分，根据系统能耗的降低幅度按表 5-4 的规则评分。

供暖、通风与空调系统能耗降低幅度评分规则 **表 5-4**

供暖、通风与空调系统能耗降低幅度 D_e	得分
$5\% \leqslant D_e < 10\%$	3
$10\% \leqslant D_e < 15\%$	7
$D_e \geqslant 15\%$	10

【条文解读】本条适用于进行供暖、通风或空调的各类民用建筑的设计、运行评价。

本条主要考虑暖通空调系统的节能贡献率。采用建筑供暖空调系统节能率为评价指标，被评建筑的参照系统与实际空调系统所对应的围护结构要求与 5.2.3 条优化后实际情况一致。暖通空调系统节能措施包括合理选择系统形式，提高设备与系统效率，优化系统控制策略等。

对于不同的供暖、通风和空调系统形式，应根据现有国家和行业有关建筑节能设计标准统一设定参考系统的冷热源能效、输配系统和末端方式，计算并统计不同负荷率下的负荷情况，根据暖通空调系统能耗的降低幅度，判断得分。

设计系统和参考系统模拟计算时，包括房间的作息、室内发热量等基本参数的设置应与 5.2.3 条的第 2 款一致。

本条的评价方法为：设计评价查阅相关设计文件、专项计算分析报告；运行评价查阅相关竣工图、主要产品型式检验报告、专项计算分析报告，并现场核实。

5.2.7 采取措施降低系统能耗

5.2.7 采取措施降低过渡季节供暖、通风与空调系统能耗，评价分值为 6 分。

【条文解读】本条适用于采用各类公共建筑的设计、运行评价。

空调系统设计时不仅要考虑到设计工况，而且应考虑全年运行模式。尤其在过渡季，空调系统可以有多种节能措施，例如对于全空气系统，可以采用全新风或增大新风比运行，可以有效地改善空调区内空气的品质，大量节省空气处理所需消耗的能量。但要实现全新风运行，设计时必须认真考虑新风取风口和新风管所需的截面积，妥善安排好排风出路，并应确保室内合理的正压值。此外还有过渡季节改变新风送风温度、优化冷却塔供冷的运行时数、处理负荷及调整供冷温度等节能措施。

本条的评价方法为：设计评价查阅相关设计文件；运行评价查阅相关竣工图、运行记录，并现场核实。

5.2.8　采取措施降低系统能耗

5.2.8　采取措施降低部分负荷、部分空间使用下的供暖、通风与空调系统能耗，评价总分值为9分，并按下列规则分别评分并累计：

(1) 区分房间的朝向，细分供暖、空调区域，对系统进行分区控制，得3分；

(2) 合理选配空调冷、热源机组台数与容量，制定实施根据负荷变化调节制冷（热）量的控制策略，且空调冷源的部分负荷性能符合现行国家标准《公共建筑节能设计标准》GB 50189的规定，得3分；

(3) 水系统、风系统采用变频技术，且采取相应的水力平衡措施，得3分。

【条文解读】本条适用于集中空调或通风的各类民用建筑的设计、运行评价。

多数空调系统都是按照最不利情况（满负荷）进行系统设计和设备选型的，而建筑在绝大部分时间内是处于部分负荷状况的，或者同一时间仅有一部分空间处于使用状态。针对部分负荷、部分空间使用条件的情况，如何采取有效的措施以节约能源，显得至关重要。系统设计中应考虑合理的系统分区、水泵变频、变风量、变水量等节能措施，保证在建筑物处于部分冷热负荷时和仅部分建筑使用时，能根据实际需要提供恰当的能源供给，同时不降低能源转换效率，并能够指导系统在实际运行中实现节能高效运行。

本条第1款主要针对系统划分及其末端控制，空调方式采用分体空调以及多联机的，可认定为满足（但前提是其供暖系统也满足本款要求，或没有供暖系统）。本条第2款主要针对系统冷热源，如热源为市政热源可不予考察（但小区锅炉房等仍应考察）；本条第3款主要针对系统输配系统，包括供暖、空调、通风等系统，如冷热源和末端一体化而不存在输配系统的，可认定为满足，例如住宅中仅设分体空调以及多联机。

本条的评价方法为：设计评价查阅相关设计文件；运行评价查阅相关竣工图、运行记录，并现场核实。

Ⅲ．照明与电气

5.2.9　照明系统采取节能控制措施

5.2.9　走廊、楼梯间、门厅、大堂、大空间、地下停车场等场所的照明系统采取分区、定时、感应等节能控制措施，评价分值为5分。

【条文解读】本条适用于各类民用建筑的设计、运行评价。对于住宅建筑，仅评价其公共部分。

在建筑的实际运行过程中，照明系统的分区控制、定时控制、自动感应开关、照度调节等措施对降低照明能耗作用很明显。

照明系统分区需满足自然光利用、功能和作息差异的要求。公共活动区域（门厅、大堂、走廊、楼梯间、地下车库等）以及大空间应采取定时、感应等节能控制措施。

本条的评价方法为：设计评价查阅相关设计文件；运行评价查阅相关竣工图，并现场核实。

5.2.10 照明功率密度值

5.2.10 照明功率密度值达到现行国家标准《建筑照明设计标准》GB 50034 中的目标值规定，评价总分值为 8 分。主要功能房间满足要求，得 4 分；所有区域均满足要求，得 8 分。

【条文解读】本条适用于各类民用建筑的设计、运行评价。对住宅建筑，仅评价其公共部分。

国家标准《建筑照明设计标准》GB 50034 规定了各类房间或场所的照明功率密度值，分为“现行值”和“目标值”，其中“现行值”是新建建筑必须满足的最低要求，“目标值”要求更高，是努力的方向。

本条的评价方法为：设计评价查阅相关设计文件；运行评价查阅相关竣工图，并现场核实。

5.2.11 电梯和自动扶梯

5.2.11 合理选用电梯和自动扶梯，并采取电梯群控、扶梯自动启停等节能控制措施，评价分值为 3 分。

【条文解读】本条适用于各类民用建筑的设计、运行评价。对于仅设有一台电梯的建筑，本条中的节能控制措施不参评。对于不设电梯的建筑，本条不参评。

本标准 2006 年版并未对电梯节能做出明确规定。然而，电梯等动力用电也形成了一定比例的能耗，而目前也出现了包括变频调速拖动、能量再生回馈等在内的多种节能技术措施。因此，增加本条作为评分项。

本条的评价方法为：设计评价查阅相关设计文件、人流平衡计算分析报告；运行评价查阅相关竣工图，并现场核实。

5.2.12 节能型电气设备

5.2.12 合理选用节能型电气设备，评价总分值为 5 分，并按下列规则分别评分并累计：

（1）三相配电变压器满足现行国家标准《三相配电变压器能效限定值及节能评价值》GB 20052 的节能评价值要求，得 3 分；

（2）水泵、风机等设备，及其他电气装置满足相关现行国家标准的节能评价值要求，得 2 分。

【条文解读】本条适用于各类民用建筑的设计、运行评价。

2010年，国家发改委发布《电力需求侧管理办法》(发改运行［2010］2643号)。虽然其实施主体是电网企业，但也需要建筑业主、用户等方面的积极参与。对照其中要求，本标准其他条文已对高效用电设备，以及变频、热泵、蓄冷蓄热等技术予以了鼓励，本条要求所用配电变压器满足现行国家标准《三相配电变压器能效限定值及节能评价值》GB 20052规定的节能评价值；水泵、风机（及其电机）等功率较大的用电设备满足相应的能效限定值及能源效率等级国家标准所规定的节能评价值。

本条的评价方法为：设计评价查阅相关设计文件；运行评价查阅相关竣工图、主要产品型式检验报告，并现场核实。

Ⅳ. 能 量 综 合 利 用

5.2.13　排风能量回收系统

5.2.13　排风能量回收系统设计合理并运行可靠，评价分值为3分。

【条文解读】本条适用于进行供暖、通风或空调的各类民用建筑的设计、运行评价；对无独立新风系统的建筑，新风与排风的温差不超过15℃或其他不宜设置排风能量回收系统的建筑，本条不参评。

参评建筑的排风能量回收满足下列两项之一即可：

(1) 采用集中空调系统的建筑，利用排风对新风进行预热（预冷）处理，降低新风负荷，且排风热回收装置（全热和显热）的额定热回收效率不低于60%。

(2) 采用带热回收的新风与排风双向换气装置，且双向换气装置的额定热回收效率不低于55%。

本条的评价方法为：设计评价查阅相关设计文件、计算分析报告；运行评价查阅相关竣工图、主要产品型式检验报告、运行记录、计算分析报告，并现场核实。

5.2.14　合理采用蓄冷蓄热系统

5.2.14　合理采用蓄冷蓄热系统，评价分值为3分。

【条文解读】本条适用于进行供暖或空调的公共建筑的设计、运行评价。若当地峰谷电价差低于2.5倍或没有峰谷电价的，本条不参评。

本条沿用自本标准2006年版一般项第5.2.9条，有修改。蓄冷蓄热技术虽然从能源转换和利用本身来讲并不节约，但是其对于昼夜电力峰谷差异的调节具有积极的作用，能够满足城市能源结构调整和环境保护的要求。为此，宜根据当地能源政策、峰谷电价、能源紧缺状况和设备系统特点等选择采用。参评建筑的蓄冷蓄热系统满足下列两项之一即可：

(1) 用于蓄冷的电驱动蓄能设备提供的设计日的冷量达到30%；参考现行国家标准《公共建筑节能设计标准》GB 50189，电加热装置的蓄能设备能保证高峰时段不用电。

(2) 最大限度地利用谷电，谷电时段蓄冷设备全负荷运行的80%应能全部蓄存并充分利用。

本条的评价方法为：设计评价查阅相关设计文件、计算分析报告；运行评价查阅相关竣工图、主要产品型式检验报告、运行记录、计算分析报告，并现场核实。

5.2.15 合理利用余热废热

5.2.15 合理利用余热废热解决建筑的蒸汽、供暖或生活热水需求，评价分值为4分。

【条文解读】本条适用于各类民用建筑的设计、运行评价。若建筑无可用的余热废热源，或建筑无稳定的热需求，本条不参评。

生活用能系统的能耗在整个建筑总能耗中占有不容忽视的比例，尤其是对于有稳定热需求的公共建筑而言更是如此。用自备锅炉房满足建筑蒸汽或生活热水，不仅可能对环境造成较大污染，而且其能源转换和利用也不符合“高质高用”的原则，不宜采用。鼓励采用热泵、空调余热、其他废热等供应生活热水。在靠近热电厂、高能耗工厂等余热、废热丰富的地域，如果设计方案中很好地实现了回收排水中的热量，以及利用如空调凝结水或其他余热废热作为预热，可降低能源的消耗，同样也能够提高生活热水系统的用能效率。一般情况下的具体指标可取为：余热或废热提供的能量分别不少于建筑所需蒸汽设计日总量的40%、供暖设计日总量的30%、生活热水设计日总量的60%。

本条的评价方法为：设计评价查阅相关设计文件、计算分析报告；运行评价查阅相关竣工图、计算分析报告，并现场核实。

5.2.16 合理利用可再生能源

5.2.16 根据当地气候和自然资源条件，合理利用可再生能源，评价总分值为10分，按表5-5的规则评分。

可再生能源利用评分规则 **表5-5**

可再生能源利用类型和指标		得分
由可再生能源提供的生活用热水比例 R_{hw}	$20\% \leqslant R_{hw} < 30\%$	2
	$30\% \leqslant R_{hw} < 40\%$	3
	$40\% \leqslant R_{hw} < 50\%$	4
	$50\% \leqslant R_{hw} < 60\%$	5
	$60\% \leqslant R_{hw} < 70\%$	6
	$70\% \leqslant R_{hw} < 80\%$	7
	$80\% \leqslant R_{hw} < 90\%$	8
	$90\% \leqslant R_{hw} < 100\%$	9
	$R_{hw} = 100\%$	10
由可再生能源提供的空调用冷量和热量比例 R_{ch}	$20\% \leqslant R_{ch} < 30\%$	4
	$30\% \leqslant R_{ch} < 40\%$	5
	$40\% \leqslant R_{ch} < 50\%$	6
	$50\% \leqslant R_{ch} < 60\%$	7
	$60\% \leqslant R_{ch} < 70\%$	8
	$70\% \leqslant R_{ch} < 80\%$	9
	$R_{ch} \geqslant 80\%$	10

续表

可再生能源利用类型和指标		得　分
由可再生能源提供的电量比例 R_e	$1.0\% \leqslant R_e < 1.5\%$	4
	$1.5\% \leqslant R_e < 2.0\%$	5
	$2.0\% \leqslant R_e < 2.5\%$	6
	$2.5\% \leqslant R_e < 3.0\%$	7
	$3.0\% \leqslant R_e < 3.5\%$	8
	$3.5\% \leqslant R_e < 4.0\%$	9
	$R_e \geqslant 4.0\%$	10

【条文解读】本条适用于各类民用建筑的设计、运行评价。

由于不同种类可再生能源的度量方法、品位和价格都不同，本条分三类进行评价。如有多种用途可同时得分，但本条累计得分不超过10分。

本条的评价方法为：设计评价查阅相关设计文件、计算分析报告；运行评价查阅相关竣工图、计算分析报告，并现场核实。

5.3　节能案例

××县公安局新建业务用房及行政办公楼项目属地级办公楼见图5-1。行政办公楼建筑面积约为12933.5m²，地上共五层，地下一层属多层公共建筑。

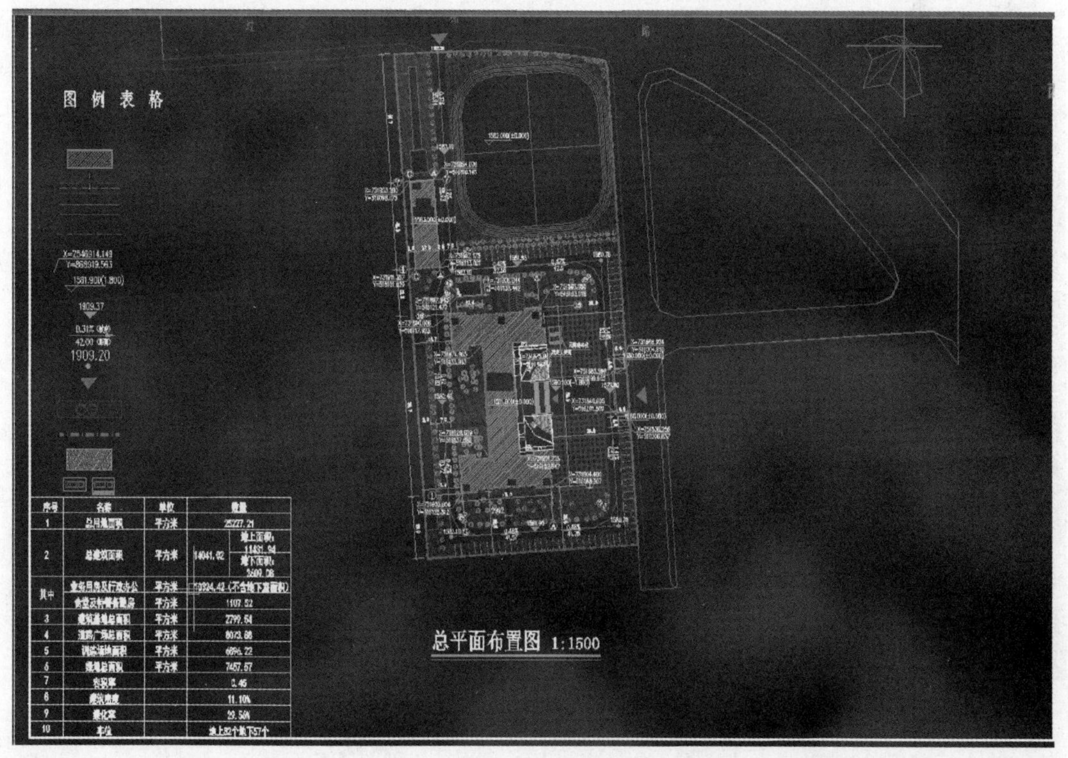

图5-1　总平面图

食堂建筑面积约为 1107.52m²，地上共两层属多层公共建筑。包含：新建业务用房及行政办公楼、地下室（仅负一层梁、板、柱、墙，基础并入办公楼计算）、食堂建筑、安装工程等；不含通风、室外及附属工程（暖通设计部分）。

1. 电感器节能

(1) 配电系统功率因数 cosϕ 采用低压集中自动补偿方式，在低压侧设功率因数自动补偿装置，要求补偿后的功率因在 0.9 及以上。

(2) 本工程灯具均选配高效节能灯具，并要求荧光灯、气体放电灯单灯就地补偿，补偿后的功率因数为 0.9 及以上，各功能用房的照度标准严格按照《建筑照明设计标准》执行。

(3) 各层照明控制原则上为“一灯一位开关”的控制方式。

(4) 采用新型低损耗、低噪声的环保干式变压器，减少设备损耗，并能抑制谐波。

(5) 在负荷中心设置变配电室位置，单相负荷均匀分配到三相上，使三相平衡；当动力设备功率大于 11kW 时采用降压启动方式。

2. 停车场

本项目停车场面积 2609.08m²，属于半地下建筑，可开启外窗面积大于停车场地面面积的 2%，满足《全国民用建筑工程设计技术措施》暖通空调・动力 4.9.3.7 对自然通风的要求，可采用自然通风方式进行平时通风和火灾时的排烟。

3. 行政楼地上部分

(1) 楼梯间

本建筑所有的楼梯间均是靠外墙设置见图 5-2，每五层可开启外窗的总面积之和远大于 2.0m²，符合《建筑设计防火规范》9.2.2.2 条要求，可采用自然排烟的方式。

(2) 中庭

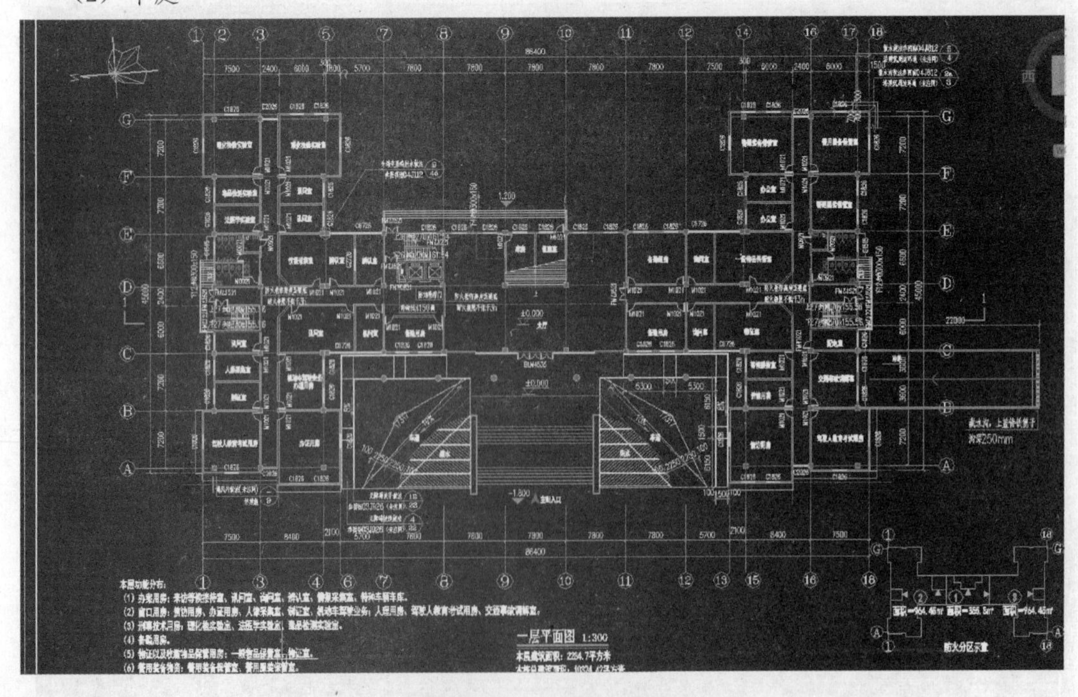

图 5-2　一层平面图

中庭高度在12m以下，自然排烟口净面积大于该中庭地面面积的5%，符合《建筑设计防火规范》9.2.2.4条自然排烟要求。

(3) 走道

本建筑疏散走道最长为83.4m，但有多个开窗，将走道分段考虑，每段可开启外窗面积均满足大于走到面积的2%，且每个自然排烟口距该防烟分区最远点的水平距离均小于30m，满足《全国民用建筑工程设计技术措施》暖通空调·动力4.9.3.5和4.9.4.2条自然排烟要求。

(4) 楼会议室

面积为441.16m²，开窗面积大于地面面积的2%，可利用外窗进行排烟，符合《建筑设计防火规范》9.1.3.3和9.2.2.4条规范要求见图5-3。

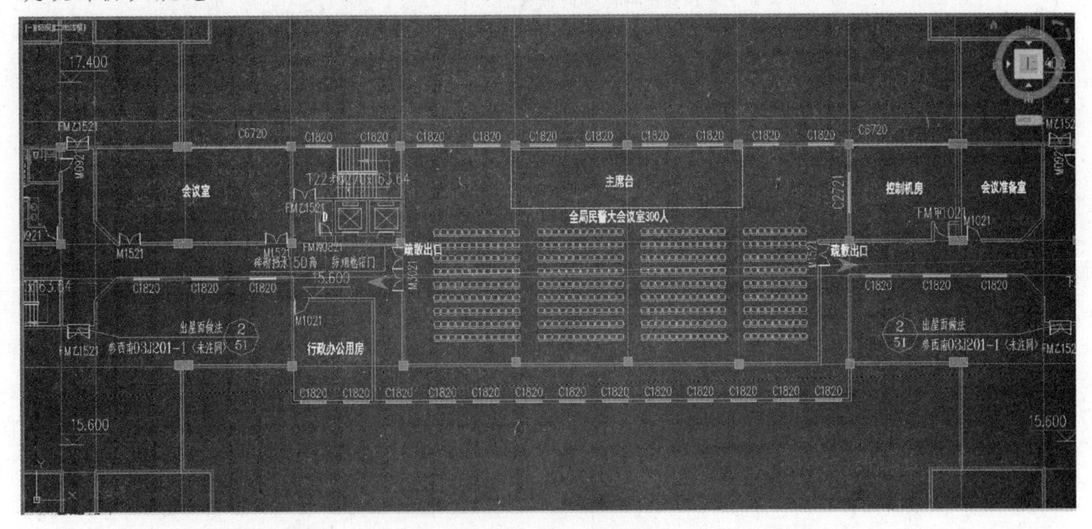

图5-3　会议室平面图

(5) 卫生间

《采暖通风与空气调节设计规范》5.2.2规定，厕所宜采用自然通风，本建筑厕所有足够的开窗面积，且除一楼外，上面几层同时使用系数也不高，可利用开窗进行通风。

4. 食堂、特警备勤房

各个房间占地面积及可开启外窗面积统计　　表5-6

	配电室	发电机房	厨房操作间	一层就餐厅	大包	二楼主餐	厕所
占地面积（m²）	74.42	38.52	182.5	124.8	74.42	170.1	5.9
可开启外窗面积（m²）	12	6	18	12	14	21	0.81
外窗与占地面积百分比（%）	16.1	15.6	9.8	9.6	16.1	12.3	13.7

通过表5-6的统计数据，各个房间可开启外窗面积与占地面积均已满足自然通风要求。

按评定标准：

5.2.6　合理选择和优化供暖、通风与空调系统，评价总分值为10分。

5.2.7　采取措施降低过渡季节供暖、通风与空调系统能耗，评价分值为6分。

5.2.8　采取措施降低部分负荷、部分空间使用下的供暖、通风与空调系统能耗，得3分。

5.2.9　走廊、楼梯间、门厅、大堂、大空间、地下停车场等场所的照明系统采取分区、定时、感应等节能控制措施，评价分值为5分。

因此，就以上几项得分：10＋6＋3＋5＝24。

节能与能源利用控制项汇总表　　**附表1**

序号	对应内容	是否满足	对应评价条款	备注
1	建筑设计应符合国家现行有关建筑节能设计标准中强制性条文的规定	是	5.1.1	
2	不应采用电直接加热设备作为供暖空调系统的供暖热源和空气加湿热源	是	5.1.2	
3	冷热源、输配系统和照明等各部分能耗应进行独立分项计量	是	5.1.3	
4	各房间或场所的照明功率密度值不得高于现行国家标准《建筑照明设计标准》GB 50034中的现行值规定	是	5.1.4	
汇总	控制是否全部满足	是		

项目节能与能源利用控制项是否全部满足：是。

节能与能源利用评分项汇总表　　**附表2**

序号	评分类别	可得分值	实际得分值	对应评价条款	备　注
1	建筑与维护结构（22分）	6	5	5.2.1	
2		6	4	5.2.2	
3		10	5	5.2.3	
4	供暖、通风与空调（37分）	6	4	5.2.4	
5		6	2	5.2.5	
6		10	10	5.2.6	
7		6	6	5.2.7	
8		9	3	5.2.8	
9	照明与电气（21分）	5	5	5.2.9	
10		8	3	5.2.10	
11		3	2	5.2.11	
12		5	3	5.2.12	
13	能量综合利用（20分）	3	0	5.2.13	
14		3	3	5.2.14	
15		4	3	5.2.15	
16		10	5	5.2.16	
合计		100	63		

项目节能与能源利用评价得分：63分。

附件1

云南省民用建筑节能设计审查备案登记表

一、工程概况					
建设单位	大理州妇幼保健院	设计单位		云南工程勘察设计院有限公司	
项目名称	大理州儿童专科医院新建建设项目	地点	下关市	单体名	住院楼
建筑类型	□居住建筑 ☑公共建筑 □综合性建筑			主要朝	南北向
建筑面积	总 25398.58 /地上 25398.58 /供暖空调　　（m²）			建筑层	1/ 15 （地下/地上）
主要适用节能设计标准	☑ 云南省民用建筑节能设计标准　DBJ53 /T-39-2011 ☑ 公共建筑节能设计标准　GB50189-2005 □ 严寒和寒冷地区居住建筑节能设计标准　JGJ26-2010 □ 夏热冬冷地区居住建筑节能设计标准　JGJ134-2010 □ 夏热冬暖地区居住建筑节能设计标准　JGJ75-2012			建筑外表面积 建筑体积 热工设计分区 结构形式	15421.65m² 102049.73m³ 温和中区 框架一剪力墙结构

二、建筑与建筑热工节能措施基本情况				
主要节能	屋顶保温材料及厚度	100 厚发泡混凝土（最薄处）	隔热措施	☑有□无
	外墙保温材料及厚度	20 厚玻化微珠保温砂浆	外墙颜色	□深☑浅
	外窗窗玻璃材料及厚度	断热铝合金窗 Low-E 较低透光中空玻璃 6+12A+6mm		
	外窗窗框材料	□铝合金普通 ☑铝合金断热 □塑钢 □塑料	□其他：	
	外窗遮阳	□外遮阳 □内遮阳 ☑活动 □固定 □双层幕墙	□其他：窗帘、百页	

围护结构热工性能指标	是否符合规定限值	计算结果详：附表 1.　温和中　区　公共　建筑围护结构热工计算结果汇总表									
		体型系数	屋面	外墙	外窗	天窗	架空楼板等	分户墙等	地面	地下室外墙	总体评价
		☑ 是 □ 否 □无要求	☑是 □否	☑是 □否	☑是 □否	☑无此项 □是□否 □无要求	☑无此项 □是□否 □无要求	☑无此项 □是□否 □无要求	☑是□否 □无要求	□无此项 ☑是□否 □无要求	☑符合 □有不符合项，需进行权衡判断
	权衡判断	□ 全年耗电量（kWh/　） □ 耗热量指标（W/m²） □ 耗热量指标（W/m²）	对比评定法	设计建筑		参照建筑		限值比较法	限值	实际计算值	

三、建筑用能系统节能措施基本情况				
供暖通风空调系统	系统分类	□集中 □分散 □复合	系统形式	□全空气 □空气-水 □多联机 □其他
	负荷计算	□计算参数合规 □冷热负荷已计算 □计算结果已统计整理并与设备选型对应		
	能源方式	□电力 □油、气 □复合□其他	总装机容量	/　　　（供热/制冷）KW
	主机设备能效指标	锅炉额定热效率　　%	冷水/热泵机组 COP 值	单元式空调机 EER 值
		变制冷剂流量多联空调机组 IPLV(C)值		房间空调器能效限定值
	其他节能技术措施	□太阳能热水辐射采暖 □新风供暖 □中庭通风 □合理划分风系统，服务半径小于 60m □大房间采用全空气系统，其最大总新风比为　　%　□热回收 □其他		
	负荷指标	热负荷　　/ 冷负荷　　（W/m²　供暖空调区域实际面积）		
给水排水系统	给水设计	☑用水量设计合规 ☑市政直供 ☑加压供水 ☑分区供水 ☑采用节水器具		
	热水供应	□余热废热 ☑太阳能 ☑太阳能+辅助热源 ☑空气源/地源热泵 □其他		
	排水设计	□中水利用 □雨水利用		
建筑电气系统	供配电	低压供电半径 150m	三相电流不平衡度 ≤12%	选用节能型变压器 ☑是 □否
	照明	☑功率密度值合规☑采用节能灯具	照明控制	□分区☑分组□光电☑自熄□智能
	集中监控	□通风 □空调 □变配电 □照明 □给排水 □冷热源 ☑电梯 □自动扶梯		
可再生能源建筑应用		☑太阳能光热 □浅层地能 □太阳能光电 □其他：		
设计单位内部审核综合结论		☑填报内容属实并与设计图纸内容一致 ☑各专业施工图节能设计符合国家和地方相关标准的要求 ☑设计文件中不存在违反节能标准强制性条文的错误 负责人：		（盖章） 年　月　日
施工图审查机构审查意见		负责人：		（盖章） 年　月　日
施工图审查备案机构意见		经办人：		（盖章） 年　月　日 年　月　日

课后练习题

第5章　节能与能源利用的内容解读

一、单选题

1. 建筑设计应符合国家现行有关（　　）设计标准中强制性条文的规定。

A. 建筑环保　　B. 建筑节能　　C. 绿色建筑　　D. 提高、创新

2. 各房间或场所的照明功率密度值不得高于现行国家标准（　　）中的现行值规定。

A.《建筑照明设计标准》GB 50034

B.《建筑照明设计标准》GB 50030

C.《建筑照明设计标准》GB 50035

D.《建筑照明设计标准》GB 50032

3. 国家标准《建筑照明设计标准》GB 50034 规定了各类房间或场所的照明功率密度值，分为“现行值”和（　　）。

A. “理想值”　　B. “密度值”

C. “目标值”　　D. “分数值”

4. 供暖空调系统的冷、热源机组能效均优于现行国家标准《公共建筑节能设计标准》GB 50189 的规定以及现行有关国家标准能效限定值的要求，评价分值为（　　）分。

A. 8　　B. 7　　C. 6　　D. 5

5. 采用带热回收的新风与排风双向换气装置，且双向换气装置的额定热回收效率不低于（　　）。

A. 25%　　B. 35%　　C. 45%　　D. 55%

二、多选题

1. 建筑的体形、朝向、窗墙比、楼距以及楼群的布置对（　　）有明显的影响。

A. 通风　　B. 日照　　C. 采光　　D. 遮阳

2. 以下哪些公共活动区域应采取节能控制措施（　　）。

A. 门厅　　B. 大堂　　C. 走廊　　D. 地下车库

3. 可再生能源利用类型和指标主要有以下（　　）。

A. 由可再生能源提供的生活用热水比例

B. 由可再生能源提供的空调用冷量和热量比例

C. 由可再生能源提供的电量比例

D. 由可再生能源提供的冷量比例

三、思考题

1. 节能与能源利用中的控制项主要包括哪些内容?

2. 合理利用余热废热的重要意义及其评价方法是什么?

第6章　节水与水资源利用的内容解读

6.1　控制项与解读

节水与水资源利用控制项见表6-1。

节水与水资源利用控制项汇总表　　表6-1

序号	对应内容	是否满足	对应评价条款	备　注
1	应制定水资源利用方案，统筹利用各种水资源		6.1.1	
2	给排水系统设置应合理、完善、安全		6.1.2	
3	应采用节水器具		6.1.3	
汇总	控制是否全部满足			

6.1.1　水资源

6.1.1　应制定水资源利用方案，统筹利用各种水资源。

【条文解读】本条适用于各类民用建筑的设计、运行评价。

在进行绿色建筑设计前，应充分了解项目所在区域的市政给排水条件、水资源状况、气候特点等实际情况，通过全面的分析研究，制定水资源利用方案，提高水资源循环利用率，减少市政供水量和污水排放量。

水资源利用方案包含下列内容：

（1）当地政府规定的节水要求、地区水资源状况、气象资料、地质条件及市政设施情况等。

（2）项目概况。当项目包含多种建筑类型，如住宅、办公建筑、旅馆、商场、会展建筑等时，可统筹考虑项目内水资源的综合利用。

（3）确定节水用水定额、编制水量计算表及水量平衡表。

（4）给水排水系统设计方案介绍。

（5）采用的节水器具、设备和系统的相关说明。

（6）非传统水源利用方案。对雨水、再生水及海水等水资源利用的技术经济可行性进行分析和研究，进行水量平衡计算，确定雨水、再生水及海水等水资源的利用方法、规模、处理工艺流程等。

（7）景观水体补水严禁采用市政供水和自备地下水井供水，可以采用地表水和非传统水源；取用建筑场地外的地表水时，应事先取得当地政府主管部门的许可；采用雨水和建筑中水作为水源时，水景规模应根据设计可收集利用的雨水或中水量确定。

本条的评价方法为：设计评价查阅水资源利用方案，核查其在相关设计文件（含设计说明、施工图、计算书）中的落实情况；运行评价查阅水资源利用方案、相关竣工图、产品说明书，查阅运行数据报告，并现场核查。

6.1.2 给排水

6.1.2 给排水系统设置应合理、完善、安全。

【条文解读】本条适用于各类民用建筑的设计、运行评价。

合理、完善、安全的给排水系统应符合下列要求：

（1）给排水系统的规划设计应符合相关标准的规定，如《建筑给水排水设计规范》GB 50015、《城镇给水排水技术规范》GB 50788、《民用建筑节水设计标准》GB 50555、《建筑中水设计规范》GB 50336 等。

（2）给水水压稳定、可靠，各给水系统应保证以足够的水量和水压向所有用户不间断地供应符合要求的水。供水充分利用市政压力，加压系统选用节能高效的设备；给水系统分区合理，每区供水压力不大于 0.45MPa；合理采取减压限流的节水措施。

（3）根据用水要求的不同，给水水质应达到国家、行业或地方标准的要求。使用非传统水源时，采取用水安全保障措施，且不得对人体健康与周围环境产生不良影响。

（4）管材、管道附件及设备等供水设施的选取和运行不应对供水造成二次污染。各类不同水质要求的给水管线应有明显的管道标识。有直饮水供应时，直饮水应采用独立的循环管网供水，并设置水量、水压、水质、设备故障等安全报警装置。使用非传统水源时，应保证非传统水源的使用安全，设置防止误接、误用、误饮的措施。

（5）设置完善的污水收集、处理和排放等设施。技术经济分析合理时，可考虑污废水的回收再利用，自行设置完善的污水收集和处理设施。污水处理率和达标排放率必须达到 100%。

（6）为避免室内重要物资和设备受潮引起的损失，应采取有效措施避免管道、阀门和设备的漏水、渗水或结露。

（7）热水供应系统，热水用水量较小且用水点分散时，宜采用局部热水供应系统；热水用水量较大、用水点比较集中时，应采用集中热水供应系统，并应设置完善的热水循环系统。设置集中生活热水系统时，应确保冷热水系统压力平衡，或设置混水器、恒温阀、压差控制装置等。

（8）应根据当地气候、地形、地貌等特点合理规划雨水入渗、排放或利用，保证排水渠道畅通，减少雨水受污染的几率，且合理利用雨水资源。

本条的评价方法为：设计评价查阅相关设计文件；运行评价查阅设计说明、相关竣工图、产品说明书、水质检测报告、运行数据报告等，并现场核查。

6.1.3 节水器具

6.1.3 应采用节水器具。

【条文解读】本条适用于各类民用建筑的设计、运行评价。

用水器具应选用中华人民共和国国家经济贸易委员会2001年第5号公告和2003年第12号公告《当前国家鼓励发展的节水设备（产品）》目录中公布的设备、器材和器具。根据用水场合的不同，合理选用节水水龙头、节水便器、节水淋浴装置等。所有用水器具应满足现行标准《节水型生活用水器具》CJ 164及《节水型产品技术条件与管理通则》GB/T 18870的要求。

除特殊功能需求外，均应采用节水型用水器具。对土建工程与装修工程一体化设计项目，在施工图中应对节水器具的选用提出要求；对非一体化设计项目，申报方应提供确保业主采用节水器具的措施、方案或约定。

可选用以下节水器具：

(1) 节水龙头：加气节水龙头、陶瓷阀芯水龙头、停水自动关闭水龙头等；

(2) 坐便器：压力流防臭、压力流冲击式6L直排便器、3L/6L两档节水型虹吸式排水坐便器、6L以下直排式节水型坐便器或感应式节水型坐便器，缺水地区可选用带洗手水龙头的水箱坐便器；

(3) 节水淋浴器：水温调节器、节水型淋浴喷嘴等；

(4) 营业性公共浴室淋浴器采用恒温混合阀、脚踏开关等。

本条的评价方法为：设计评价查阅相关设计文件、产品说明书等；运行评价查阅设计说明、相关竣工图、产品说明书、产品节水性能检测报告等，并现场核查。

6.2 评分项与解读

节水与水资源利用评分项见表6-2。

节水与水资源利用评分项汇总表　　表6-2

序号	评分类别	可得分值	实际得分值	对应评价条款	备注
1	节水系统（35分）	10		6.2.1	
2		7		6.2.2	
3		8		6.2.3	
4		6		6.2.4	
5		4		6.2.5	
6	节水器具与设备（35分）	10		6.2.6	
7		10		6.2.7	
8		10		6.2.8	
9		5		6.2.9	
10	非传统水源利用（30分）	15		6.2.10	
11		8		6.2.11	
12		7		7.2.12	
合计		100			

节 水 系 统

6.2.1 建筑平均日用水量

6.2.1 建筑平均日用水量满足现行国家标准《民用建筑节水设计标准》GB 50555 中的节水用水定额的要求，评价总分值为 10 分，达到节水用水定额的上限值的要求，得 4 分；达到上限值与下限值平均值的要求，得 7 分；达到下限值的要求，得 10 分。

【条文解读】本条适用于各类民用建筑的运行评价。

计算平均日用水量时，应实事求是地确定用水的使用人数、用水面积等。使用人数在项目使用初期可能不会达到设计人数，如住宅的入住率可能不会很快达到 100%，因此对与用水人数相关的用水，如饮用、盥洗、冲厕、餐饮等，应根据用水人数来计算平均日用水量；对使用人数相对固定的建筑，如办公建筑等，按实际人数计算；对浴室、商场、餐厅等流动人口较大且数量无法明确的场所，可按设计人数计算。

对与用水人数无关的用水，如绿化灌溉、地面冲洗、水景补水等，则根据实际水表计量情况进行考核。

根据实际运行一年的水表计量数据和使用人数、用水面积等计算平均日用水量，与节水用水定额进行比较来判定。

本条的评价方法为：运行评价查阅实测用水量计量报告和建筑平均日用水量计算书。

6.2.2 避免管网漏损

6.2.2 采取有效措施避免管网漏损，评价总分值为 7 分，并按下列规则分别评分并累计：

(1) 选用密闭性能好的阀门、设备，使用耐腐蚀、耐久性能好的管材、管件，得 1 分；

(2) 室外埋地管道采取有效措施避免管网漏损，得 1 分；

(3) 设计阶段根据水平衡测试的要求安装分级计量水表；运行阶段提供用水量计量情况和管网漏损检测、整改的报告，得 5 分。

【条文解读】本条适用于各类民用建筑的设计、运行评价。

管网漏失水量包括：阀门故障漏水量，室内卫生器具漏水量，水池、水箱溢流漏水量，设备漏水量和管网漏水量。为避免漏损，可采取以下措施：

(1) 给水系统中使用的管材、管件，应符合现行产品标准的要求。当无国家标准或行业标准时，应符合经备案的企业标准的要求。

(2) 选用性能高的阀门、零泄漏阀门等。

(3) 合理设计供水压力，避免供水压力持续高压或压力骤变。

(4) 做好室外管道基础处理和覆土，控制管道埋深，加强管道工程施工监督，把好施工质量关。

(5) 水池、水箱溢流报警和进水阀门自动联动关闭。

(6) 设计阶段：根据水平衡测试的要求安装分级计量水表，分级计量水表安装率达 100%。具体要求为下级水表的设置应覆盖上一级水表的所有出流量，不得出现无计量支路。

(7) 运行阶段：物业管理方应按水平衡测试的要求进行运行管理。申报方应提供用水量计量和漏损检测情况报告，也可委托第三方进行水平衡测试。报告包括分级水表设置示意图、用水计量实测记录、管道漏损率计算和原因分析。申报方还应提供整改措施的落实情况报告。

本条的评价方法为：设计评价查阅相关设计文件（含分级水表设置示意图）；运行评价查阅设计说明、相关竣工图（含分级水表设置示意图）、用水量计量和漏损检测及整改情况的报告，并现场核实。

6.2.3　给水系统无超压出流现象

6.2.3　给水系统无超压出流现象，评价总分值为8分。用水点供水压力不大于0.30MPa，得3分；不大于0.20MPa，且不小于用水器具要求的最低工作压力，得8分。

【条文解读】本条适用于各类民用建筑的设计、运行评价。

用水器具给水额定流量是为满足使用要求，用水器具给水配件出口在单位时间内流出的规定出水量。流出水头是保证给水配件流出额定流量，在阀前所需的水压。给水配件阀前压力大于流出水头，给水配件在单位时间内的出水量超过额定流量的现象，称超压出流现象，该流量与额定流量的差值，为超压出流量。给水配件超压出流，不但会破坏给水系统中水量的正常分配，对用水工况产生不良的影响，同时因超压出流量未产生使用效益，为无效用水量，即浪费的水量。因它在使用过程中流失，不易被人们察觉和认识，属于“隐形”水量浪费，应引起足够的重视。给水系统设计时应采取措施控制超压出流现象，应合理进行压力分区，并适当地采取减压措施，避免造成浪费。

当选用了恒定出流的用水器具时，该部分管线的工作压力满足相关设计规范的要求即可。当建筑因功能需要，选用特殊水压要求的用水器具时，如大流量淋浴喷头，可根据产品要求采用适当的工作压力，但应选用用水效率高的产品，并在说明中做相应描述。在上述情况下，如其他常规用水器具均能满足本条要求，可以评判其达标。

本条的评价方法为：设计评价查阅相关设计文件（含各层用水点用水压力计算表）；运行评价查阅设计说明、相关竣工图、产品说明书，并现场核实。

6.2.4　设置用水计量装置

6.2.4　设置用水计量装置，评价总分值为6分，并按下列规则分别评分并累计：

(1) 按使用用途，对厨房、卫生间、绿化、空调系统、游泳池、景观等用水分别设置用水计量装置，统计用水量，得2分；

(2) 按付费或管理单元，分别设置用水计量装置，统计用水量，得4分。

【条文解读】本条适用于各类民用建筑的设计、运行评价。

按使用用途、付费或管理单元情况，对不同用户的用水分别设置用水计量装置，统计用水量，并据此施行计量收费，以实现“用者付费”，达到鼓励节水行为的目的，同时还可统计各种用途的用水量和分析渗漏水量，达到持续改进的目的。各管理单元通常是分别付费，或即使是不分别付费，也可以根据用水计量情况，对不同管理单元进行节水绩效考核，促进行为节水。

对公共建筑中有可能实施用者付费的场所，应设置用者付费的设施，实现节水行为。

本条的评价方法为：设计评价查阅相关设计文件（含水表设置示意图）；运行评价查阅设计说明、相关竣工图（含水表设置示意图）、各类用水的计量记录及统计报告，并现场核查。

6.2.5 公用浴室采取节水措施

6.2.5 公用浴室采取节水措施，评价总分值为4分，并按下列规则分别评分并累计：

(1) 采用带恒温控制和温度显示功能的冷热水混合淋浴器，2分；

(2) 设置用者付费的设施，得2分。

【条文解读】本条适用于设有公用浴室的建筑的设计、运行评价。无公用浴室的建筑不参评。

本条中"公用浴室"既包括学校、医院、体育场馆等建筑设置的公用浴室，也包含住宅、办公楼、旅馆、商场等为物业管理人员、餐饮服务人员和其他工作人员设置的公用浴室。

本条的评价方法为：设计评价查阅相关设计文件（含相关节水产品的设备材料表）；运行评价查阅设计说明（含相关节水产品的设备材料表）、相关竣工图、产品说明书或产品检测报告，并现场核查。

节水器具与设备

6.2.6 卫生器具

6.2.6 使用较高用水效率等级的卫生器具，评价总分值为10分。用水效率等级达到三级，得5分；达到二级，得10分。

【条文解读】本条适用于各类民用建筑的设计、运行评价。

卫生器具除按6.1.3条要求选用节水器具外，绿色建筑还鼓励选用更高节水性能的节水器具。目前我国已对部分用水器具的用水效率制定了相关标准，如：《水嘴用水效率限定值及用水效率等级》GB 25501—2010、《坐便器用水效率限定值及用水效率等级》GB 25502—2010，《小便器用水效率限定值及用水效率 等级》GB 28377—2012、《淋浴器用水效率限定值及用水效率等级》GB 28378—2012、《便器冲洗阀用水效率限定值及用水效率等级》GB 28379—2012，今后还将陆续出台其他用水器具的标准。

在设计文件中要注明对卫生器具的节水要求和相应的参数或标准。当存在不同用水效率等级的卫生器具时，按满足最低等级的要求得分。

卫生器具有用水效率相关标准的应全部采用，方可认定达标。今后当其他用水器具出台了相应标准时，按同样的原则进行要求。

对土建装修一体化设计的项目，在施工图设计中应对节水器具的选用做出要求；对非一体化设计的项目，申报方应提供确保业主采用节水器具的措施、方案或约定。

本条的评价方法为：设计评价查阅相关设计文件、产品说明书（含相关节水器具的性能参数要求）；运行评价查阅相关竣工图纸、设计说明、产品说明书、产品节水性能检测报告，并现场核查。

6.2.7　绿化灌溉采用节水灌溉方式

6.2.7　绿化灌溉采用节水灌溉方式，评价总分值为10分，并按下列规则评分：

(1) 采用节水灌溉系统，得7分；在此基础上设置土壤湿度感应器、雨天关闭装置等节水控制措施，再得3分。

(2) 种植无需永久灌溉植物，得10分。

【条文解读】本条适用于各类民用建筑的设计、运行评价。

本条沿用自本标准2006年版一般项第4.3.8、5.3.8条，有修改。绿化灌溉应采用喷灌、微灌、渗灌、低压管灌等节水灌溉方式，同时还可采用湿度传感器或根据气候变化的调节控制器。可参照《园林绿地灌溉工程技术规范》CECS218中的相关条款进行设计施工。

目前普遍采用的绿化节水灌溉方式是喷灌，其比地面漫灌要省水30%～50%。采用再生水灌溉时，因水中微生物在空气中极易传播，应避免采用喷灌方式。

微灌包括滴灌、微喷灌、涌流灌和地下渗灌，比地面漫灌省水50%～70%，比喷灌省水15%～20%。其中微喷灌射程较近，一般在5m以内，喷水量为200～400L/h。

无需永久灌溉植物是指适应当地气候，仅依靠自然降雨即可维持良好生长状态的植物，或在干旱时体内水分丧失，全株呈风干状态而不死亡的植物。无需永久灌溉植物仅在生根时需进行人工灌溉，因而不需设置永久的灌溉系统，但临时灌溉系统应在安装后一年之内移走。

当90%以上的绿化面积采用了高效节水灌溉方式或节水控制措施时，方可判定本条得7分；当50%以上的绿化面积采用了无需永久灌溉植物，且其余部分绿化采用了节水灌溉方式时，方可判定本条得10分。当选用无需永久灌溉植物时，设计文件中应提供植物配置表，并说明是否属无需永久灌溉植物，申报方应提供当地植物名录，说明所选植物的耐旱性能。

本条的评价方法为：设计评价查阅相关设计图纸、设计说明（含相关节水灌溉产品的设备材料表）、景观设计图纸（含苗木表、当地植物名录等）、节水灌溉产品说明书；运行评价查阅相关竣工图纸、设计说明、节水灌溉产品说明书，并进行现场核查，现场核查包括实地检查节水灌溉设施的使用情况、查阅绿化灌溉用水制度和计量报告。

6.2.8　空调设备或系统采用节水冷却技术

6.2.8　空调设备或系统采用节水冷却技术，评价总分值为10分，并按下列规则评分：

(1) 环冷却水系统设置水处理措施；采取加大集水盘、设置平衡管或平衡水箱的方式，避免冷却水泵停泵时冷却水溢出，得6分。

(2) 运行时，冷却塔的蒸发耗水量占冷却水补水量的比例不低于80%，得10分；

(3) 采用无蒸发耗水量的冷却技术，得10分。

【条文解读】本条适用于各类民用建筑的设计、运行评价。不设置空调设备或系统的项目，本条得10分。第2款仅适用于运行评价。

公共建筑集中空调系统的冷却水补水量占据建筑物用水量的30%～50%，减少冷却水系统不必要的耗水对整个建筑物的节水意义重大。

(1) 开式循环冷却水系统或闭式冷却塔的喷淋水系统受气候、环境的影响，冷却水水质比闭式系统差，改善冷却水系统水质可以保护制冷机组和提高换热效率。应设置水处理装置和化学加药装置改善水质，减少排污耗水量。

开式冷却塔或闭式冷却塔的喷淋水系统设计不当时，高于集水盘的冷却水管道中部分水量在停泵时有可能溢流排掉。为减少上述水量损失，设计时可采取加大集水盘、设置平衡管或平衡水箱等方式，相对加大冷却塔集水盘浮球阀至溢流口段的容积，避免停泵时的泄水和启泵时的补水浪费。

(2) 开式冷却水系统或闭式冷却塔的喷淋水系统的实际补水量大于蒸发耗水量的部分，主要由冷却塔飘水、排污和溢水等因素造成，蒸发耗水量所占的比例越高，不必要的耗水量越低，系统也就越节水。

本条文第2款从冷却补水节水角度出发，对于减少开式冷却塔和设有喷淋水系统的闭式冷却塔的不必要耗水，提出了定量要求，本款需要满足公式6.2.8-1方可得分：

$$\frac{Q_e}{Q_b} \geqslant 80\% \qquad (6.2.8\text{-}1)$$

式中 Q_e——冷却塔年排出冷凝热所需的理论蒸发耗水量（kg）；

Q_b——冷却塔实际年冷却水补水量（系统蒸发耗水量、系统排污量、飘水量等其他耗水量之和），kg；排出冷凝热所需的理论蒸发耗水量可按公式6.2.8-2计算。

$$Q_e = \frac{H}{r_o} \qquad (6.2.8\text{-}2)$$

式中 Q_e——冷却塔年排出冷凝热所需的理论蒸发耗水量（kg）；

H——冷却塔年冷凝排热量（kJ）；

r_o——水的汽化热（kJ/kg）。

集中空调制冷及其自控系统设备的设计和生产应提供条件，满足能够记录、统计空调系统的冷凝排热量的要求，在设计与招标阶段，对空调系统/冷水机组应有安装冷凝热计量设备的设计与招标要求；运行评价可以通过楼宇控制系统实测、记录并统计空调系统/冷水机组全年的冷凝热，据此计算出排出冷凝热所需要的理论蒸发耗水量。

(3) 本款所指的“无蒸发耗水量的冷却技术”包括采用分体空调、风冷式冷水机组、风冷式多联机、地源热泵、干式运行的闭式冷却塔等。风冷空调系统的冷凝排热以显热方式排到大气，并不直接耗费水资源，采用风冷方式替代水冷方式可以节省水资源消耗。但由于风冷方式制冷机组的COP通常较水冷方式的制冷机组低，所以需要综合评价工程所在地的水资源和电力资源情况，有条件时宜优先考虑风冷方式排出空调冷凝热。

本条的评价方法为：设计评价查阅相关设计文件、计算书、产品说明书。运行评价查阅相关竣工图纸、设计说明、产品说明，查阅冷却水系统的运行数据、蒸发量、冷却水补水量的用水计量报告和计算书，及现场核查。

6.2.9 用水采用了节水技术或措施

6.2.9 除卫生器具、绿化灌溉和冷却塔外的其他用水采用了节水技术或措施，评价总分值为5分。其他用水中采用了节水技术或措施的比例达到50%，得3分；达到80%，得5分。

【条文解读】本条适用于各类民用建筑的设计、运行评价。

除卫生器具、绿化灌溉和冷却塔以外的其他用水也应采用节水技术和措施，如车库和道路冲洗用的节水高压水枪、节水型专业洗衣机、循环用水洗车台，给水深度处理采用自用水量较少的处理设备和措施，集中空调加湿系统采用用水效率高的设备和措施。按采用了节水技术和措施的用水量占其他用水总用水量的比例进行评分。

本条的评价方法为：设计评价查阅相关设计文件、计算书、产品说明书；运行评价查阅相关竣工图纸、设计说明、产品说明，查阅水表计量报告，并现场核查，现场核查包括实地检查设备的运行情况。

非传统水源利用

6.2.10　合理使用非传统水源

6.2.10　合理使用非传统水源，评价总分值为15分，并按下列规则评分：

1　住宅、办公、商场、旅馆类建筑：根据其按下列公式计算的非传统水源利用率，或者其非传统水源利用措施，按表6-3的规则评分。

$$R_u = W_u W_t \times 100\% \qquad (6.2.10\text{-}1)$$

$$W_u = W_R + W_r + W_s + W_o \qquad (6.2.10\text{-}2)$$

式中　R_u——非传统水源利用率（%）；

W_u——非传统水源设计使用量（设计阶段）或实际使用量（运行阶段）（m^3/a）；

W_R——再生水设计利用量（设计阶段）或实际利用量（运行阶段）（m^3/a）；

W_r——雨水设计利用量（设计阶段）或实际利用量（运行阶段）（m^3/a）；

W_s——海水设计利用量（设计阶段）或实际利用量（运行阶段）（m^3/a）；

W_o——其他非传统水源利用量（设计阶段）或实际利用量（运行阶段）（m^3/a）；

W_t——设计用水总量（设计阶段）或实际用水总量（运行阶段）（m^3/a）。

注：式中设计使用量为年用水量，由平均日用水量和用水时间计算得出。实际使用量应通过统计全年水表计量的情况计算得出。式中用水量计算不包含冷却水补水量和室外景观水体补水量。

非传统水源利用率评分规则　　**表6-3**

建筑类型	非传统水源利用率		非传统水源利用措施				得分
	有市政再生水供应	无市政再生水供应	室内冲厕	室外绿化灌溉	道路浇洒	洗车用水	
住宅	8.0%	4.0%	—	●○	●	●	5分
	—	8.0%	—	○	○	○	7分
	30.0%	30.0%	●○	●○	●○	●○	15分
办公	10.0%	—	—	●	●	●	5分
	—	8.0%	—	○	—	—	10分
	50.0%	10.0%	●	●○	●○	●○	15分

续表

建筑类型	非传统水源利用率		非传统水源利用措施				得分
	有市政再生水供应	无市政再生水供应	室内冲厕	室外绿化灌溉	道路浇洒	洗车用水	
商业	3.0%	—	—	●	●	●	2分
	—	2.5%	—	○	—	—	10分
	50.0%	3.0%	●	●○	●○	●○	15分
旅馆	2.0%	—	—	●	●	●	2分
	—	1.0%	—	○	—	—	10分
	12.0%	2.0%	●	●○	●○	●○	15分

注："●"为有市政再生水供应时的要求；"○"为无市政再生水供应时的要求。

2 其他类型建筑：按下列规则分别评分并累计。

① 绿化灌溉、道路冲洗、洗车用水采用非传统水源的用水量占其总用水量的比例不低于80%，得7分；

② 冲厕采用非传统水源的用水量占其用水量的比例不低于50%，得8分。

【条文解读】本条适用于各类民用建筑的设计、运行评价。住宅、办公、商场、旅馆类建筑参评第1款，除养老院、幼儿园、医院之外的其他建筑参评第2款。养老院、幼儿园、医院类建筑本条不参评。项目周边无市政再生水利用条件，且建筑可回用水量小于100m^3/d时，本条不参评。

根据《民用建筑节水设计标准》GB 50555的规定，"建筑可回用水量"指建筑的优质杂排水和杂排水水量，优质杂排水指杂排水中污染程度较低的排水，如沐浴排水、盥洗排水、洗衣排水、空调冷凝水、游泳池排水等；杂排水指民用建筑中除粪便污水外的各种排水，除优质杂排水外还包括冷却排污水、游泳池排污水、厨房排水等。当一个项目中仅部分建筑申报时，"建筑可回用水量"应按整个项目计算。

评分时，既可根据表中的非传统水源利用率来评分，也可根据表中的非传统水源利用措施来评分；按措施评分时，非传统水源利用应具有较好的经济效益和生态效益。

计算设计年用水总量应由平均日用水量计算得出，取值详见《民用建筑节水设计标准》GB 50555—2010。运行阶段的实际用水量应通过统计全年水表计量的情况计算得出。

由于我国各地区气候和资源情况差异较大，有些建筑并没有冷却水补水和室外景观水体补水的需求，为了避免这些差异对评价公平性的影响，本条在规定非传统水源利用率的要求时，扣除了冷却水补水量和室外景观水体补水量。在本标准的第6.2.11和6.2.12条中对冷却水补水量和室外景观水体补水量提出了非传统水源利用的要求。

包含住宅、旅馆、办公、商场等不同功能区域的综合性建筑，各功能区域按相应建筑类型参评。评价时可按各自用水量的权重，采用加权法调整计算非传统水源利用率的要求。

本条中的非传统水源利用措施主要指生活杂用水，包括用于绿化浇灌、道路冲洗、洗车、冲厕等的非饮用水，但不含冷却水补水和水景补水。

第2款中的"非传统水源的用水量占其用水量的比例"指采用非传统水源的用水量占

相应的生活杂用水总用水量的比例。

本条的评价方法为：设计评价查阅相关设计文件、当地相关主管部门的许可、非传统水源利用计算书；运行评价查阅相关竣工图纸、设计说明，查阅用水计量记录、计算书及统计报告、非传统水源水质检测报告，并现场核查。

6.2.11 冷却水补水使用

6.2.11 冷却水补水使用非传统水源，评价总分值为8分，根据冷却水补水使用非传统水源的量占总用水量的比例按表6-4的规则评分。

冷却水补水使用非传统水源的量占总用水量比例评分规则 **表6-4**

冷却水补水使用非传统水源的量占总用水量比例 R_{nt}	得分
$10\% \leqslant R_{nt} < 30\%$	4
$30\% \leqslant R_{nt} < 50\%$	6
$R_{nt} \geqslant 50\%$	8

【条文解读】本条适用于各类民用建筑的设计、运行评价。没有冷却水补水系统的建筑，本条得8分。

使用非传统水源替代自来水作为冷却水补水水源时，其水质指标应满足《采暖空调系统水质标准》GB/T 29044中规定的空调冷却水的水质要求。

全年来看，冷却水用水时段与我国大多数地区的降雨高峰时段基本一致，因此收集雨水处理后用于冷却水补水，从水量平衡上容易达到吻合。雨水的水质要优于生活污废水，处理成本较低、管理相对简单，具有较好的成本效益，值得推广。

条文中冷却水的补水量以年补水量计，设计阶段冷却塔的年补水量可按照《民用建筑节水设计标准》GB 50555执行。

本条的评价方法为：设计评价查阅相关设计文件、冷却水补水量及非传统水源利用的水量平衡计算书；运行评价查阅相关竣工图纸、设计说明、计算书，查阅用水计量记录、计算书及统计报告、非传统水源水质检测报告，并现场核查。

6.2.12 景观水体设计

6.2.12 结合雨水利用设施进行景观水体设计，景观水体利用雨水的补水量大于其水体蒸发量的60%，且采用生态水处理技术保障水体水质，评价总分值为7分，并按下列规则分别评分并累计：

(1) 对进入景观水体的雨水采取控制面源污染的措施，得4分；

(2) 利用水生动、植物进行水体净化，得3分。

【条文解读】本条适用于各类民用建筑的设计、运行评价。不设景观水体的项目，本条得7分。景观水体的补水没有利用雨水或雨水利用量不满足要求时，本条不得分。

《民用建筑节水设计标准》GB 50555—2010中强制性条文第4.1.5条规定“景观用水水源不得采用市政自来水和地下井水”，全文强制的《住宅建筑规范》GB 50368—2005第4.4.3条规定“人工景观水体的补充水严禁使用自来水。”因此设有水景的项目，水体的补水只能使用非传统水源，或在取得当地相关主管部门的许可后，利用临近的河、湖水。

有景观水体，但利用临近的河、湖水进行补水的，本条不得分。

自然界的水体（河、湖、塘等）大都是由雨水汇集而成，结合场地的地形地貌汇集雨水，用于景观水体的补水，是节水和保护、修复水生态环境的最佳选择，因此设置本条的目的是鼓励将雨水控制利用和景观水体设计有机地结合起来。景观水体的补水应充分利用场地的雨水资源，不足时再考虑其他非传统水源的使用。

缺水地区和降雨量少的地区应谨慎考虑设置景观水体，景观水体的设计应通过技术经济可行性论证确定规模和具体形式。设计阶段应做好景观水体补水量和水体蒸发量逐月的水量平衡，确保满足本条的定量要求。

本条要求利用雨水提供的补水量大于水体蒸发量的60%，亦即采用除雨水外的其他水源对景观水体补水的量不得大于水体蒸发量的40%，设计时应做好景观水体补水量和水体蒸发量的水量平衡，在雨季和旱季降雨水差异较大时，可以通过水位或水面面积的变化来调节补水量的富余和不足，也可设计旱溪或干塘等来适应降雨量的季节性变化。景观水体的补水管应单独设置水表，不得与绿化用水、道路冲洗用水合用水表。

景观水体的水质应符合国家标准《城市污水再生利用景观环境用水水质》GB/T 18921—2002的要求。景观水体的水质保障应采用生态水处理技术，合理控制雨水面源污染，确保水质安全。本标准第4.2.13条也对控制雨水面源污染的相关措施提出了要求。

本条的评价方法为：设计评价查阅相关设计文件（含景观设计图纸）、水量平衡计算书；运行评价查阅相关竣工图纸、设计说明、计算书，查阅景观水体补水的用水计量记录及统计报告、景观水体水质检测报告。并现场核查。

6.3 建筑节水技术与措施

6.3.1 建筑节水技术

1. 卫生器具节水与设备

国家标准《民用建筑节水标准》GB 50555—2010，明确规定所有卫生器具应满足《节水型生活用水器具》CJ 164及《节水型产品通过技术条件》GB/T 18870的要求，除特殊功能需求外，均应采用节水型用水器具。

对土建装修一体化设计的项目，在施工图设计中应对节水器具的选用做出要求；对非一体化设计的项目，应提供采用节水器具的措施、方案或约定见表6-5。

用水效率等级指标 **表6-5**

	水嘴 1/s	坐便器 1/次		便器冲洗阀 1/次		淋浴器 1/次	小便器 1/次
		单档	双档	大便器	小便器		
一级	0.100	4	4.5/3	4	2	0.08	2
二级	0.125	5	5/3.5	5	3	0.12	3
三级	0.150	6.5	6.5/4.2	6	4	0.15	4
四级	—	7.5	7.5/4.9	7	—	—	—
五级	—	9	9/6.3	8	—	—	—

可选用以下节水器具：

(1) 节水龙头：加气节水龙头、陶瓷阀芯水龙头、停水自动关闭水龙头等；以瓷芯节水龙头和充气水龙头代替普通水龙头。在水压相同条件下，节水龙头比普通水龙头有更好的节水效果，节水量为30%～50%，大部分在20%～30%之间，且在静压越高、普通水龙头出水量越大的地方，节水龙头的节水量也越大。因此，应在建筑中（尤其在水压超标的配水点）安装使用节水龙头，以减少浪费。陶瓷材料拉伸强度高、不易变形、耐高温、耐低温、耐磨损、不腐蚀的特性决定了陶瓷材料的优良密封性能。陶瓷阀芯使得水龙头不易渗漏水滴，也达到了环保节水的目的。

(2) 采用延时自闭式水龙头和光电控制式水龙头的小便器、大便器水箱。延时自闭式水龙头在出水一定时间后自动关闭，可避免长流水现象。出水时间可在一定范围内调节，但出水时间固定后，不易满足不同使用对象的要求，比较适用于使用性质相对单一的场所，比如车站，码头等地方。光电控制式水龙头可以克服上述缺点，且不需要人触摸操作，可用在多种场所。另外，非接触式卫生器具可以避免公共区域细菌交叉感染，利于健康。《民用建筑节水标准》GB 50555—2010已对此有所要求。

(3) 坐便器：压力流防臭、压力流冲击式6L直排便器、3L/6L两档节水型虹吸式排水坐便器、6L以下直排式节水型坐便器或感应式节水型坐便器，缺水地区可选用带洗手水龙头的水箱坐便器。

(4) 节水淋浴器：水温调节器、节水型淋浴喷嘴等。

(5) 营业性公共浴室采用恒温混水阀，脚踏开关。

(6) 节水型洗衣机，节水型洗碗机。

2. 热水供应系统

在设有集中供应生活热水系统的建筑，应设置完善的热水循环系统。集中供应生活热水系统三种循环方式：干管循环、立管循环和干、立、支管循环。完善的热水循环系统方式可减少无效冷水的出流量。集中热水供应的住宅，支管循环保证使用时的冷水出流时间短。热水供应系统应按要求设置循环系统：

(1) 集中热水供应系统，应采用机械循环，保证干管、立管或干管、立管和支管中的热水循环；

(2) 设有3个以上卫生间的公寓、住宅、别墅公用水加热设备的局部热水供应系统，应设回水配件自然循环或设循环泵机械循环；

(3) 全日集中供应热水的循环系统，应保证配水点出水温度不低于45℃的时间，对于住宅不得大于15s，医院和旅馆等公共建筑不得大于10s。集中热水供应系统的节水措施有：保证用水点处冷水，热水压力平衡，最不利用水点处冷、热水供水压力差不宜大于0.02MPa；设调节压差功能的混合器、混合阀；公共浴室可设置感应式或全自动刷卡式淋浴器保障热水系统有效运行。

3. 控制超压出流

为减少建筑给水超压出流造成的水量浪费，应从给水系统的设计、合理进行压力分区、采取减压措施等多方面采取对策。另外，设施的合理配置和有效使用，是控制超压出流的技术保障。减压阀作为简便易用的设施在给水系统中得到广泛的应用。充分利用市政供水压力，作为一项节能条款《住宅建筑规范》GB 50368中明确“生活给水系统应充分利用城镇给水管网的水压直接供水”。加压供水可优先采用变频供水、管网叠压供水等节能的供水技术；当采用管网叠压供水技术时应获得当地供水部门的同意。

《民用建筑节水标准》GB 50555—2010，第4.1.3条规定，市政管网供水压力不能满足供水要求的多层、高层建筑的给水、中水、热水系统应竖向分区，各分区最低卫生器具配水点处的静水压不宜大于0.45MPa，且分区内最低层部分应设减压设施保证用水点处供水压力不大于0.2MPa。第6.1.12.3条规定，用水点处水压大于0.2MPa的配水支管应设置减压阀，但应满足给水配件最低工作压力的要求。

用水器具给水额定流量是为满足使用要求，用水器具给水配件出口在单位时间内流出的规定出水量。流出水头是保证给水配件流出额定流量，在阀前所需的水压。给水配件阀前压力大于流出水头，给水配件在单位时间内的出水量超过额定流量的现象，称超压出流现象，该流量与额定流量的差值，为超压出流量。给水配件超压出流，不但会破坏给水系统中水量的正常分配，对用水工况产生不良的影响，同时因超压出流量未产生使用效益，为无效用水量，即浪费的水量。因它在使用过程中流失，不易被人们察觉和认识，属于“隐形”水量浪费，应引起足够的重视。给水系统设计时应采取措施控制超压出流现象，应合理进行压力分区，并适当地采取减压措施，避免造成浪费。

4. 避免管网漏损

管网漏失水量包括：阀门故障漏水量，室内卫生器具漏水量，水池、水箱溢流漏水量，设备漏水量和管网漏水量。为避免漏损：

（1）给水系统中使用的管材、管件，应符合现行产品标准的要求。当无国家标准或行业标准时，应符合经备案的企业标准的要求。

（2）选用性能高的阀门、零泄漏阀门等。

（3）合理设计供水压力，避免供水压力持续高压或压力骤变。

（4）做好室外管道基础处理和覆土，控制管道埋深，加强管道工程施工监督，把好施工质量关。

（5）水池、水箱溢流报警和进水阀门自动联动关闭。

（6）根据水平衡测试的要求安装分级计量水表，分级计量水表安装率达100%。具体要求为下级水表的设置应覆盖上一级水表所有出流量，不得出现无计量支路。

可以采用水平衡测试检测建筑或建筑群管道漏损量。同时适当设置检修阀门也可以减少检修时的排水量。

5. 设置用水计量

按使用用途：对厨房、卫生间、绿化、空调系统、游泳池、景观等用水分别设置用水计量装置，统计用水量；按使用用途、付费或管理单元情况，对不同用户的用水分别设置用水计量装置，统计用水量，并据此施行计量收费，以实现“用者付费”，达到鼓励行为节水的目的，同时还可统计各种用途的用水量和分析渗漏水量，达到持续改进的目的。各管理单元通常是分别付费，或即使是不分别付费，也可以根据用水计量情况，对不同管理单元进行节水绩效考核，促进行为节水。按付费或管理单元，分别设置用水计量装置，统计用水。对公共建筑中有可能实施用者付费的场所，应设置用者付费的设施，实现行为节水。

根据水平衡测试要求安装分级计量水表，分级计量水表安装率达100%。具体要求为下级水表的设置应覆盖上一级水表的所有出流量，不得出现无计量支路。

6. 采用高效节水灌溉系统

绿化灌溉应采用喷灌、微灌、渗灌、低压管灌等节水灌溉方式，同时还可采用湿度传感器或根据气候变化的调节控制器。可参照《园林绿地灌溉工程技术规范》CECS218 中的相关条款进行设计施工。

目前普遍采用的绿化节水灌溉方式是喷灌，其比地面漫灌要省水 30%～50%。采用再生水灌溉时，因水中微生物在空气中极易传播，应避免采用喷灌方式。微灌包括滴灌、微喷灌、涌流灌和地下渗灌，比地面漫灌省水 50%～70%，比喷灌省水 15%～20%。其中微喷灌射程较近，一般在 5m 以内，喷水量为 200～400L/h。

在绿色建筑的绿化用水方面，尽量使用收集处理后的雨水、废水等非传统水源，水质应达到灌溉的水质标准。绿化浇灌应采用喷灌技术，宜采用微灌和渗灌等更加节水的技术措施，如采用回用水要注意对 SS 的要求，以防止堵塞喷头。下面介绍几种灌溉技术。

（1）喷灌技术

喷灌是经管道输送将水通过架空喷头进行喷洒灌溉方式。其特点是将水喷射到空中形成细小的水滴再均匀地散布到绿地中。因喷灌具有较大的射程，可以满足大面积草坪的灌溉要求。喷灌设备可选择固定式的管道喷灌系统，将干管和支管埋于草坪上常年不动。喷头采用地埋伸缩式喷头，灌溉时伸出，平时缩于地下，既不影响草坪景观，也不影响割草机运行。喷灌根据植物品种和土壤、气候状况，适时、适量地进行喷灌，不易产生地表径流。喷灌比地面漫灌可省水约 30%～50%，特别适合于密植低矮植物。主要缺点是受风影响大，设备投资较高。喷灌采用回用水时，回用水中 SS（Suspended Substance，即水质中的悬浮物）值应小于 30mg/L，避免堵塞。

（2）微灌技术

微灌是一种新型节水灌溉技术，包括滴灌、微喷灌、涌泉灌和地下渗灌。它是按照作物需水要求，通过低压管道系统与安装在末级管道上的微喷头或滴头，以持续、均匀和受控的方式向植物根系输送所需水分，将水分肥料均匀准确地自接输送到植物根部附近的土壤表面或上层中进行灌溉。比地面漫灌省水 50%～70%，比喷灌省水 15%～20%。微灌的灌水器孔径很小，易堵塞。微灌的用水一般都应进行净化处理，先经过沉淀除去大颗粒泥沙，再进行过滤，除去细小颗粒的杂质等，特殊情况还需进行化学处理。

（3）渗灌技术

渗灌技术是继喷灌和滴灌之后又一节水灌溉新技术，是一种地下微灌形式。渗灌技术是将水增压，通过低压管道送达渗水器（毛细渗水管、瓦管和陶管等），慢慢把水分及可溶于水的肥料、药物输送到植物根部附近，使植物主要根区的土壤经常保持最优含水状况的一种先进的灌溉方法。当采用再生水作为绿化灌溉水源时，应采用微喷或滴灌形式。

7. 其他节水技术

冷却塔循环冷却水系统设置水处理措施；采取加大集水盘、设置平衡管或平衡水箱的方式，避免冷却水泵停泵时冷却水溢出。

鼓励采用无蒸发耗水量的冷却技术，包括分体空调、风冷式冷水机组、风冷式多联机、地源热泵、干式运行的闭式冷却塔等。鼓励减少用水，节约水资源。除卫生器具、绿化灌溉和冷却塔以外的其他用水也应采用节水技术和措施，如车库和道路冲洗用的节水高压水枪、节水型专业洗衣机、循环用水洗车台，给水深度处理采用自用水量较少的处理设备和措施，集中空调加湿系统采用用水效率高的设备和措施。

6.3.2 雨水利用措施

1. 雨水入渗

雨水入渗宜根据汇水面积、地形、土壤地质条件等因素选用透水铺装、浅沟、洼地、渗渠、渗透管沟、入渗井、入渗池、渗排一体化设施等形式或组合。雨水入渗应符合下列要求：绿地雨水应就地入渗；人行道、非机动车道通行的硬质地面，广场等采用透水地面。

(1) 渗透地面

渗透地面分为天然渗透地面和人工渗透地面两大类。天然渗透地面以绿地为主，人工渗透地面是人为铺装透水性地面，如多孔嵌草砖、碎石地面、多孔混凝土或多孔沥青路面等。在建筑开发过程中最不透水的部分不是为人居住的建筑，而是为汽车等而建的铺地，所以要通过人工渗水地面使水渗透接近水源来保持和恢复自然循环。

绿地是天然的渗水措施，主要优点是：造价最低，透水性能好；在小区或建筑物周围分布，便于雨水的引入利用；还可以减少绿化用水实现节水功能；对雨水中的一些污染物具有较强的截纳和净化作用。缺点主要是渗透量受土壤性质的限制，雨水中如果含有较多的杂质和悬浮物，会影响绿地质量和渗透性能。设计绿地时可设计成下凹式绿地，尽量将径流引入绿地。为增加渗透量，可以在绿地中做浅沟以在降雨时临时贮水。但要避免出现溢流，避免绿地过度积水和对植被的破坏。

绿色建筑在条件允许情况下，要尽量采用人工渗水地面。人工铺设的渗水地面主要优点有：利用表层土壤对雨水的净化能力，对雨水的预处理要求相对较低；技术简单，便于管理；建筑物周围或小区内的道路、停车场、人行道等都可以充分利用。缺点是渗透能力受土质限制，需要较大的透水面积，对雨水径流量调蓄能力差。透水铺装地面不宜接纳客地雨水。

(2) 渗透管沟

渗透管沟是由无砂混凝土或穿孔管等透水材料制成，多设于地下，周围填砾石，兼有渗透和排放两种功能。汇集的雨水通过渗透管进入四周的砾石层，砾石层具有一定的储水调节作用，然后再向四周土壤渗透。对于进入渗沟或渗管的雨水宜在入口的检查井内进行沉淀处理。

渗透管沟的主要优点是占地面积少，管材周围填充砾石等多孔材料，有较好的调蓄能力。便于小区设置。它可以与雨水管道、入渗池、入渗井等综合使用，也可以单独使用。

缺点是发生堵塞或渗透能力下降时，难于清洗恢复；而且由于不能利用表层土壤的净化功能，雨水水质要有保障，否则必须经过适当预处理，不含悬浮固体。因此，在用地紧张，表层土壤渗透性能差而下层有良好透水层等条件下比较适用。渗透沟在一定程度上弥补了渗透管不便于管理的缺点，也减少了挖方。因此，采用多孔材料的沟渠特别适合建筑物四周设置。

(3) 渗水池

渗水池是将集中径流转移到有植被的池子中，而不是构筑排水沟或管道。其主要优点是：渗透面积大，能提供较大的渗水和储水容量；净化能力强，对水质预处理要求低；管理方便，具有渗透、调节、净化和改善景观等多重功能。这种渗透技术代表了与自然的相互作用，基本不需要维护。缺点是占地面积大，在如今地价上涨情况下应用受到限制；设计管理不当会造成水质恶化，渗透能力下降，给开发商带来负面影响；如果在干燥缺水地区，蒸发损失大，还要做水量平衡。这种渗透技术在有足够可利用地面情况下比较适合。在绿色生态住宅小区中应用可以起到改善生态环境、提供水景、节水和水资源利用等多重效益。

（4）渗水盆地

渗水盆地是地面上的封闭洼地，其中的水只能渗入土壤，别无出路，与渗水池的功能基本相同。

以上为几种主要的绿色建筑雨水渗透技术，应用中可根据实际情况对各种渗透设施进行组合。例如，可以在绿色建筑小区内设置渗透地面、绿地、渗透管和渗透池等组合成一个渗透系统。这样就可以取长补短，更好地适应现场多变的条件，效果会更加显著。

2. 雨水储存与回用

（1）雨水储存

雨水收集回用系统应优先收集屋面雨水。雨水收集回用系统设计应进行水量平衡计算；雨水收集回用系统应设置雨水储存设施。其有效储水容积不宜小于集水面重现期的日雨水设计径流总量扣除设计初期径流弃流量。但资料具备时，除储存设施的有效容积可根据逐日降雨量和逐日用水量经模拟计算确定；水面景观水体宜作为雨水储存设施。

雨水可回用量宜按雨水设计径流总量的90%计。雨水蓄水池、蓄水罐宜设置在室外地下。蓄水储存设施应设有溢流排水措施。

（2）雨水供水系统

雨水供水管道应与生活饮用水管道分开设置。

当采用生活饮用水补水时，应采取防止生活饮用水被污染的措施，并符合下列规定：清水池内的自来水补水管出水口应高于清水池内溢流水位，其间距不得小于2.5倍补水管管径，严禁采用淹没式浮球阀补水。向蓄水池补水时，补水管口应设在池外；供水管道上不得装设取水龙头，并应按照下列防止误接、误用、误饮的措施：a. 供水管外壁应按设计规定涂色或标识；b. 当设有取水口时，应设锁具或专门开启工具；水池、阀门、水表、给水栓、取水口均应有明显的“雨水”标识。

（3）雨水处理工艺

屋面雨水水质处理根据原水水质可选择下列工艺流程：

屋面雨水→初期径流弃流→景观水体；

屋面雨水→初期径流弃流→雨水蓄水池沉淀→消毒→雨水清水池；

屋面雨水→初期径流弃流→雨水蓄水池沉淀→过滤→消毒→清水池。

回用雨水对水质有较高要求时，应增加相应的深度处理措施。回用雨水处理规模不大于100m^3/d时，可采用氯片作为消毒剂；回用雨水处理规模大于100m^3/d时，可采用次氯酸钠或其他氯消毒剂消毒。

（4）调蓄排放

在雨水管渠沿线附近有天然洼地、池塘、景观水体，可作为雨水径流高峰流量调蓄设施，当天然条件不满足，可建造室外调蓄池；调蓄设施宜布置在汇水面下游。调蓄池可采用溢流堰式和底部流槽式。

6.4 建筑节水案例

1. 案例介绍

本工程为××县公安局行政办公楼与食堂项目。行政办公楼建筑面积约为12933.5m^2，地上共五层，地下一层属多层公共建筑，总高22.5m。

（1）生活给水系统

办公楼采用市政管网直接供水至屋顶水箱，再用上行下给供水方式供水至用水点；食堂由市政管网直接供给，特警备勤房屋顶设冷热水箱，上行下给供水方式供水至卫生间。热水水源为太阳能加热泵。

用水量：本工程最高日用水量按1500人工作人员，每人30L，最高日用水量为45m^3/d。建筑内管段流量计算根据公式：

$$Q_g=0.2a\,(Ng)\text{\^{}}0.5\ (L/S)。a 取 1.5$$

给水材料：建筑内给水管采用PPR给水管，暗装，粘结。

（2）生活污水系统

室内卫生间粪便污水与洗涤废水合流排入化粪池，预处理后排入外围市政污水系统；室内排水管道均暗装于吊顶内或柱边；排水管采用UPVC塑料排水管，冷胶连接。

（3）屋面雨水排水系统

屋面雨水采用重力式雨水排水系统。屋面雨水由雨水斗收集，经雨水管道排至室外建筑散水；室内雨水管采用UPVC塑料排水管，冷胶连接。

（4）室内消防工程设计

本工程办公楼为超过1万立方米的多层办公建筑，按规范须进行消火栓系统设计，配置灭火器，详见图6-1。食堂设消防卷盘，配置灭火器，详见图6-2，图6-3。

办公楼室外消防用水量为25L/s，室内消防用水量为15L/s，火灾持续时间为2.0h。室外设250m^{3}消防水池一座，设潜水泵两台，为室内消火栓系统加压。办公楼屋顶设12m^{3}的消防水箱一个，满足火灾前十分钟灭火。

移动式灭火装置：办公楼为轻危险级，车库及食堂为中危险级，火灾种类为A类火灾。每处设手提式磷酸铵盐干粉灭火器2具。

（5）节水节能措施

选用高于国家标准的节水型卫生洁具及配水件；合理设计供排水系统；利用中水进行绿化灌溉。

（6）环境保护及卫生防疫措施

给水支管的水流速度采用措施不超过1.0m/s，并在直线管段设置胀缩振动传递。工程总水表之后设管道倒流防止器，防止红线内给水管网之水倒流污染城市给水。室内所用排水地漏的水封高度不小于50mm。

（7）主要设备器材统计

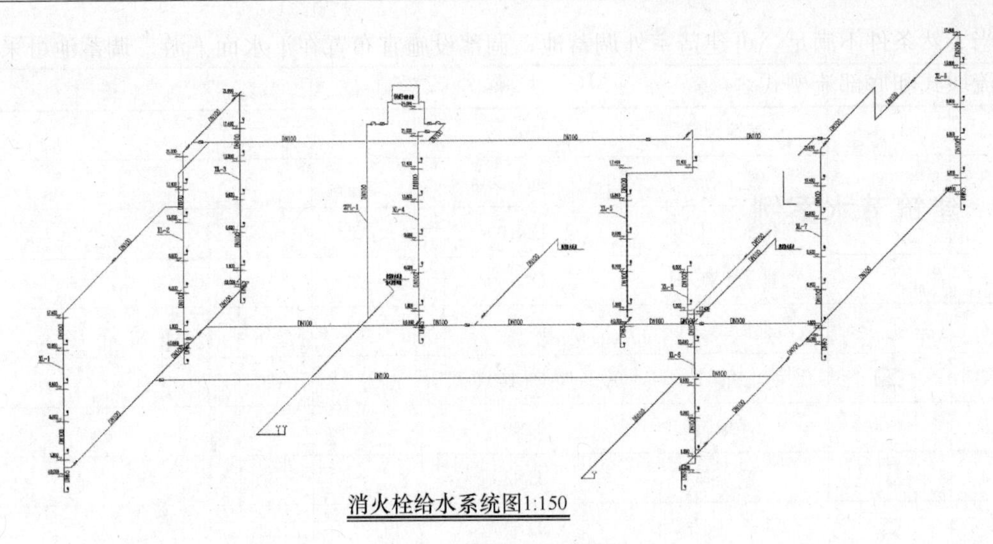

图 6-1　消火栓的系统图

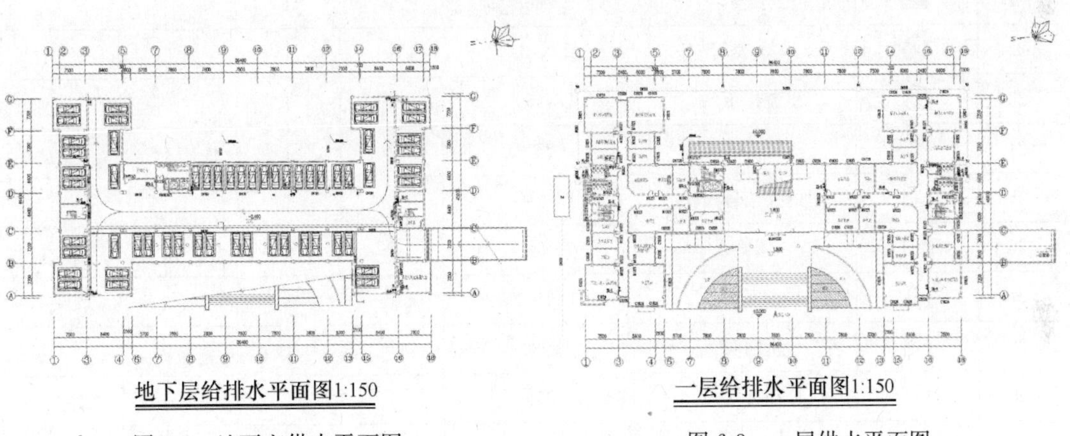

图 6-2　地下室供水平面图　　　　图 6-3　一层供水平面图

主要设备器材统计见表 6-6。

主要设备器材统计表　　　　**表 6-6**

序号	图　例	名　称	规　格	单位	数量	备　注
1		PP-R	DN25	米	125	
2		PP-R	DN50	米	100	
3		PP-R	DN65	米	20	
4		PP-R	DN80	米	110	
5		镀锌钢管	DN25	米	900	
6		镀锌钢管	DN32	米	300	
7		镀锌钢管	DN40	米	150	
8		镀锌钢管	DN50	米	50	
9		镀锌钢管	DN65	米	50	
10		镀锌钢管	DN80	米	50	
11		镀锌钢管	DN100	米	900	

续表

序号	图 例	名 称	规 格	单位	数量	备 注
12		镀锌钢管	DN125	米	20	
13		镀锌钢管	DN150	米	100	
14		排水 PVC-U	DN100	米	100	
15		排水 PVC-U	DN150	米	100	
16		排水 PVC-U	DN200	米	200	
17		透风	DN100	个	33	
18		浮球阀	DN25	个	2	
19		截止阀	DN25	个	15	
20		末端过水阀	DN25	个	1	
21		水表	DN50	个	1	
22		水表	DN50	个	1	
23		水流指示器	DN150	个	1	
24		压力表	25	个	1	
25		遥控信号阀	DN150	个	1	
26		阀阀	DN80	个	9	
27		止回阀	DN100	个	2	
28		止回阀	DN50	个	1	
29		自动排气阀	25	个	1	
30		单出口系统消火栓		个	45	
31		单出口消火栓	700 * 200	个	43	
32		检查口		个	12	
33		潜水泵		个	8	
34		通气阀		个	1	

2. 评价

按标准对本工程办公楼进行节水评价见表 6-7，6-8。

节水与水资源利用控制项汇总表 **表 6-7**

序号	对应内容	是否满足	对应评价条款	备注
1	应制定水资源利用方案，统筹利用各种水资源	是	6.1.1	
2	给排水系统设置应合理、完善、安全	是	6.1.2	
3	应采用节水器具	是	6.1.3	
汇总	控制是否全部满足	是		

项目节水与水资源利用控制项是否全部满足：是。

节水与水资源利用评分项汇总表　　　　**表 6-8**

序号	评分类别	可得分值	实际得分值	对应评价条款	备　注
1	节水系统（35 分）	10	5	6.2.1	
2		7	3	6.2.2	
3		8	2	6.2.3	
4		6	3	6.2.4	
5		4	1	6.2.5	
6	节水器具与设备（35 分）	10	2	6.2.6	
7		10	1	6.2.7	
8		10	2	6.2.8	
9		5	1	6.2.9	
10	非传统水源利用（30 分）	15	8	6.2.10	
11		8	4	6.2.11	
12		7	3	7.2.12	
合计		100	35		

项目节水与水资源利用评价得分：35 分。

课后练习题

第 6 章　节水与水资源利用的内容解读

一、单选题

1. 给水排水系统设置应合理、完善和（　　）。

A. 安全　　B. 完美　　C. 研究　　D. 实际

2. 下例哪项不符合给水排水系统的规划设计规范（　　）。

A.《建筑给水排水设计规范》GB 50015

B.《城镇给水排水技术规范》GB 50788

C.《民用建筑节水设计标准》GB 50555

D.《居住用水设计标准》GB 50555

3. 合理使用非传统水源，评价总分值为（　　）分。

A. 18　　B. 15　　C. 13　　D. 10

4. 非传统水源利用措施主要指生活杂用水，包括用于绿化浇灌、道路冲洗、洗车、冲厕等的非饮用水，但不含冷却水补水和（　　）。

A. 景观水体　　B. 非再生补水　　C. 再生水　　D. 水景补水

5. 关于回用雨水对水质有较高要求，下例说法正确的是（　　）。

A. 回用雨水处理规模不大于 $90m^3/d$ 时，可采用氯片作为消毒剂

B. 回用雨水处理规模大于 $90m^3/d$ 时，可采用次氯酸钠或其他氯消毒剂消毒

C. 回用雨水处理规模大于 $80m^3/d$ 时，可采用次氯酸钠或其他氯消毒剂消毒

D. 回用雨水处理规模不大于 $100m^3/d$ 时，可采用氯片作为消毒剂房间净面积的 9%

二、多选题

1. 水资源利用方案包含下列哪些内容。（　　）

A. 当地政府规定的节水要求、地区水资源状况、气象资料、地质条件及市政设施情况等

B. 确定节水用水定额、编制水量计算表及水量平衡表

C. 给水排水系统设计方案介绍

D. 采用的节水器具、设备和系统的相关说明

2. 管网漏失水量包括（　　）。

A. 阀门故障漏水量　　B. 室内卫生器具漏水量

C. 水池、水箱溢流漏水量　　D. 设备漏水量和管网漏水量

3. 关于用水采用节水技术或措施的评价方法，说法正确的是（　　）。

A. 设计评价查阅相关设计文件　　B. 查阅水表计量报告

C. 与人交流　　D. 现场核查

三、思考题

1. 为避免管网漏失水量，可采取什么措施？

2. 卫生节水主要包括哪些器具，它们起到什么作用？

第 7 章　节材与材料资源利用内容解读

7.1　控制项与解读

节材与材料利用控制项见表 7-1。

节材与材料利用控制项汇总表　　表 7-1

序号	对应内容	是否满足	对应评价条款	备注
1	不得采用国家和地方禁止和限制使用的建筑材料及制品		7.1.1	
2	混凝土结构中梁、柱纵向受力普通钢筋应采用不低于 400MPa 级的热轧带肋钢筋		7.1.2	
3	建筑造型要素应简约且无大量装饰性构件		7.1.3	
汇总	控制是否全部满足			

7.1.1　禁止和限制使用材料及制品

7.1.1　不得采用国家和地方禁止和限制使用的建筑材料及制品。

【条文解读】本条适用于各类民用建筑的设计、运行评价。

一些建筑材料及制品在使用过程中不断暴露出问题，已被证明不适宜在建筑工程中应用，或者不适宜在某些地区的建筑中使用。绿色建筑中不应采用国家和当地有关主管部门向社会公布禁止和限制使用的建筑材料及制品。

本条的评价方法为：设计评价对照国家和当地有关主管部门向社会公布的限制、禁止使用的建材及制品目录，查阅设计文件，对设计选用的建筑材料进行核查；运行评价对照国家和当地有关主管部门向社会公布的限制、禁止使用的建材及制品目录，查阅工程材料决算材料清单，对实际采用的建筑材料进行核查。

7.1.2　热轧带肋钢筋

7.1.2　混凝土结构中梁、柱纵向受力普通钢筋应采用不低于 400MPa 级的热轧带肋钢筋。

【条文解读】本条适用于混凝土结构的各类民用建筑的设计、运行评价。

抗拉屈服强度达到 400MPa 级及以上的热轧带肋钢筋，具有强度高、综合性能优的特点，用高强钢筋替代目前大量使用的 335MPa 级热轧带肋钢筋，平均可节约钢材 12%以上。高强钢筋作为节材节能环保产品，在建筑工程中大力推广应用，是加快转变经济发展方式的有效途径，是建设资源节约型、环境友好型社会的重要举措，对推动钢铁工业和建筑业结构调整、转型升级具有重大意义。

为了在绿色建筑中推广应用高强钢筋，本条参考国家标准《混凝土结构设计规范》GB 50010—2010 第 4.2.1 条之规定，对混凝土结构中梁、柱纵向受力普通钢筋提出强度等级和品种要求。

本条的评价方法为：设计评价查阅设计文件，对设计选用的梁、柱纵向受力普通钢筋强度等级进行核查；运行评价查阅竣工图纸，对实际选用的梁、柱纵向受力普通钢筋强度等级进行核查。

7.1.3 建筑造型简约

7.1.3 建筑造型要素应简约，且无大量装饰性构件。

【条文解读】本条适用于各类民用建筑的设计、运行评价。

设置大量的没有功能的纯装饰性构件，不符合绿色建筑节约资源的要求。而通过使用装饰和功能一体化构件，利用功能构件作为建筑造型的语言，可以在满足建筑功能的前提下表达美学效果，并节约资源。对于不具备遮阳、导光、导风、载物、辅助绿化等作用的飘板、格栅、构架和塔、球、曲面等装饰性构件，应对其造价进行控制。

本条的评价方法为：设计评价查阅设计文件，有装饰性构件的应提供其功能说明书和造价计算书；运行评价查阅竣工图和造价计算书，并进行现场核实。

7.2 评分项与解读

节材与材料利用评分项见表 7-2。

节材与材料利用评分项汇总表　　表 7-2

序号	评分类别	可得分值	实际得分值	对应评价条款	备 注
1	Ⅰ材料设计（40 分）	9		7.2.1	
2		5		7.2.2	
3		10		7.2.3	
4		5		7.2.4	
5		5		7.2.5	
6		6		7.2.6	
7	Ⅱ材料选择（60 分）	10		7.2.7	
8		10		7.2.8	
9		5		7.2.9	
10		10		7.2.10	
11		5		7.2.11	
12		10		7.2.12	
13		5		7.2.13	
14		5		7.2.14	
合计		100			

Ⅰ 节 材 设 计

7.2.1　择优选用建筑形体

7.2.1　择优选用建筑形体，评价总分值为9分。根据国家标准《建筑抗震设计规范》GB 50011—2010规定的建筑形体规则性评分，建筑形体不规则，得3分；建筑形体规则，得9分。

【条文解读】本条适用于各类民用建筑的设计、运行评价。

形体指建筑平面形状和立面、竖向剖面的变化。绿色建筑设计应重视其平面、立面和竖向剖面的规则性对抗震性能及经济合理性的影响，优先选用规则的形体。

建筑设计应根据抗震概念设计的要求明确建筑形体的规则性，抗震概念设计将建筑形体的规则性分为：规则不规则、特别不规则、严重不规则。建筑形体的规则性应根据现行国家标准《建筑抗震设计规范》GB 50011—2010的有关规定进行划分。为实现相同的抗震设防目标，形体不规则的建筑，要比形体规则的建筑耗费更多的结构材料。不规则程度越高，对结构材料的消耗量越多，性能要求越高，不利于节材。本条评分的两个档次分别对应抗震概念设计中建筑形体规则性分级的“规则”和“不规则”；对形体“特别不规则”的建筑和“严重不规则”的建筑，本条不得分。

本条的评价方法为：设计评价查阅建筑图、结构施工图；运行评价查阅竣工图并现场核实。

7.2.2　节材效果

7.2.2　对地基基础、结构体系、结构构件进行优化设计，达到节材效果，评价分值为5分。

【条文解读】本条适用于各类民用建筑的设计、运行评价。

在设计过程中对地基基础、结构体系、结构构件进行优化，能够有效地节约材料用量。结构体系指结构中所有承重构件及其共同工作的方式。结构布置及构件截面设计不同，建筑的材料用量也会有较大的差异。

本条的评价方法为：设计评价查阅建筑图、结构施工图和地基基础方案比选论证报告、结构体系节材优化设计书和结构构件节材优化设计书；运行评价查阅竣工图并现场核实。

7.2.3　土建与装修工程一体化

7.2.3　土建工程与装修工程一体化设计，评价总分值为10分，并按下列规则评分：

(1) 住宅建筑土建与装修一体化设计的户数比例达到30%，得6分；达到100%，得10分。

(2) 公共建筑公共部位土建与装修一体化设计，得6分；所有部位均土建与装修一体化设计，得10分。

【条文解读】本条适用于各类民用建筑的设计、运行评价。对混合功能建筑，应分别对其住宅建筑部分和公共建筑部分进行评价，本条得分值取两者的平均值。

土建和装修一体化设计，要求对土建设计和装修设计统一协调，在土建设计时考虑装修设计需求，事先进行孔洞预留和装修面层固定件的预埋，避免在装修时对已有建筑构件打凿、穿孔。这样既可减少设计的反复，又可保证结构的安全，减少材料消耗，并降低装修成本。

本条的评价方法为：设计评价查阅土建、装修各专业施工图及其他证明材料；运行评价查阅土建、装修各专业竣工图及其他证明材料。

7.2.4 隔断（墙）

7.2.4 公共建筑中可变换功能的室内空间采用可重复使用的隔断（墙），评价总分值为 5 分，根据可重复使用隔断（墙）比例按表 7-3 的规则评分。

可重复使用隔断（墙）比例评分规则 **表 7-3**

可重复使用隔断（墙）比例 R_{rp}	得分
$30\% \leqslant R_{rp} < 50\%$	3
$50\% \leqslant R_{rp} < 80\%$	4
$R_{rp} \geqslant 80\%$	5

【条文解读】本条适用于公共建筑的设计、运行评价。

在保证室内工作环境不受影响的前提下，在办公、商场等公共建筑室内空间尽量多地采用可重复使用的灵活隔墙，或采用无隔墙只有矮隔断的大开间敞开式空间，可减少室内空间重新布置时对建筑构件的破坏，节约材料，同时为使用期间构配件的替换和将来建筑拆除后构配件的再利用创造条件。

除走廊、楼梯、电梯井、卫生间、设备机房、公共管井以外的地上室内空间均应视为“可变换功能的室内空间”，有特殊隔声、防护及特殊工艺需求的空间不计入。此外，作为商业、办公用途的地下空间也应视为“可变换功能的室内空间”，其他用途的地下空间可不计入。

“可重复使用的隔断（墙）”在拆除过程中应基本不影响与之相接的其他隔墙，拆卸后可进行再次利用，如大开间敞开式办公空间内的玻璃隔断（墙）、预制隔断（墙）、特殊节点设计的可分段拆除的轻钢龙骨水泥板或石膏板隔断（墙）和木隔断（墙）等。是否具有可拆卸节点，也是认定某隔断（墙）是否属于“可重复使用的隔断（墙）”的一个关键点，例如，用砂浆砌筑的砌体隔墙不算可重复使用的隔墙。

本条中“可重复使用隔断（墙）比例”为：实际采用的可重复使用隔断（墙）围合的建筑面积与建筑中可变换功能的室内空间面积的比值。

本条的评价方法为：设计评价查阅建筑、结构施工图及可重复使用隔断（墙）的设计使用比例计算书；运行评价查阅建筑、结构竣工图及可重复使用隔断（墙）的实际使用比例计算书。

7.2.5 预制构件

7.2.5 采用工业化生产的预制构件，评价总分值为 5 分，根据预制构件用量比例按表 7-4 的规则评分。

预制构件用量比例评分规则　　表7-4

预制构件用量比例 R_{pc}	得分
$15\% \leqslant R_{pc} < 30\%$	3
$30\% \leqslant R_{pc} < 50\%$	4
$R_{pc} \geqslant 50\%$	5

【条文解读】本条适用于各类民用建筑的设计、运行评价。

本条旨在鼓励采用工业化方式生产的预制构件设计、建造绿色建筑。本条所指“预制构件”包括各种结构构件和非结构构件，如预制梁、预制柱、预制墙板、预制阳台板、预制楼梯、雨棚、栏杆等。在保证安全的前提下，使用工厂化方式生产的预制构件，既能减少材料浪费，又能减少施工对环境的影响，同时可为将来建筑拆除后构件的替换和再利用创造条件。

预制构件用量比例取各类预制构件重量与建筑地上部分重量的比值。

本条的评价方法为：设计评价查阅施工图、工程材料用量概预算清单；运行评价查阅竣工图、工程材料用量决算清单。

7.2.6　采用整体化定型设计

7.2.6 采用整体化定型设计的厨房、卫浴间，评价总分值为6分，并按下列规则分别评分并累计：

(1) 采用整体化定型设计的厨房，得3分；

(2) 采用整体化定型设计的卫浴间，得3分。

【条文解读】本条适用于居住建筑及酒店的设计、运行评价。

本条鼓励采用系列化、多档次的整体化定型设计的厨房、卫浴间。其中整体化定型设计的厨房是指按人体工程学、炊事操作工序、模数协调及管线组合原则，采用整体设计方法而建成的标准化、多样化完成炊事、餐饮、起居等多种功能的活动空间。整体化定型设计的卫浴间是指在有限的空间内实现洗面、沐浴、如厕等多种功能的独立卫生单元。

本条的评价方法为：设计评价查阅建筑设计或装修设计图和设计说明；运行评价查阅竣工图、工程材料用量决算表、施工记录。

Ⅱ　材　料　选　用

7.2.7　本地生产的建筑材料

7.2.7　选用本地生产的建筑材料，评价总分值为10分，根据施工现场500km以内生产的建筑材料重量占建筑材料总重量的比例按表7-5的规则评分。

本地生产的建筑材料评分规则　　表7-5

施工现场500km以内生产的建筑材料重量占建筑材料总重量的比例 R_{lm}	得分
$60\% \leqslant R_{lm} < 70\%$	6
$70\% \leqslant R_{lm} < 90\%$	8
$R_{lm} \geqslant 90\%$	10

【条文解读】本条适用于各类民用建筑的运行评价。

建材本地化是减少运输过程资源和能源消耗、降低环境污染的重要手段之一。本条鼓励使用本地生产的建筑材料，提高就地取材制成的建筑产品所占的比例。运输距离指建筑材料的最后一个生产工厂或场地到施工现场的距离。

本条的评价方法为：运行评价核查材料进场记录、本地建筑材料使用比例计算书、有关证明文件。

7.2.8 现浇混凝土采用预拌混凝土

7.2.8 现浇混凝土采用预拌混凝土，评价分值为10分。

【条文解读】本条适用于各类民用建筑的设计、运行评价。

与现场搅拌混凝土相比，预拌混凝土产品性能稳定，易于保证工程质量且采用预拌混凝土能够减少施工现场噪声和粉尘污染，节约能源、资源，减少材料损耗。

预拌混凝土应符合现行国家标准《预拌混凝土》GB/T 14902的规定。

本条的评价方法为：设计评价查阅施工图及说明；运行评价查阅设计说明、竣工图、预拌混凝土用量清单、有关证明文件。

7.2.9 建筑砂浆采用预拌砂浆

7.2.9 建筑砂浆采用预拌砂浆，评价总分值为5分。建筑砂浆采用预拌砂浆的比例达到50%，得3分；达到100%，得5分。

【条文解读】本条适用于各类民用建筑的设计、运行评价。

长期以来，我国建筑施工用砂浆一直采用现场拌制砂浆。现场拌制砂浆由于计量不准确、原材料质量不稳定等原因，施工后经常出现空鼓、龟裂等质量问题，工程返修率高。而且，现场拌制砂浆在生产和使用过程中不可避免地会产生大量材料浪费和损耗，污染环境。

预拌砂浆是根据工程需要配制、由专业化工厂规模化生产的，砂浆的性能品质和均匀性能够得到充分保证，可以很好地满足砂浆保水性、和易性、强度和耐久性需求。

预拌砂浆按照生产工艺可分为湿拌砂浆和干混砂浆；按照用途可分为砌筑砂浆、抹灰砂浆、地面砂浆、防水砂浆、陶瓷砖粘结砂浆、界面砂浆、保温板粘结砂浆、保温板抹面砂浆、聚合物水泥防水砂浆、自流平砂浆、耐磨地坪砂浆和饰面砂浆等。

预拌砂浆与现场拌制砂浆相比，不是简单意义的同质产品替代，而是采用先进工艺的生产线拌制，增加了技术含量，产品性能得到显著增强。预拌砂浆尽管单价比现场拌制砂浆高，但是由于其性能好、质量稳定、减少环境污染、材料浪费和损耗小、施工效率高、工程返修率低，可降低工程的综合造价。

预拌砂浆应符合现行标准《预拌砂浆》GB/T 25181及《预拌砂浆应用技术规程》JGJ/T 223的规定。

本条的评价方法为：设计评价查阅施工图及说明；运行评价查阅竣工图及说明，以及砂浆用量清单等证明文件。

7.2.10 合理采用高强建筑结构材料

7.2.10 合理采用高强建筑结构材料，评价总分值为10分，并按下列规则评分：

(1) 混凝土结构

1) 根据400MPa级及以上受力普通钢筋的比例，按表7-6的规则评分，最高得10分。

400MPa级及以上受力普通钢筋的比例评分规则 **表7-6**

400MPa级及以上受力普通钢筋的比例 R_{sb}	得分
$30\% \leqslant R_{sb} < 50\%$	4
$50\% \leqslant R_{sb} < 70\%$	6
$70\% \leqslant R_{sb} < 85\%$	8
$R_{sb} \geqslant 85\%$	10

2) 混凝土竖向承重结构采用强度等级不小于C50混凝土用量占竖向承重结构中混凝土总量的比例达到50%，得10分。

(2) 钢结构：Q345及以上高强钢材用量占钢材总量的比例达到50%，得8分；达到70%，得10分。

(3) 混合结构：对其混凝土结构部分和钢结构部分，分别按本条第1款和第2款进行评价，得分取两项得分的平均值。

【条文解读】本条适用于各类民用建筑的设计、运行评价。砌体结构和木结构不参评。

合理采用高强度结构材料，可减小构件的截面尺寸及材料用量，同时也可减轻结构自重，减小地震作用及地基基础的材料消耗。混凝土结构中的受力普通钢筋，包括梁、柱、墙、板、基础等构件中的纵向受力筋及箍筋。

混合结构指由钢框架或型钢（钢管）混凝土框架与钢筋混凝土筒体所组成的共同承受竖向和水平作用的高层建筑结构。

本条的评价方法为：设计评价查阅结构施工图及高强度材料用量比例计算书；运行评价查阅竣工图、施工记录及材料决算清单，并现场核实。

7.2.11　高耐久性建筑结构材料

7.2.11　合理采用高耐久性建筑结构材料，评价分值为5分。对混凝土结构，其中高耐久性混凝土用量占混凝土总量的比例达到50%；对钢结构，采用耐候结构钢或耐候型防腐涂料。

【条文解读】本条适用于混凝土结构、钢结构民用建筑的设计、运行评价。

本条中“高耐久性混凝土”指满足设计要求下，性能不低于行业标准《混凝土耐久性检验评定标准》JGJ/T 193中抗硫酸盐侵蚀等级KS90，抗氯离子渗透性能、抗碳化性能及早期抗裂性能Ⅲ级的混凝土。其各项性能的检测与试验方法应符合《普通混凝土长期性能和耐久性能试验方法标准》GB/T 50082的规定。

本条中的耐候结构钢须符合现行国家标准《耐候结构钢》GB/T 4171的要求；耐候型防腐涂料须符合行业标准《建筑用钢结构防腐涂料》JG/T 224—2007中Ⅱ型面漆和长效型底漆的要求。

本条的评价方法为：设计评价查阅建筑及结构施工图；运行评价查阅施工记录及材料决算清单中高耐久性建筑结构材料的使用情况，混凝土配合比报告单以及混凝土配料清单，并核查第三方出具的进场及复验报告，核查工程中采用高耐久性建筑结构材料的情况。

7.2.12 可再利用材料和可再循环材料

7.2.12 采用可再利用材料和可再循环材料，评价总分值为10分，并按下列规则评分：

(1) 住宅建筑中的可再利用材料和可再循环材料用量比例达到6%，得8分；达到10%，得10分。

(2) 公共建筑中的可再利用材料和可再循环材料用量比例达到10%，得8分；达到15%，得10分。

【条文解读】本条适用于各类民用建筑的设计、运行评价。

建筑材料的循环利用是建筑节材与材料资源利用的重要内容。本条的设置旨在整体考量建筑材料的循环利用对于节材与材料资源利用的贡献，评价范围是永久性安装在工程中的建筑材料，不包括电梯等设备。

有的建筑材料可以在不改变材料的物质形态情况下直接进行再利用，或经过简单组合、修复后可直接再利用，如有些材质的门、窗等。有的建筑材料需要通过改变物质形态才能实现循环利用，如难以直接回用的钢筋、玻璃等，可以回炉再生产。有的建筑材料则既可以直接再利用又可以回炉后再循环利用，例如标准尺寸的钢结构型材等。以上各类材料均可纳入本条范畴。

建筑中采用的可再循环建筑材料和可再利用建筑材料，可以减少生产加工新材料带来的资源、能源消耗和环境污染，具有良好的经济、社会和环境效益。

本条的评价方法为：设计评价查阅申报单位提交的工程概预算材料清单和相关材料使用比例计算书，核查相关建筑材料的使用情况；运行评价查阅申报单位提交的工程决算材料清单和相应的产品检测报告，核查相关建筑材料的使用情况。

7.2.13 建筑材料

7.2.13 使用以废弃物为原料生产的建筑材料，评价总分值为5分，并按下列规则评分：

(1) 采用一种以废弃物为原料生产的建筑材料，其占同类建材的用量比例达到30%，得3分；达到50%，得5分。

(2) 采用两种及以上以废弃物为原料生产的建筑材料，每一种用量比例均达到30%，得5分。

【条文解读】本条适用于各类民用建筑的运行评价。

本条沿用自本标准2006年版一般项第4.4.9、5.4.10条，有修改。本条中的“以废弃物为原料生产的建筑材料”是指在满足安全和使用性能的前提下，使用废弃物等作为原材料生产出的建筑材料，其中废弃物主要包括建筑废弃物、工业废料和生活废弃物。

在满足使用性能的前提下，鼓励利用建筑废弃混凝土，生产再生骨料，制作成混凝土砌块、水泥制品或配制再生混凝土；鼓励利用工业废料、农作物秸秆、建筑垃圾、淤泥为原料制作成水泥、混凝土、墙体材料、保温材料等建筑材料；鼓励以工业副产品石膏制作成石膏制品；鼓励使用生活废弃物经处理后制成的建筑材料。

为保证废弃物使用量达到一定比例，本条要求以废弃物为原料生产的建筑材料重量占同类建筑材料总重量的比例不小于30%，且其中废弃物的掺量不低于30%。以废弃物为原料生产的建筑材料，应满足相应的国家或行业标准的要求。

本条的评价方法为：运行评价查阅工程决算材料清单、以废弃物为原料生产的建筑材料检测报告和废弃物建材资源综合利用认定证书等证明材料，核查相关建筑材料的使用情况和废弃物掺量。

7.2.14 合理采用装饰装修建筑材料

7.2.14 合理采用耐久性好、易维护的装饰装修建筑材料，评价总分值为5分，并按下列规则分别评分并累计：

(1) 合理采用清水混凝土，得2分；

(2) 采用耐久性好、易维护的外立面材料，得2分；

(3) 采用耐久性好、易维护的室内装饰装修材料，得1分。

【条文解读】本条适用于各类民用建筑的运行评价。

为了保持建筑物的风格、视觉效果和人居环境，装饰装修材料在一定使用年限后会进行更新替换。如果使用易沾污、难维护及耐久性差的装饰装修材料，则会在一定程度上增加建筑物的维护成本，且施工也会来带有毒有害物质的排放、粉尘及噪声等问题。使用清水混凝土可减少装饰装修材料用量。

本条重点对外立面材料的耐久性提出了要求，详见表7-7。

外立面材料耐久性要求 表7-7

分类		耐久性要求
外墙涂料		采用水性氟涂料或耐候性相当的涂料
建筑幕墙	玻璃幕墙	明框、半隐框玻璃幕墙的铝型材表面处理符合《铝及铝合金阳极氧化膜与有机聚合物膜》GB/T 8013规定的耐候性等级的最高级要求。硅酮结构密封胶耐候性优于标准要求
	石材幕墙	根据当地气候环境条件，合理选用石材含水率和耐冻融指标，并对其表面进行防护处理
	金属板幕墙	采用氟碳制品，或耐久性相当的其他表面处理方式的制品
	人造板幕墙	根据当地气候环境条件，合理选用含水率、耐冻融指标

对建筑室内所采用耐久性好、易维护的装饰装修材料应提供相关材料证明所采用材料的耐久性。

本条的评价方法：运行评价查阅建筑竣工图纸、材料决算清单、材料检测报告。

7.3 建筑节材技术措施

7.3.1 建筑设计与节材技术

板柱楼盖是地下建筑中常见结构形式，是近年来发展较为迅速的一项建筑结构新技术。在民用建筑中大量使用。因此，对板柱楼盖的合理设计是节材的重要措施。

(1) 工程概况

某小区的一个单层独立地下车库，为双层机械式停车，该地下车库长约 85m，宽约 75m，顶板标高－1.2m，层高 3.9m，顶板平均覆土厚度 0.9m，典型柱网为 5.7m×8.1m，6.1m×8.1m，结构形式采用板柱结构体系。此工程抗震设防烈度 6 度，Ⅱ类场地土，特征周期 T_g＝0.45s。平面施工图部分截取见图 7-1。

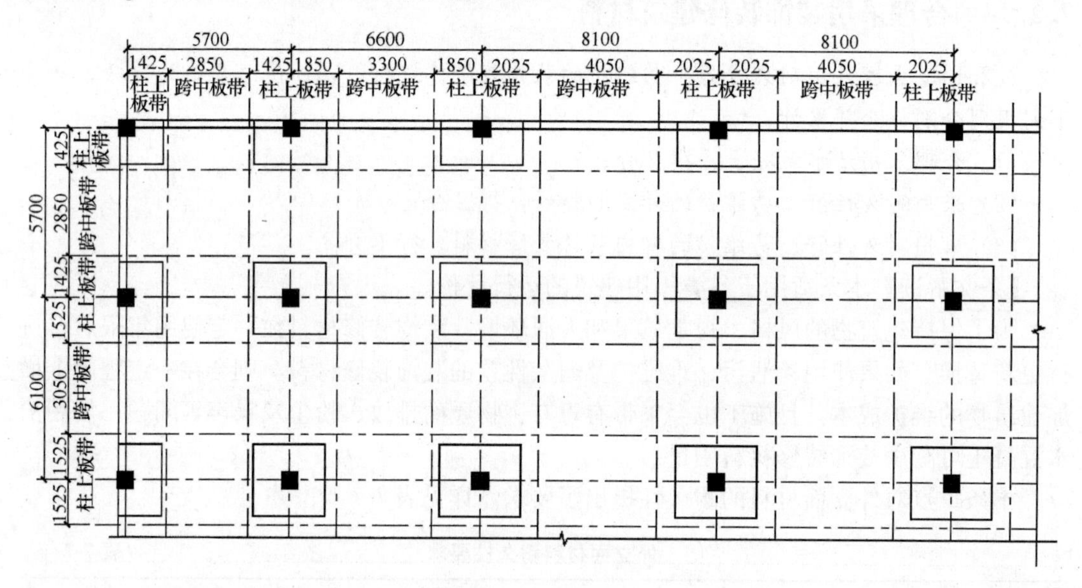

图 7-1 平面施工图

(2) 板柱结构体系构件截面的选定

板柱结构体系中柱截面主要由轴压比控制，此工程中柱选 500mm×500mm 混凝土柱；板柱楼板的板厚除应满足抗冲切要求外，尚应满足刚度及挠度的要求，其厚度抗震设计时不应小于 200mm，一般按 L/35～L/30 初步确定；柱帽及柱上托板的尺寸由板的受冲切承载力决定，其外形需兼顾建筑外观要求，柱帽有效宽度 bce 一般为 0.2～0.3L，对于中级荷载，经济合理的柱帽宽度 a 为 0.35L，合理值的柱帽有效宽度 bce 为 0.22L。所以本工程中，楼板厚度 h＝350mm，柱帽总厚度为 h＝600mm，柱帽平面尺寸为 2.2m×2.8m，见图 7-2。

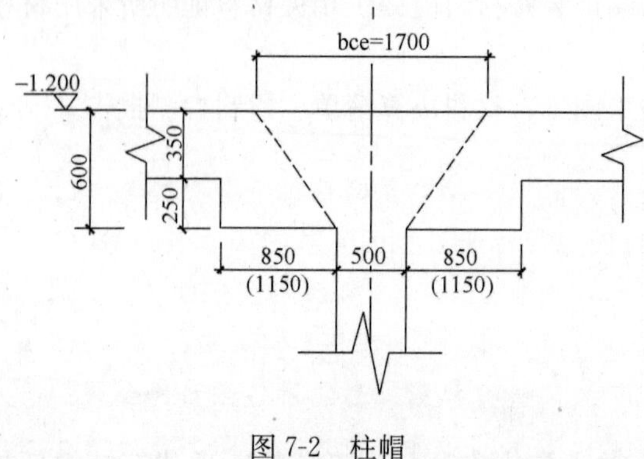

图 7-2 柱帽

(3) 计算结果的分析

进行整体计算时，因无法考虑柱帽的影响，从而引起结构地震周期偏长，地震力偏小，位移偏大。建议进行结构整体计算作为参考，之后应按《钢筋混凝土升板结构技术规范》进行带刚域梁、柱线刚度修正，采用等效刚度，考虑柱帽影响。通过对周期折减系数再乘以一个折减系数，从而使地震力接近计算结果；位移控制可参照计算结果，适当放松。在对梁端弯矩放大同时，也应相应放大柱端的弯矩以保证弯矩平衡。还应注意在计算参数设定中，板顶设计弯矩的调整系数，只对负弯矩调整，没有相应调整正弯矩。

7.3.2 住宅产业化节材技术

工业化生产改变了混凝土构件的生产、养护方式，生产过程能源利用效率更高，并且模具、养护用水可以循环使用。相比传统的施工方式，工业化建造方式极大程度减少了建筑垃圾的产生、建筑污水的排放、建筑噪声的干扰、有害气体及粉尘的排放。从而实现节能、节水、节地、节材，建造过程也更加环保。

1. 住宅产业化

住宅产业化是指用工业化生产的方式来建造住宅，是机械化程度不高和粗放式生产的生产方式升级换代的必然要求，以提高住宅生产的劳动生产率，提高住宅的整体质量，降低成本，降低物耗、能耗。事实上“住宅产业化”中的“住宅”，应理解为一切建筑产品。实现住宅产业化的基本条件是：采用工业化的建造方式、住宅用构件和部品大多实现了标准化、系列化。

一般而言，住宅产业化的标准主要有：

- 住宅建筑的标准化；
- 住宅建筑的工业化；
- 住宅生产、经营的一体化；
- 住宅协作服务的社会化。

2. 冷弯薄壁型钢结构住宅

冷弯薄壁型钢结构住宅具有独特的优点和良好的综合效益，它摒弃了中国延续了二千多年的“秦砖汉瓦”传统建筑理念，改变了住宅建筑传统的建造模式，可以节约日益匮乏的土地资源，保护越来越脆弱的自然环境，符合国家发展循环经济、建设节约型社会的可持续发展。冷弯薄壁型钢结构住宅体系是由木结构演变而来的一种轻型钢结构体系，如图7-3所示。这种结构一般适用于二层或局部三层以下的独立或联排住宅，每个住宅单元的最大长度不超过18 m，宽度不超过12 m，单层承重墙高度不超过3.3m，檐口高度不超过9m，屋面坡度宜在1∶4～1∶1范围内。这种住宅通常设置地下室。

3. 冷弯薄壁型钢结构住宅体系特点

从冷弯薄壁型钢结构住宅体系的组成和构造可以看出，冷弯薄壁型钢住宅具有以下特点：

（1）有利于住宅产业化

冷弯薄壁型钢结构可工厂制作，现场拼装，受气候影响小，施工速度快；构件、结构板材、保温材料和建筑配件在工厂标准化、定型化、社会化生产，市场化采购，配套性好、质量易保证。

（2）结构自重轻

冷弯薄壁型钢结构自重仅为钢筋混凝土框架结构的1/3～1/4，砖混结构的1/4～1/5。由于自重减轻，基础负担小，基础处理简单，适用于地质条件较差的地区；结构地震反应小，适用于地震多发区；冷弯薄壁型钢构件制作、运输、安装、维护方便。

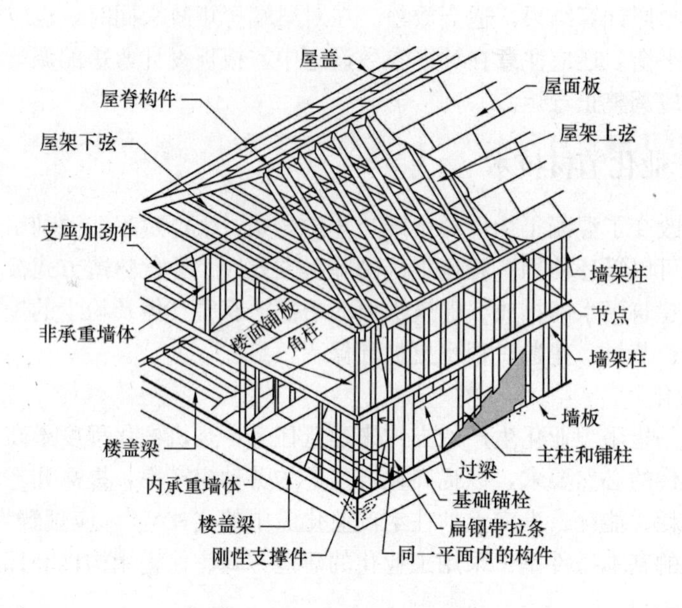

图 7-3　轻型钢结构体系示意图

（3）施工周期短

构件由薄板弯曲而成，加工简单；构件轻巧，安装方便；制作、拼装与施工的湿作业少，受气候影响小；管线可暗埋在墙体及楼层结构中，布置方便，各工种可交叉作业，日后检修与维护简单。

（4）综合效益好

自重轻，基础负担小，结构抗震措施简单，可大幅减少基础造价和结构抗震措施费用；施工周期短，投资回报快，资金风险低，投资效益高；制作、运输、安装和维护方便，不需要模板支架，降低人工和机械费用；墙体厚度小，有效使用空间增加，使轻钢结构住宅的实际单位使用面积造价与砖混结构的造价接近；装修一次到位，减少装修二次投入；冷弯薄壁型钢结构住宅具有不怕白蚁等生物侵害的优点。综合考虑冷弯薄壁型钢结构的节能、节地、节材、环保和产业化产生的效益，可以认为冷弯薄壁型钢结构住宅具有良好的综合经济效益和社会效益。

（5）防护费用高

冷弯薄壁型钢结构住宅有防腐、防火性能差的缺点，因此防护费用高。

4. 成功案例

龙悦居三期项目是深圳第一个大规模采用工业化方式建造的公共租赁保障性用房项目，项目位于深圳市龙华二线扩展区，占地面积 50116 平方米，总建筑面积 215673.5 平方米，建筑高度约 80 米，容积率为 3.5，共 4002 套，由两层地下室与 6 栋高（26～28 层）住宅构成见图 7-4。本项目为精装修交楼，开工日期为 2010 年 9 月 15 日，交工日期为 2012 年 9 月 1 日，合同总工期为 717 天。该项目为深圳市住宅产业化试点小区，采用工业化技术：外墙、楼梯、阳台预制，结构主体现浇混凝土，即内浇外挂体系。

图 7-4　龙悦居三期项目

7.4　建筑节材案例

【案例 7-1】 某校四层综合教学楼，钢筋混凝土框架结构，为了遮挡屋顶太阳能集热器，建筑局部设置了 3.0m 高的女儿墙墙体高度，并增加格栅百叶。该项目的女儿墙最大高度超过了规范要求的 2 倍，但将其并入“不具备遮阳、导光、导风、载物、辅助绿化等作用的飘板、隔栅和构架等”计算时，该类装饰性构件造价之和仍小于工程总造价的 5%，则判定本条达标。根据建筑图纸和工程预算表，见表 7-8 中统计了教学楼的装饰性构件比例，工程总造价包括建筑工程和装饰装修工程造价，不包括征地等其他费用。

装饰性构件比例　　**表 7-8**

建筑名称	构件名称	工程量 (m^3)	单价 (元)	合价 (万元)	装饰性构件造价 (万元)	工程造价 (万元)	装饰性构件比例%	备注
教学楼	屋顶装饰构件	656.25	540.5	35. 47	55. 26	27194	0.2	
	格栅百叶	706.88	280	19. 79				

经计算，教学楼的装饰性构件比例为 0.2%，均满足装饰性工程造价小于工程总造价的 0.5%的要求。

【案例 7-2】 某办公楼建筑地上三层，局部地下一层，建筑高度 11.50～14.55m，室内外高差 0.45m；总建筑面积约 3218m^2，其中地上建筑面积 2992m^2，地下建筑面积约 226m^2；本项目在办公室、会议室等空间采用玻璃隔断以及轻钢龙骨石膏板隔墙的灵活隔断。

灵活隔断面积计算表　　表 7-9

层数	可变换空间的面积	可重复使用隔断的面积	比例＝可重复使用隔断的面积/可变换空间面积
1	655.24	466	71.12%
2	750.38	486	64.77%
3	396.24	151	38.11%
合计	1801.86	1103	61.21%

注：地下无可变换功能的空间，所以不计入其面积。

本项目建筑灵活隔断的面积为 1103m²，可变换空间的面积为 1801.86m²，灵活隔断的比例为 61.21%；公共建筑中可变换功能的室内空间采用可重复使用的隔断（墙），评价总分值为 5 分，根据可重复使用隔断（墙）比例按表 7-9 的规则评分。按表 7-9 的规则评分得 4 分。

【案例 7-3】 某示范小城镇住宅项目的高强度钢用量比例见表 7-10。

某示范小城镇住宅项目的高强度钢用量比例表　　表 7-10

建筑名称		工程量/t				三级（HRB400）比例
		圆钢筋（D10 以内）（HPB300）	圆钢筋（D10 以外）（HPB300）	螺纹钢筋（D20 以内）三级（HRB400）	螺纹钢筋（D20 以外）三级（HRB400）	
一地块	楼＃26	12.202	0	283.67	12.347	96%
	楼＃27	14.778	0	390.548	14.963	96%
	楼＃32	16.557	0.089	433.392	16.613	96%
	楼＃33	18.51	0.042	473.792	24.098	96%
	楼＃34	19.189	0	489.787	24.773	96%
	楼＃35	24.135	0	487.345	41.583	96%
	楼＃39	16.7	0	437.325	17.777	96%
	楼＃40	17.762	0	373.649	5.105	96%
	楼＃44	13.865	0	198.077	159.545	96%
	楼＃45	11.37	0	195.467	174.843	97%
	幼儿园＃46	10.99	0	143.181	148.754	96%
	地下车库	5.578	0	1895.741	268.244	100%
总计		181.636	0.131	5801.974	908.645	97%

合理采用高强建筑结构材料，评价总分值为 10 分，并按表 7-6 评分。按表 7-10 的规则评分，得 10 分。

【案例 7-4】 某采用钢筋混凝土结构建筑的受力钢筋统计如表 7-11 所示，数据表明，该建筑所采用的 HRB400 级以上（含 HRB400 级）钢筋质量占受力钢筋总质量的 81.3%，远远超过了 70%，故可判定本条达标。但若本项目按表 7-12 所示的常规算法进行计算，而对高强度钢绞线不进行折算，则本项目所采用的 HRB400 级以上（含 HRB400 级）钢筋质量占受力钢筋总质量的 69.3%小于 70%将被判定为不达标，这种判定方法是“不合理”的，也是很不公平的。

某钢筋混凝土结构建筑的受力钢筋折算统计　　**表 7-11**

钢筋种类	用量（t）	折算成 HRB400	小计	备注
HPB235	100	—	100＋130＝230	不折算
HPB335	130	—		不折算
HPB400	340	340	340＋660＝1000	
钢绞线 fpdk＝1800	180	180×1320/360＝660		fpy＝1320
HPB400 级以上钢筋占受力钢筋总质量＝1000/（230＋1000）×100％＝81.3％				

某钢筋混凝土结构建筑的受力钢筋折算统计　　**表 7-12**

钢筋种类	用量（t）	折算成 HRB400	小计	备注
HPB235	100	—	100＋130＝230	不折算
HPB335	130	—		不折算
HPB400	340	340	340＋180＝520	
钢绞线 fpdk＝1800	180	180		不折算
HPB400 级以上钢筋占受力钢筋总质量＝520/（230＋520）×100％69.3％				

【案例 7-5】 某综合办公楼，改造后总建筑面积约 $6126.21m^2$，地上四层建筑砖混结构，局部五层框架结构，其中首层层高 3.32m，二层层高 3.6m，三层层高 3.6m，四层层高 3.9m，局部五层层高 3.9m，檐口高度 15.43m，建筑总高度为 20.33m；局部新贴建一、二层建筑为钢结构，首层层高 3.70m，二层层高 3.22m。

建筑材料重量统计表　　**表 7-13**

建筑材料种类		使用数量	密度（kg/m^3）	重量（kg）	用途	可再循环材料总重量（t）	建筑材料总重量（t）
不可循环材料	混凝土	286.96	2500.00	717390.00	结构	194.34	1108.72
	建筑砂浆	47.92	1800.00	86250.60	结构		
	乳胶漆	1121.29	0.25	280.32	室内装修		
	屋面卷材	0.74	1400.00	1040.20	屋面防水		
	页岩砖	36.41	1800.00	65539.80	结构		
	B50 级混凝土砌块	83.58	525.00	43878.45	结构		
可循环材料	钢筋			176371.00	混凝土配筋		
	其他金属			926.37	钢门、不锈钢栏杆		
	铝合金型材	0.27	2700.00	739.80	门、窗框		
	门窗玻璃	1.08	2500.00	2690.00	室内外门窗		
	玻璃幕墙	5.45	2500.00	13617.50	玻璃幕墙		
可循环材料比						17.53％	

通过计算，新建部分通过表7-13计算，建筑材料总重量为1108.72t，可再循环材料重量为194.34t，可再循环材料使用重量占所用建筑材料总重量17.53%>10%，根据条文规定得10分。

【案例7-6】云南××县公安业务技术用房见图7-5。建筑呈“工”字形，布置在用地中心位置，南北朝向，项目在节材的设计做法主要如下：

(1) 墙体材料

外墙：190厚蒸压加气混凝土砌块。内隔墙：190和120厚蒸压加气混凝土砌块。

(2) 地下室

外墙壁采用双层防水做法，P8抗渗混凝土，外贴卷材防水层两层。底板混凝土垫层上做卷材防水层。

(3) 屋面

地下停车库屋面（屋顶绿化），配筋混凝土防水屋面：种植土；聚酯无纺布滤水层($120g/m^2$)，四周上翻100高，端部通长用胶粘剂粘50高；塑料排水板；40厚C20钢筋混凝土保护层，双向$\phi 6$中距150，每6米设分隔缝，缝内填高分子密封膏；3厚纸筋灰隔离层；≥1.5厚高分子涂料，二布六涂；≥3厚改性沥青防水卷材一道，同材性胶粘剂二道；刷底胶剂一道；15厚1∶3水泥砂浆找平层；结构层。

图7-5　竖向及透视图

不上人屋面：20厚1∶2.5水泥砂浆保护层，分格缝间距不大于1.0m；≥1.5厚高分子涂料一布二涂；≥3厚改性沥青防水卷材一道，同材性胶粘剂二道；刷底胶剂一道（材性同上）；25厚1∶3水泥砂浆找平层；加气混凝土找坡层兼保温层，最薄处50厚；隔气层：改性沥青防水卷材一道；15厚1∶3水泥砂浆找平层；结构层。

上人屋面：铺地面砖；10厚1∶2.5水泥砂浆结合层；20厚1∶3水泥砂浆保护层；≥1.5厚高分子涂料，二布六涂；≥3厚改性沥青防水卷材一道，同材性胶粘剂二道；刷底胶剂一道（材性同上）；25厚1∶3水泥砂浆找平层；加气混凝土找坡层兼保温层，最薄处50厚；隔气层：改性沥青防水卷材一道；15厚1∶3水泥砂浆找平层；结构层。

(4) 室外装修

外墙选用涂料及部分本地石材。

项目评价情况如下，见表7-14，表7-15：

节材与材料利用控制项汇总表　　**表7-14**

序号	对应内容	是否满足	对应评价条款	备注
1	不得采用国家和地方禁止和限制使用的建筑材料及制品	是	7.1.1	

续表

序号	对应内容	是否满足	对应评价条款	备注
2	混凝土结构中梁、柱纵向受力普通钢筋应采用不低于400MPa级的热轧带肋钢筋	是	7.1.2	
3	建筑造型要素应简约且无大量装饰性构件	是	7.1.3	
汇总	控制是否全部满足	是		

项目节材与材料利用控制项是否全部满足：是。

节材与材料利用评分项汇总表　　表 7-15

序　号	评分类别	可得分值	实际得分值	对应评价条款	备　注
1	材料设计（40 分）	9	4	7.2.1	
2		5	3	7.2.2	
3		10	6	7.2.3	
4		5	2	7.2.4	
5		5	2	7.2.5	
6		6	3	7.2.6	
7	材料选择（60 分）	10	4	7.2.7	
8		10	5	7.2.8	
9		5	2	7.2.9	
10		10	3	7.2.10	
11		5	3	7.2.11	
12		10	5	7.2.12	
13		5	2	7.2.13	
14		5	1	7.2.14	
合计		100	45		

项目节材与材料利用评价得分：45 分。

课后练习题

第 7 章　节材与材料资源利用内容解读

一、单选题

1. 建筑形体的规则性应根据现行国家标准的（　　）规定进行划分。

A.《建筑抗震设计规范》GB 50011—2014

B.《建筑抗震设计规范》GB 50011—2010

C.《预拌混凝土》GB/T 14902

D.《预拌砂浆应用技术规程》JGJ/T 223

2. 下列哪个不属于体现节材效果的优化设计。（　　）

A. 地基基础优化设计　　B. 结构体系优化设计

C. 平面形状优化设计　　D. 结构构件优化设计

3. 对地基基础、结构体系、结构构件进行优化设计，达到节材效果，评价分值为（　　）分。

A. 10　　B. 8　　C. 5　　D. 3

4. 预拌砂浆按照生产工艺可分为湿拌砂浆和（　　）。

A. 干混砂浆　　B. 防水砂浆　　C. 饰面砂浆　　D. 抹灰砂浆

5. 以下哪个不属于合理采用装饰装修建筑材料评价规则。（　　）

A. 合理采用清水混凝土，得 2 分

B. 采用耐久性好、易维护的外立面材料，得 2 分

C. 采用耐久性好、易维护的室内装饰装修材料，得 1 分

D. 采用一种以废弃物为原料生产的建筑材料，其占同类建材的用量比例达到 30%，得 3 分

二、多选题

1. 合理采用耐久性好、易维护的装饰装修建筑材料，评价总分值为 5 分，并按下列规则分别评分并累计（　　）。

A. 合理采用混凝土，得 2 分

B. 采用耐久性好、易维护的外立面材料，得 2 分

C. 采用耐久性好、易维护的室内装饰装修材料，得 1 分

D. 合理采用清水混凝土，得 2 分

2. 以下哪些属于节材效果设计评价的基础资料。（　　）

A. 建筑施工图　　B. 结构施工图

C. 地基基础方案比选论证报告　　D. 结构体系节材优化设计书

3. 以下哪些属于冷弯薄壁型钢结构住宅体系的特点。（　　）

A. 有利于住宅产业化　　B. 结构自重轻

C. 施工周期短　　D. 综合效益好

三、思考题

1. 住宅产业化的标准主要有哪些?

2. 节材与材料利用控制包括哪些?

第8章　室内环境质量内容解读

8.1　控制项与解读

室内环境质量控制项见表8-1。

室内环境质量控制项汇总表　　表8-1

序号	对应内容	是否满足	对应评价条款	备　注
1	主要功能房间的室内噪声级应满足现行国家标准《民用建筑隔声设计规范》GB 50118中的低限要求		8.1.1	
2	主要功能房间的外墙、隔墙、楼板和门窗的隔声性能应满足现行国家标准《民用建筑隔声设计规范》GB 50118中的低限要求		8.1.2	
3	建筑照明数量和质量应符合现行国家标准《建筑照明设计标准》GB 50034的规定		8.1.3	
4	采用集中供暖空调系统的建筑，房间内的温度、湿度、新风量等设计参数应符合现行国家标准《民用建筑供暖通风与空气调节设计规范》GB 50736的规定		8.1.4	
5	在室内设计温、湿度条件下，建筑围护结构内表面不得结露		8.1.5	
6	屋顶和东西外墙隔热性能应满足现行国家标准《民用建筑热工设计规范》GB 50176的要求		8.1.6	
7	室内空气中的氨、甲醛、苯、总挥发性有机物、氡等污染物浓度应符合现行国家标准《室内空气质量标准》GB/T 18883的有关规定		8.1.7	
汇总	控制是否全部满足	是		

8.1.1　室内噪声级

8.1.1　主要功能房间的室内噪声级应满足现行国家标准《民用建筑隔声设计规范》GB 50118中的低限要求。

【条文解读】本条适用于各类民用建筑的设计、运行评价。

本条所指的噪声控制对象包括室内自身声源和来自室外的噪声。室内噪声源一般为通风空调设备、日用电器等；室外噪声源则包括来自于建筑其他房间的噪声（如电梯噪声、空调设备噪声等）和来自建筑外部的噪声（如周边交通噪声、社会生活噪声、工业噪声等）。本条所指的低限要求，与国家标准《民用建筑隔声设计规范》GB 50118 中的低限要求规定对应，如该标准中没有明确室内噪声级的低限要求，即对应该标准规定的室内噪声级的最低要求。

本条的评价方法为：设计评价查阅相关设计文件、环评报告或噪声分析报告；运行评价查阅相关竣工图、室内噪声检测报告并现场核实。

8.1.2　主要功能房间隔声性能

8.1.2　主要功能房间的外墙、隔墙、楼板和门窗的隔声性能应满足现行国家标准《民用建筑隔声设计规范》GB 50118 中的低限要求。

【条文解读】本条适用于各类民用建筑的设计、运行评价。

外墙、隔墙和门窗的隔声性能指空气声隔声性能；楼板的隔声性能除了空气声隔声性能之外，还包括撞击声隔声性能。本条所指的围护结构构件的隔声性能的低限要求，与国家标准《民用建筑隔声设计规范》GB 50118 中的低限要求规定对应，如该标准中没有明确围护结构隔声性能的低限要求，即对应该标准规定的隔声性能的最低要求。

本条的评价方法为：设计评价查阅相关设计文件、构件隔声性能的实验室检验报告；运行评价查阅相关竣工图、构件隔声性能的实验室检验报告，并现场核实。

8.1.3　建筑照明数量和质量

8.1.3　建筑照明数量和质量应符合现行国家标准《建筑照明设计标准》GB 50034 的规定。

【条文解读】本条适用于各类民用建筑的设计、运行评价。对住宅建筑的公共部分及土建装修一体化设计的房间应满足本条要求。

室内照明质量是影响室内环境质量的重要因素之一，良好的照明不但有利于提升人们的工作和学习效率，更有利于人们的身心健康，减少各种职业疾病。良好、舒适的照明要求在参考平面上具有适当的照度水平，避免眩光，显色效果良好。各类民用建筑中的室内照度、眩光值、一般显色指数等照明数量和质量指标应满足现行国家标准《建筑照明设计标准》GB 50034 的有关规定。

本条的评价方法为：设计评价查阅相关设计文件、计算分析报告；运行评价查阅相关竣工图、计算分析报告、现场检测报告，并现场核实。

8.1.4　供暖空调系统

8.1.4　采用集中供暖空调系统的建筑，房间内的温度、湿度、新风量等设计参数应符合现行国家标准《民用建筑供暖通风与空气调节设计规范》GB 50736 的规定。

【条文解读】本条适用于集中供暖空调的各类民用建筑的设计、运行评价。

通风以及房间的温、湿度、新风量是室内热环境的重要指标，应满足现行国家标准《民用建筑供暖通风与空气调节设计规范》GB 50736 中的有关规定。

本条的评价方法为：设计评价查阅相关设计文件；运行评价查阅相关竣工图、室内温湿度检测报告、新风机组竣工验收风量检测报告、二氧化碳浓度检测报告，并现场核实。

8.1.5　建筑围护结构内表面不得结露

8.1.5　在室内设计温、湿度条件下，建筑围护结构内表面不得结露。

【条文解读】本条适用于各类民用建筑的设计、运行评价。

房间内表面长期或经常结露会引起霉变，污染室内的空气，应加以控制。在南方的梅雨季节，空气的湿度接近饱和，要彻底避免发生结露现象非常困难，不属于本条控制范畴。另外，短时间的结露并不至于引起霉变，所以本条控制“在室内设计温、湿度”这一前提条件不结露。

本条的评价方法为：设计评价查阅相关设计文件；运行评价查阅相关竣工图，并现场核实。

8.1.6　屋顶和东西外墙隔热性能

8.1.6　屋顶和东西外墙隔热性能应满足现行国家标准《民用建筑热工设计规范》GB 50176 的要求。

【条文解读】本条适用于各类民用建筑的设计、运行评价。

屋顶和东西外墙的隔热性能，对于建筑在夏季时室内热舒适度的改善，以及空调负荷的降低，具有重要意义。因此，除在本标准的第5章相关条文对于围护结构热工性能要求之外，增加对上述围护结构的隔热性能的要求作为控制项。

本条的评价方法为：设计评价查阅围护结构热工设计说明等图纸或文件，以及专项计算分析报告；运行评价查阅相关竣工文件，并现场核实。

8.1.7　室内空气中的污染物浓度

8.1.7　室内空气中的氨、甲醛、苯、总挥发性有机物、氡等污染物浓度应符合现行国家标准《室内空气质量标准》GB/T 18883 的有关规定。

【条文解读】本条适用于各类民用建筑的运行评价。

国家标准《民用建筑工程室内环境污染控制规范》GB 50325—2010 第6.0.4条规定，民用建筑工程验收时必须进行室内环境污染物浓度检测；并对其中氡、甲醛、苯、氨、总挥发性有机物等五类物质污染物的浓度限量进行了规定。本条在此基础上进一步要求建筑运行满一年后，氨、甲醛、苯、总挥发性有机物、氡五类空气污染物浓度应符合现行国家标准《室内空气质量标准》GB/T 18883 中的有关规定，详见表8-2。

室内空气质量标准　　**表8-2**

污染物	标准值	备注
氨 NH_3	≤0.20mg/m³	1小时均值
甲醛 HCHO	≤0.10mg/m³	1小时均值
苯 C_6H_6	≤0.11mg/m³	1小时均值
总挥发性有机物 TVOC	≤0.60mg/m³	8小时均值
氡 ^{222}Rn	≤400Bq/m³	年平均值

本条的评价方法为：运行评价查阅室内污染物检测报告，并现场核实。

8.2 评分项与解读

室内环境质量评分项见表8-3。

室内环境质量评分项汇总表　　表8-3

序号	评分类别	可得分值	实际得分值	对应评价条款	备注
1	Ⅰ室内声环境（22分）	6		8.2.1	
2		9		8.2.2	
3		4		8.2.3	
4		3		8.2.4	
5	Ⅱ室内光环境与视野（25分）	3		8.2.5	
6		8		8.2.6	
7		14		8.2.7	
8	Ⅲ室内热湿环境（20分）	12		8.2.8	
9		8		8.2.9	
10	Ⅳ室内空气环境（33分）	13		8.2.10	
11		7		8.2.11	
12		8		8.2.12	
13		5		8.2.13	
合计		100			

Ⅰ 室内声环境

8.2.1 室内噪声级

8.2.1 主要功能房间室内噪声级，评价总分值为6分。噪声级达到现行国家标准《民用建筑隔声设计规范》GB 50118中的低限标准限值和高要求标准限值的平均值，得3分；达到高要求标准限值，得6分。

【条文解读】本条适用于各类民用建筑的设计、运行评价。

国家标准《民用建筑隔声设计规范》GB 50118—2010将住宅、办公、商业、医院等建筑主要功能房间的室内允许噪声级分“低限标准”和“高要求标准”两档列出。对于《民用建筑隔声设计规范》GB 50118—2010，一些只有唯一室内噪声级要求的建筑（如学校），本条认定该室内噪声级对应数值为低限标准，而高要求标准则在此基础上降低5dB（A）。需要指出，对于不同星级的旅馆建筑，其对应的要求不同，需要一一对应。

本条的评价方法为：设计评价查阅相关设计文件、环评报告或噪声分析报告；运行评价查阅相关竣工图、室内噪声检测报告并现场核实。

8.2.2　主要功能房间的隔声性能

8.2.2　主要功能房间的隔声性能良好，评价总分值为 9 分，并按下列规则分别评分并累计：

(1) 构件及相邻房间之间的空气声隔声性能达到现行国家标准《民用建筑隔声设计规范》GB 50118 中的低限标准限值和高要求标准限值的平均值，得 3 分；达到高要求标准限值，得 5 分；

(2) 楼板的撞击声隔声性能达到现行国家标准《民用建筑隔声设计规范》GB 50118 中的低限标准限值和高要求标准限值的平均值，得 3 分；达到高要求标准限值，得 4 分。

【条文解读】本条适用于各类民用建筑的设计、运行评价。

国家标准《民用建筑隔声设计规范》GB 50118—2010 将住宅、办公、商业、旅馆、医院等类型建筑的墙体、门窗、楼板的空气声隔声性能以及楼板的撞击声隔声性能分“低限标准”和“高要求标准”两档列出。居住建筑、办公、旅馆、商业、医院等建筑宜满足《民用建筑隔声设计规范》GB 50118—2010 中围护结构隔声标准的低限标准要求，但不包括开放式办公空间。对于《民用建筑隔声设计规范》GB 50118—2010 只规定了构件的单一空气隔声性能的建筑，本条认定该构件对应的空气隔声性能数值为低限标准限值，而高要求标准限值则在此基础上提高 5dB。同样地，本条采取同样的方式定义只有单一楼板撞击声隔声性能的建筑类型，并规定高要求标准限值则为低限标准限值降低 5dB。

对于《民用建筑隔声设计规范》GB 50118—2010 没有涉及的类型建筑的围护结构构件隔声性能可对照相似类型建筑的要求评价。

本条的评价方法为：设计评价查阅相关设计文件、构件隔声性能的实验室检验报告；运行评价查阅相关竣工图、构件隔声性能的实验室检验报告，并现场核实。

8.2.3　采取减少噪声干扰的措施

8.2.3　采取减少噪声干扰的措施，评价总分值为 4 分，并按下列规则分别评分并累计：

(1) 建筑平面、空间布局合理，没有明显的噪声干扰，得 2 分。

(2) 采用同层排水或其他降低排水噪声的有效措施，使用率不小于 50%，得 2 分。

【条文解读】本条适用于各类民用建筑的设计、运行评价。

解决民用建筑内的噪声干扰问题首先应从规划设计、单体建筑内的平面布置考虑。这就要求合理安排建筑平面和空间功能，并在设备系统设计时就考虑其噪声与振动控制措施。变配电房、水泵房等设备用房的位置不应放在住宅或重要房间的正下方或正上方。此外，卫生间排水噪声是影响正常工作生活的主要噪声，因此鼓励采用包括同层排水、旋流弯头等有效措施加以控制或改善。

本条的评价方法为：设计评价查阅相关设计文件；运行评价查阅相关竣工图，并现场核实。

8.2.4 有声学要求的房间进行专项声学设计

8.2.4 公共建筑中的多功能厅、接待大厅、大型会议室和其他有声学要求的重要房间进行专项声学设计，满足相应功能要求，评价分值为3分。

【条文解读】本条适用于各类公共建筑的设计、运行评价。

多功能厅、接待大厅、大型会议室、讲堂、音乐厅、教室、餐厅和其他有声学要求的重要功能房间的各项声学设计指标应满足有关标准的要求。

专项声学设计应将声学设计目标在相关设计文件中注明。

本条的评价方法为：设计评价查阅相关设计文件、声学设计专项报告；运行评价查阅声学设计专项报告、检测报告，并现场核实。

Ⅱ 室内光环境与视野

8.2.5 建筑主要功能房间

8.2.5 建筑主要功能房间具有良好的户外视野，评价分值为3分。对居住建筑，其与相邻建筑的直接间距超过18m；对公共建筑，其主要功能房间能通过外窗看到室外自然景观，无明显视线干扰。

【条文解读】本条适用于各类民用建筑的设计、运行评价。

窗户除了有自然通风和天然采光的功能外，还起到沟通内外的作用，良好的视野有助于居住者或使用者心情舒畅，提高效率。

对于居住建筑，主要判断建筑间距。根据国外经验，当两幢住宅楼居住空间的水平视线距离不低于18m时即能基本满足要求。对于公共建筑本条主要评价，在规定的使用区域，主要功能房间都能看到室外自然环境，没有构筑物或周边建筑物造成明显视线干扰。对于公共建筑，非功能空间包括走廊、核心筒、卫生间、电梯间、特殊功能房间，其余的为功能房间。

本条的评价方法为：设计评价查阅相关设计文件；运行评价查阅相关竣工图，并现场核实。

8.2.6 主要功能房间的采光系数

8.2.6 主要功能房间的采光系数满足现行国家标准《建筑采光设计标准》GB 50033的要求，评价总分值为8分，并按下列规则评分：

（1）居住建筑：卧室、起居室的窗地面积比达到1/7，得6分；达到1/6，得8分。

（2）公共建筑：根据主要功能房间采光系数满足现行国家标准《建筑采光设计标准》GB 50033要求的面积比例，按表8-4的规则评分，最高得8分。

公共建筑主要功能房间采光评分规则　　表8-4

面积比例 R_A	得分
$60\% \leqslant R_A < 65\%$	4
$65\% \leqslant R_A < 70\%$	5

续表

面积比例 R_A	得分
$70\% \leqslant R_A < 75\%$	6
$75\% \leqslant R_A < 80\%$	7
$R_A \geqslant 80\%$	8

【条文解读】本条适用于各类民用建筑的设计、运行评价。

充足的天然采光有利于居住者的生理和心理健康，同时也有利于降低人工照明能耗。各种光源的视觉试验结果表明，在同样照度的条件下，天然光的辨认能力优于人工光，从而有利于人们工作、生活、保护视力和提高劳动生产率。

本条的评价方法为：设计评价查阅相关设计文件、计算分析报告；运行评价查阅相关竣工图、计算分析报告、检测报告，并现场核实。

8.2.7 改善建筑室内天然采光效果

8.2.7 改善建筑室内天然采光效果，评价总分值为14分，并按下列规则分别评分并累计：

(1) 主要功能房间有合理的控制眩光措施，得6分。

(2) 内区采光系数满足采光要求的面积比例达到60%，得4分。

(3) 根据地下空间平均采光系数不小于0.5%的面积与首层地下室面积的比例，按表8-5的规则评分，最高得4分。

地下空间平均采光评分规则 **表8-5**

面积比例 R_A	得分
$5\% \leqslant R_A < 10\%$	1
$10\% \leqslant R_A < 15\%$	2
$15\% \leqslant R_A < 20\%$	3
$R_A \geqslant 20\%$	4

【条文解读】本条适用于各类民用建筑的设计、运行评价。

天然采光不仅有利于照明节能，而且有利于增加室内外的自然信息交流，改善空间卫生环境，调节空间使用者的心情。建筑的地下空间和大进深的地上室内空间，容易出现天然采光不足的情况。通过反光板、棱镜玻璃窗、天窗、下沉庭院等设计手法或采用导光管技术，可以有效改善这些空间的天然采光效果。本条第1款，要求符合《建筑采光设计标准》中控制不舒适眩光的相关规定。

第2款的内区，是针对外区而言的。为简化，一般情况下外区定义为距离建筑外围护结构5米范围内的区域。

三款可同时得分。如果参评建筑无内区，第2款直接得4分；如果参评建筑没有地下部分，第3款直接得4分。

本条的评价方法为：设计评价查阅相关设计文件、天然采光模拟分析报告；运行评价查阅相关竣工图、天然采光模拟分析报告、天然采光检测报告，并现场核实。

Ⅲ 室内热湿环境

8.2.8 采取可调节遮阳措施

8.2.8 采取可调节遮阳措施，降低夏季太阳辐射得热，评价总分值为12分。外窗和幕墙透明部分中，有可控遮阳调节措施的面积比例达到25%，得6分；达到50%，得12分。

【条文解读】本条适用于各类民用建筑的设计、运行评价。

可调遮阳措施包括活动外遮阳设施、永久设施（中空玻璃夹层智能内遮阳）、固定外遮阳加内部高反射率可调节遮阳等措施。对没有阳光直射的透明围护结构，不计入面积计算。

本条的评价方法为：设计评价查阅相关设计文件、产品说明书；运行评价查阅相关竣工图、产品说明书，并现场核实。

8.2.9 供暖空调系统

8.2.9 供暖空调系统末端现场可独立调节，评价总分值为8分。供暖空调末端装置可独立启停的主要功能房间数量比例达到70%，得4分；达到90%，得8分。

【条文解读】本条适用于集中供暖空调的各类民用建筑的设计、运行评价。

本条文强调室内热舒适的调控性，包括主动式供暖空调末端的可调性及个性化的调节措施，总的目标是尽量地满足用户改善个人热舒适的差异化需求。对于集中供暖空调的住宅，由于本标准第5.1.1条的控制项要求，比较容易达到要求。对于采用供暖空调系统的公共建筑，应根据房间、区域的功能和所采取的系统形式，合理设置可调末端装置。

本条的评价方法为：设计评价查阅相关设计文件、产品说明书；运行评价查阅相关竣工图、产品说明书，并现场核实。

Ⅳ 室内空气质量

8.2.10 改善自然通风效果

8.2.10 优化建筑空间、平面布局和构造设计，改善自然通风效果，评价总分值为13分，并按下列规则评分：

（1）居住建筑：按下列2项的规则分别评分并累计：

1）通风开口面积与房间地板面积的比例在夏热冬暖地区达10%，在夏热冬冷地区达到8%，在其他地区达到5%，得10分；

2）设有明卫，得3分。

（2）公共建筑：根据在过渡季典型工况下主要功能房间平均自然通风换气次数不小于2次/h的数量比例，按表8-6的规则评分，最高得13分。

公共建筑过渡季典型工况下主要功能房间平均自然通风评分规则　　表 8-6

面积比例 R_R	得分
$60\% \leqslant R_R < 65\%$	6
$65\% \leqslant R_R < 70\%$	7
$70\% \leqslant R_R < 75\%$	8
$75\% \leqslant R_R < 80\%$	9
$80\% \leqslant R_R < 85\%$	10
$85\% \leqslant R_R < 90\%$	11
$90\% \leqslant R_R < 95\%$	12
$R_R \geqslant 95\%$	13

【条文解读】本条适用于各类民用建筑的设计、运行评价。

第1款主要通过通风开口面积与房间地板面积的比值进行简化判断。此外，卫生间是住宅内部的一个空气污染源，卫生间开设外窗有利于污浊空气的排放。

第2款主要针对不容易实现自然通风的公共建筑（例如大进深内区、由于别的原因不能保证开窗通风面积满足自然通风要求的区域）进行了自然通风优化设计或创新设计，保证建筑在过渡季典型工况下平均自然通风换气次数大于2次/h（按面积计算。对于高大空间，主要考虑3米以下的活动区域）。本款可通过以下两种方式进行判断。

（1）在过渡季节典型工况下，自然通风房间可开启外窗净面积不得小于房间地板面积的4%，建筑内区房间若通过邻接房间进行自然通风，其通风开口面积应大于该房间净面积的8%，且不应小于2.3m^2（数据源自美国ASHRAE标准62.1）。

（2）对于复杂建筑，必要时需采用多区域网络法进行多房间自然通风量的模拟分析计算。

本条的评价方法为：设计评价查阅相关设计文件、计算书、自然通风模拟分析报告；运行评价查阅相关竣工图、计算书、自然通风模拟分析报告，并现场核实。

8.2.11　气流组织合理

8.2.11　气流组织合理，评价总分值为7分，并按下列规则分别评分并累计：

（1）重要功能区域供暖、通风与空调工况下的气流组织满足热环境参数设计要求，得4分；

（2）避免卫生间、餐厅、地下车库等区域的空气和污染物串通到其他空间或室外活动场所，得3分。

【条文解读】本条适用于各类民用建筑的设计、运行评价。

重要功能区域指的是主要功能房间，高大空间（如剧场、体育场馆、博物馆、展览馆等），以及对于气流组织有特殊要求的区域。

本条第1款要求供暖、通风或空调工况下的气流组织应满足功能要求，避免冬季热风无法下降，气流短路或制冷效果不佳，确保主要房间的环境参数（温度、湿度分布，风速，辐射温度等）达标。公共建筑的暖通空调设计图纸应有专门的气流组织设计说明，提供射流公式校核报告，末端风口设计应有充分的依据，必要时应提供相应的模拟分析优化报告。对于住宅，应分析分体空调室内机位置与起居室床的关系是否会造成冷风直接吹到居住者、分体空调室外机设计是否形成气流短路或恶化室外传热等问题；对于土建与装修一体化设计施工的住宅，还应校核室内空调供暖时卧室和起居室室内热环境参数是否达标。设计评价主要审查暖通空调设计图纸，以及必要的气流组织模拟分析或计算报告。运行阶段检查典型房间的抽样实测报告。

第2款要求卫生间、餐厅、地下车库等区域的空气和污染物避免串通到室内别的空间或室外活动场所。住区内尽量将厨房和卫生间设置于建筑单元（或户型）自然通风的负压侧，防止厨房或卫生间的气味因主导风反灌进入室内，而影响室内空气质量。同时，可以对于不同功能房间保证一定压差，避免气味散发量大的空间（比如卫生间、餐厅、地下车库等）的气味或污染物串通到室内别的空间或室外主要活动场所。卫生间、餐厅、地下车库等区域如设置机械排风，应保证负压，还应注意其取风口和排风口的位置，避免短路或污染。运行评价需现场核查或检测。

本条的评价方法为：设计评价查阅相关设计文件、气流组织模拟分析报告；运行评价查阅相关竣工图、气流组织模拟分析报告，并现场核实。

8.2.12 室内空气质量监控系统

8.2.12 主要功能房间中人员密度较高且随时间变化大的区域设置室内空气质量监控系统，评价总分值为8分，并按下列规则分别评分并累计：

（1）对室内的二氧化碳浓度进行数据采集、分析，并与通风系统联动，得5分；

（2）实现室内污染物浓度超标实时报警，并与通风系统联动，得3分。

【条文解读】本条适用于集中通风空调各类公共建筑的设计、运行评价。住宅建筑不参评。

人员密度较高且随时间变化大的区域，指设计人员密度超过0.25人/m^2，设计总人数超过8人，且人员随时间变化大的区域。

二氧化碳检测技术比较成熟、使用方便，但甲醛、氨、苯、VOC等空气污染物的浓度监测比较复杂，使用不方便，有些简便方法不成熟，受环境条件变化影响大。对二氧化碳，要求检测进、排风设备的工作状态，并与室内空气污染监测系统关联，实现自动通风调节。对甲醛、颗粒物等其他污染物，要求可以超标实时报警。

本条包括对室内的要求二氧化碳浓度监控，即应设置与排风联动的二氧化碳检测装置，根据当传感器监测到室内CO_2浓度超过一定量值时，进行报警，同时自动启动排风系统。室内CO_2浓度的设定量值可参考国家标准《室内空气中二氧化碳卫生标准》GB/T 17094—1997（1800mg/m^3）等相关标准的规定。

本条的评价方法为：设计评价查阅相关设计文件；运行评价查阅相关竣工图，并现场核实。

8.2.13 一氧化碳浓度监测装置

8.2.13 地下车库设置与排风设备联动的一氧化碳浓度监测装置，评价分值为5分。

【条文解读】本条适用于设地下车库的各类民用建筑的设计、运行评价。

地下车库空气流通不好，容易导致有害气体浓度过大，对人体造成伤害。有地下车库的建筑，车库设置与排风设备联动的一氧化碳检测装置，超过一定的量值时需报警，并立刻启动排风系统。所设定的量值可参考国家标准《工作场所有害因素职业接触限值化学有害因素》GBZ 2.1—2007（一氧化碳的短时间接触容许浓度上限为 $30mg/m^3$）等相关标准的规定。

本条的评价方法为：设计评价查阅相关设计文件；运行评价查阅相关竣工图，并现场核实。

8.3　室内环境案例

【案例 8-1】 一套自平衡式新风系统见图 8-1 除了可引入足量的新鲜空气外，还可恒定风量，确保进入各室内的风量保持可靠且使人在任何时候都能呼吸到足够的新鲜空气（传统的风量调节阀，需要手动/电动进行调节，而人对环境又有一定的适应性，在恶劣的空气环境下待的时间长了，感觉就不太明显，这样对身体的危害极大），同时，该系统还具有经济、能耗低、噪声低、占用空间少等特点，该新风系统虽然有送风系统，但无须送风管道的连接，而排风管道一般安装于过道、卫生间等通常有吊顶的地方，基本上不额外占用空间。

实现节能的最重要关键是：严格控制通风量。安装任何新风系统必须科学权衡最小风量的确定，即：第一，满足人员健康所需的最小新风量；第二，确保系统运行相对最节能。

根据中央通风系统三大设计原则的自平衡式新风系统属于单向流形式见图 8-2，由风机、进风口、排风口及各种管道和接头组成。安装在吊顶内的风机通过管道与一系列的排风口相连，风机启动，室内受污染的空气经排风口及风机排往室外，使室内形成负压，室外新鲜空气便经安装在窗框上方（窗框与墙体之间）的进风口进入室内，从而使您可呼吸到高品质的新鲜空气。自平衡式新风系统最大的特点便在于其“自平衡功能”上，其排风口和进风口都具有自平衡式功能。

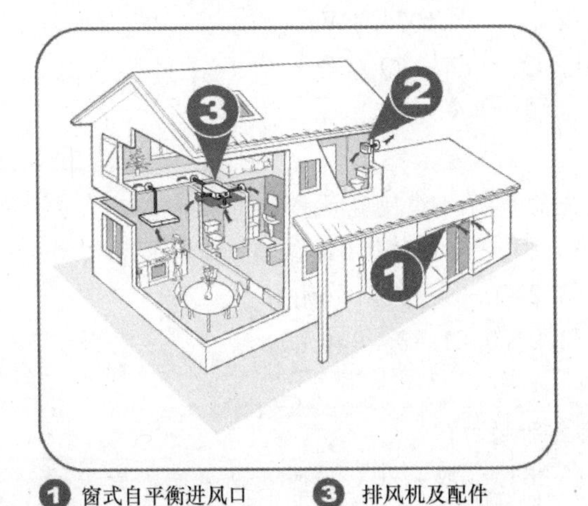

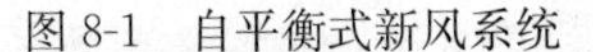

图 8-1　自平衡式新风系统

图 8-2　BAP 自平衡式排风口

现在就以建筑面积为120m^2的公寓住宅为例，假设安装了一套自平衡式单向流新风系统，对它进行全部能耗分析和计算，进一步了解自平衡式新风系统的节能特性。

自平衡式单向流新风系统的主要构成部件有：

(1) 通风主机2S：1台；

(2) 新风口EAO30：共5只。

这里设计进风量限制为额定值150m^3/h，排风量限制为额定值195m^3/h，考虑连续运行（每天24h），进排风量形成有效新风导入量约为1/2（150+195）=172.5m^3/h，而室内一次换气量为$L=120\times2.8$（室内净高）=336m^3/h；据此，知该房型实际换气次数：$n=L/V=172.5/336=0.51$（次）。

根据《空气调节设计手册》，中央通风新风全冷负荷$Q_{机}$（W）可按如下公式计算：

$Q_{机}=1/3.6\rho_W L(h_w-h_n)$（参照该建筑房屋所在地工况参数）。

式中 ρ_W——上海地区在夏（冬）季室外计算干球温度下的空气密度（kg/m^3）。

L——进入室内的总空气量（m^3/h）。

h_w——上海地区在夏（冬）季室外计算参数时的焓值（kJ/kg）。

从焓湿图查得，夏季（32℃/28.2℃）：91（kJ/kg）；冬季（3℃/75%）：12（kJ/kg）。

h_n——室内空气焓值（kJ/kg）。

从焓湿图查得，夏季（26℃/60%）：59（kJ/kg）；冬季（20℃/60%）：42（kJ/kg）。

夏季：$Q_{机}=1/3.6\times1.157\times172.5\times(91-59)=1774W$；

冬季：$Q_{机}=1/3.6\times1.279\times172.5\times(42-12)=1838W$。

传统上，住宅通常不安装机械通风，但是也会产生自然渗透空气的冷（热）负荷（由于人员走动、开门、开窗、缝隙渗透空气等），一般使得房间呈现为平压（注2）。自然渗透空气全冷负荷$Q_{自}$（W），通常取值为0.2～0.5次新风换气，鉴于目前开发商建设的公寓住宅，基本采用现代新型建筑材料，门窗缝隙密封优于传统，则外窗、外门自然渗透气量可取0.3次新风换气，即自然渗透空气的全冷（热）负荷：

夏季：$Q_{自}=1/3.6\times1.157\times0.3\times336\times(91-59)=1036.6W$；

冬季：$Q_{自}=1/3.6\times1.279\times0.3\times336\times(42-12)=1074.4W$。

那么由于中央通风导致能耗损失的量$Q_{损}$为：$Q_{损}=Q_{机}-Q_{自}$。

夏季：$Q_{损}=1774-1036.6=737.4W$；

冬季：$Q_{损}=1838-1074.4=763.6W$。

则中央通风全天候（24h）运行导致能耗损失的负荷，约使空调增加电费为M（元），一般空调的能效比$EER=2.8\sim3.5$，现取值3.2，假定电价为0.61元（上海地区）：

夏季一天（24h）最大值：$M=24\times0.7374/3.2\times0.61=3.37$（元）；

冬季一天（24h）最大值：$M=24\times0.7636/3.2\times0.61=3.49$（元）。

(3) 分析和计算的假设前提。

① 设空调24小时连续运转、室内所有空调全部起动；

② 考虑卧室、客厅夏季（或：冬季）温度在26℃（或：20℃）时，卫生间、厨房间排风口排走废气的温度实际为28～30℃（或：16～18℃）；

③ 不考虑各地起用峰谷电价制的分时半价电，即：22：00～6：00段用电为半价；

④ 不考虑春、秋季节室内与室外温度相近，无须起用空调这一事实，通风不再构成

空调设备费用；

⑤ 不考虑每户业主生活习惯、上班规律、家庭成员构成等对于空调设备间歇使用的影响。

综合上面各种关联性因素，可以简单概算出新风系统运行所带来的能耗费用，即：对于 120 平方米房型——全年平均日增加支出约 2.00（元）。

(4) 自平衡式单向流通风能耗总结。

① 计算过程根据《空气调节设计手册》（第二版）（电子工业部第十设计研究院主编）并结合上海当地气候工况，进行合理分析推导得出，并可以作为其他地区一般性借鉴。

② 自平衡式单向流通风能耗损失与传统自然通风能耗损失比例约为 3∶2。

③ 对于住宅面积约为 $120m^2$ 公寓房型，自平衡式单向流通风能耗损失，一天平均增加成本约 2.00 元，而这少许投资就能够保证整个住宅建筑全天 24 小时的新鲜空气。

【案例 8-2】 本工程为云南省××儿童专科医院新建工程，总建筑面积：$53954.48m^2$。本工程属温和地区，按照《公共建筑节能设计标准》及《云南省民用建筑节能设计标准》要求进行建筑专业和给排水、建筑电气的节能设计，在平面布置上注意各专业机房位置，尽量缩短管线，减少能耗见图 8-3，图 8-4。设备选型、系统设计、计量方式尽量考虑节约能源，并设有建筑自动化管理系统以满足节能要求见表 8-7。

项目门诊、医技综合楼混凝土框架抗震等级为二级；住院楼混凝土框架抗震等级为二级，混凝土剪力墙抗震等级为一级；后勤用房混凝土框架抗震等级为二级。建筑结构安全等级为二级，设计合理使用年限为 50 年。本工程门诊、医技综合楼与住院楼均采用隔震设计。填充砌体拟采用 MU5.0 蒸压加气混凝土砌块，砌筑砂浆 M5 混合砂浆。

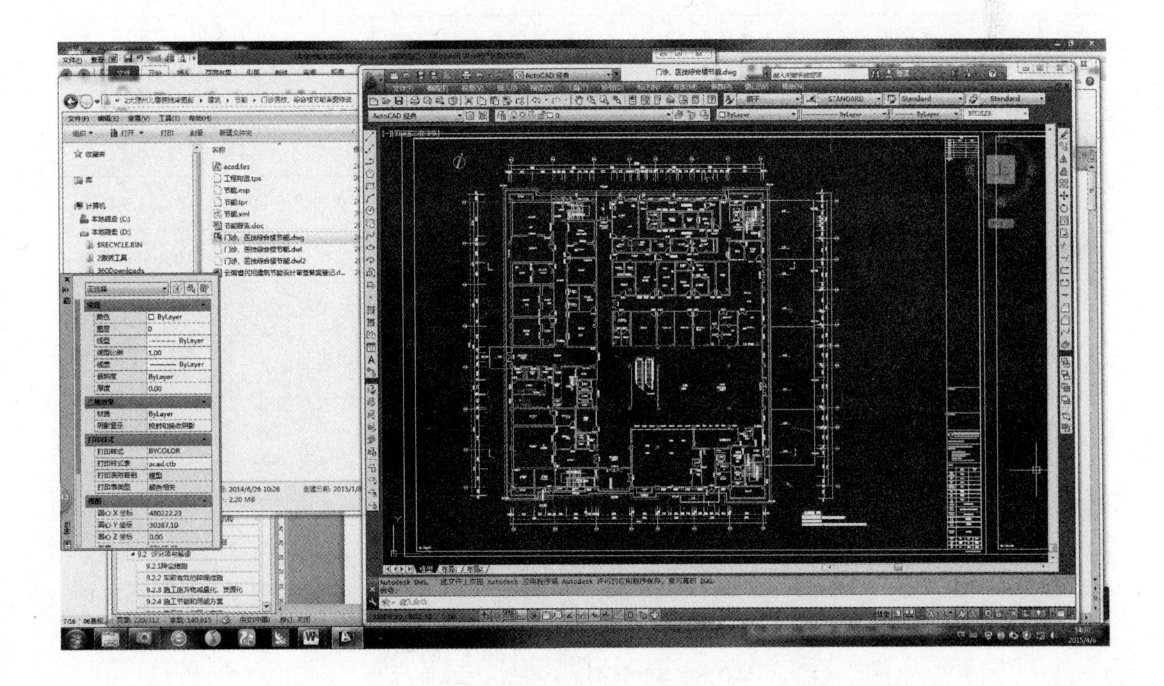

图 8-3　一层平面图

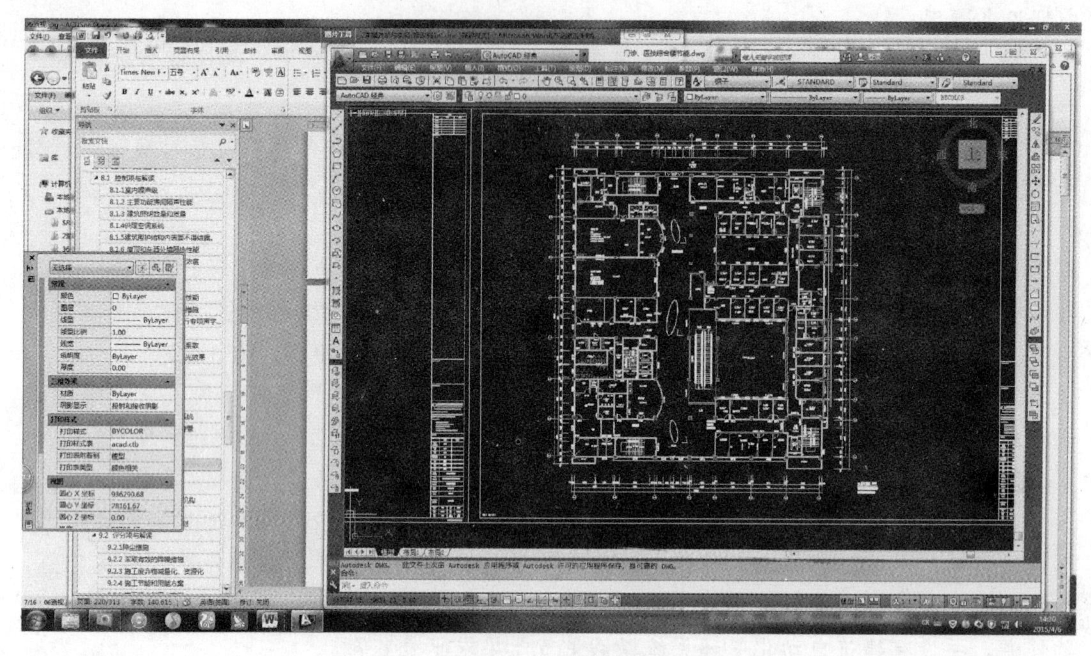

图 8-4　五层平面图

云南省民用建筑节能设计审查备案登记表　　表 8-7

一、工程概况

<table>
<tr><td>建设单位</td><td>大理州妇幼保健院</td><td colspan="2">设计单位</td><td colspan="3">云南工程勘察设计院有限公司</td></tr>
<tr><td>项目名称</td><td>大理州儿童专科医院新建建设项目</td><td>地点</td><td>下关市</td><td>单体名</td><td colspan="2">住院楼</td></tr>
<tr><td>建筑类型</td><td colspan="3">□居住建筑　☑公共建筑　□综合性建筑</td><td>主要朝</td><td colspan="2">南北向</td></tr>
<tr><td>建筑面积</td><td colspan="3">总 25398.58/地上 25398.58/供暖空调（m²）</td><td>建筑层</td><td colspan="2">1/15（地下/地上）</td></tr>
<tr><td rowspan="4">主要适用节能设计标准</td><td colspan="4" rowspan="4">☑云南省民用建筑节能设计标准 DBJ53/T—39—2011
☑公共建筑节能设计标准 GB 50189—2015
□严寒和寒冷地区居住建筑节能设计标准 JGJ 26—2010
□夏热冬冷地区居住建筑节能设计标准 JGJ 134—2010
□夏热冬暖地区居住建筑节能设计标准 JGJ 75—2012</td><td>建筑外表面积</td><td>15421.65m²</td></tr>
<tr><td>建筑体积</td><td>102049.73m²</td></tr>
<tr><td>热工设计分区</td><td>温和中区</td></tr>
<tr><td>结构形式</td><td>框架—剪力墙结构</td></tr>
</table>

二、建筑与建筑热工节能措施基本情况

<table>
<tr><td rowspan="2">主要节能</td><td>屋顶保温材料及厚度</td><td>100 厚发泡混凝土（最薄处）</td><td>隔热措施</td><td>☑有□无</td></tr>
<tr><td>外墙保温材料及厚度</td><td>20 厚玻化微珠保温砂浆</td><td>外墙颜色</td><td>□深☑浅</td></tr>
<tr><td colspan="2">外窗窗玻璃材料及厚度</td><td colspan="3">断热铝合金窗 Low-E 较低透光中空玻璃 6+12A+6mm</td></tr>
<tr><td rowspan="2"></td><td>外窗窗框材料</td><td>□铝合金普通　☑铝合金断热　□塑钢　□塑料</td><td colspan="2">□其他</td></tr>
<tr><td>外窗遮阳</td><td>□外遮阳　□内遮阳　☑活动　□固定　□双层幕墙</td><td colspan="2">□其他：窗帘、百页</td></tr>
</table>

续表

<table>
<tr><td colspan="12">二、建筑与建筑热工节能措施基本情况</td></tr>
<tr><td rowspan="5">围护结构热工性能指标</td><td rowspan="3">是否符合规定限值</td><td colspan="10">计算结果详：附表1. 温和中区公共建筑围护结构热工计算结果汇总表</td></tr>
<tr><td>体型系数</td><td>屋面</td><td>外墙</td><td>外窗</td><td>天窗</td><td>架空楼板等</td><td>分户墙等</td><td>地面</td><td>地下室外墙</td><td>总体评价</td></tr>
<tr><td>☑是
□否
□无需求</td><td>☑是
□否</td><td>☑是
□否</td><td>☑是
□否</td><td>☑无此项
□是□否
□无要求</td><td>☑无此项
□是□否
□无要求</td><td>☑无此项
□是□否
□无要求</td><td>☑是□否
□无要求</td><td>□无此项
☑是□否
□无要求</td><td>☑符合
□有不符合项，需进行权衡判断</td></tr>
<tr><td rowspan="2">权衡判断</td><td colspan="3" rowspan="2">□全年耗电量（kWh/）
□耗热量指标（W/m²）
□耗热量指标（W/m²）</td><td rowspan="2">对比评定法</td><td>设计建筑</td><td>参照建筑</td><td rowspan="2">限值比较法</td><td>限值</td><td colspan="2">实际计算值</td></tr>
<tr><td></td><td></td><td></td><td colspan="2"></td></tr>
</table>

<table>
<tr><td colspan="6">三、建筑用能系统节能措施基本情况</td></tr>
<tr><td rowspan="7">供暖通风空调系统</td><td>系统分类</td><td>□集中　□分散　□复合</td><td>系统形式</td><td colspan="2">□全空气　□空气-水　□多联机　□其他</td></tr>
<tr><td>负荷计算</td><td colspan="4">□计算参数合规　□冷热负荷已计算　□计算结果已统计整理并与设备选型对应</td></tr>
<tr><td>能源方式</td><td>□电力　□油、气　□复合　□其他</td><td>总装机容量</td><td colspan="2">/　　　（供热/制冷）kW</td></tr>
<tr><td rowspan="2">主机设备能效指标</td><td>锅炉额定热效率%</td><td colspan="2">冷水/热泵机组 COP 值</td><td>单元式空调机 EER 值</td></tr>
<tr><td colspan="3">变制冷剂流量多联空调机组 IPLV（C）值</td><td>房间空调器能效限定值</td></tr>
<tr><td>其他节能技术措施</td><td colspan="4">□太阳能热水辐射采暖　□新风供暖　□中庭通风　□合理划分风系统，服务半径小于60m
□大房间采用全空气系统，其最大总新风比为　　%　□热回收　□其他</td></tr>
<tr><td>负荷指标</td><td colspan="4">热负荷　　/冷负荷　　（W/m²　供暖空调区域实际面积）</td></tr>
</table>

项目评价结果见表8-8，表8-9。

室内环境质量控制项汇总表　　　　**表8-8**

序号	对应内容	是否满足	对应评价条款	备注
1	主要功能房间的室内噪声级应满足现行国家标准《民用建筑隔声设计规范》GB 50118中的低限要求	是	8.1.1	
2	主要功能房间的外墙、隔墙、楼板和门窗的隔声性能应满足现行国家标准《民用建筑隔声设计规范》GB 50118中的低限要求	是	8.1.2	
3	建筑照明数量和质量应符合现行国家标准《建筑照明设计标准》GB 50034的规定	是	8.1.3	
4	采用集中供暖空调系统的建筑，房间内的温度、湿度、新风量等设计参数应符合现行国家标准《民用建筑供暖通风与空气调节设计规范》GB 50736的规定	是	8.1.4	
5	在室内设计温、湿度条件下，建筑围护结构内表面不得结露	是	8.1.5	
6	屋顶和东西外墙隔热性能应满足现行国家标准《民用建筑热工设计规范》GB 50176的要求	是	8.1.6	
7	室内空气中的氨、甲醛、苯、总挥发性有机物、氡等污染物浓度应符合现行国家标准《室内空气质量标准》GB/T 18883的有关规定	是	8.1.7	
汇总	控制是否全部满足	是		

项目室内环境质量控制项是否全部满足：是。

室内环境质量评分项汇总表 表 8-9

序号	评分类别	可得分值	实际得分值	对应评价条款	备注
1	室内声环境（22分）	6	5	8.2.1	
2		9	7	8.2.2	
3		4	3	8.2.3	
4		3	2	8.2.4	
5	室内光环境与视野（25分）	3	2	8.2.5	
6		8	6	8.2.6	
7		14	12	8.2.7	
8	室内热湿环境（20分）	12	10	8.2.8	
9		8	4	8.2.9	
10	室内空气环境（33分）	13	6	8.2.10	
11		7	4	8.2.11	
12		8	7	8.2.12	
13		5	4	8.2.13	
合计		100	72		

项目室内环境质量评价得分：72分。

工程初水源为城市自来水供给，供水压力考虑为0.25MPa。本工程整个院区从城市给水管道上接两根DN150的引入管。建筑红线内，经过水表井后供给本建筑的生活、消防等用水。引至单体的给水管以单体平面图为准；给水管沿整个医院建筑单体外围环状布置。在本工程室内设有给水、排水、雨水、消防等系统，其中消防系统分别为消火栓系统、自动喷水灭火系统及建筑灭火器。室外设室外消火栓系统、排水系统、雨水系统等，室外消火栓与生活给水合用管道系统。排水需经过污水处理站处理达标后方可排放至市政排水管道。多层建筑、高层建筑的1～4层以及地下车库消防水池及生活水箱等用水均采用市政直供。热水优先采用太阳能，空气源热泵为辅助热源，集中供热，系统主立管强制循环。手术室部分的用水点由独立的供水系统供给，供水要求特殊的消毒、杀菌处理，手术层流设备层内设置了专用的消毒设备。

工程采用两路10kV电源供电。两路高压电源同时供电，互为备用，当其中一路检修或故障时，另一路电源能够承担全部负荷。共采用2台1000kVA+2台1250kVA的干式变压器，装机总容量为4500kVA。设置一台容量为650kW的柴油发电机组。最高日用水量：563m^3/d，工程设自备柴油发动机组作为一级负荷及二级负荷的备用电源。对于ICU病房、新生儿重症监护室、手术室等特别重要负荷及分娩室、早产儿病房等要求电源切换时间$t \leqslant 0.5s$等的医疗场所，独立设置UBS电源作为应急电源。照明光源以节能灯为主，照明方式分一般照明和应急照明。应急照明中的疏散照明灯及疏散指示标志灯采用EPS集中电源供电。防雷接地和保护接地共用接地体。医技综合楼、住院楼按二类防雷建筑设计、后勤用房按三类防雷建筑设计。

工程设计有：电力配电系统；照明系统；建筑物防雷、接地系统及安全措施；人防配电系统；综合布线系统；有线电视系统；视频安防监控系统；病房呼叫系统；排队叫号系统；医护监控及医用对讲系统；公共显示系统；停车场管理系统；火灾自动报警及消防联动控制系统；漏电火灾报警系统等。

课后练习题

第8章　室内环境质量内容解读

一、单选题

1. 下列有机物不属于是室内空气中的污染物的是（　　）。

A. 氨　　B. 甲醛　　C. 碳　　D. 氡

2. 主要功能房间的室内噪声级应满足现行国家标准中的（　　）低限要求。

A.《民用建筑供暖通风与空气调节设计规范》GB 50736

B.《室内空气质量标准》GB/T 18883

C.《民用建筑隔声设计规范》GB 50118

D.《民用建筑热工设计规范》GB 50176

3. 国家标准《民用建筑隔声设计规范》GB 50118—2010 将住宅、办公、商业、医院等建筑主要功能房间的室内允许噪声级分“低限标准”和两档列出（　　）。

A.“高要求标准”　　B.“中级要求标准”

C.“标准限值”　　D.“声级标准”

4. 主要功能房间的采光系数满足现行国家标准《建筑采光设计标准》GB 50033 的要求，评价总分值为（　　）分。

A. 14　　B. 12　　C. 10　　D. 8

5. 关于室内热湿环境，说法不正确的是（　　）。

A. 采取可调节遮阳措施，降低夏季太阳辐射得热

B. 外窗和幕墙透明部分中，有可控遮阳调节措施的面积比例达到25%

C. 对没有阳光直射的透明围护结构，需计入面积计算

D. 评价方法包括现场核实

二、多选题

1. 民用建筑工程验收时必须进行室内环境污染物浓度检测；并对以下哪些物质污染物的浓度限量进行了规定（　　）。

A. 氡、甲醛　　B. 氮

C. 苯、氨　　D. 总挥发性有机物

2. 天然采光不仅有利于照明节能，而且有利于增加室内外的（　　）。

A. 合理采用混凝土，得2分自然信息交流

B. 改善空间卫生环境

C. 调节空间使用者的心情

D. 影响空间卫生环境

3. 对于住宅的气流组织，说法正确的是（　　）。

A. 应分析分体空调室内机位置与起居室床的关系是否会造成冷风直接吹到居住者

B. 分体空调室外机设计是否形成气流短路或恶化室外传热等问题

C. 对于土建与装修一体化设计施工的住宅，还应校核室内空调供暖时卧室和起居室室内热环境参数是否达标

D. 运行阶段检查典型房间的抽样实测报告

三、思考题

1. 思考自平衡式新风系统的特点、用途及作用？

2. 要确保主要房间的环境参数（温度、湿度分布，风速，辐射温度等）是否达标，应该怎么合理组织气流？

第9章　施工管理内容解读

施工管理评价要求对施工管理实操进行了描述和探讨，主要为申请运行阶段绿色建筑标识的企业进行引导。除《绿色建筑评价标准》GB/T 50378—2014 之外，2010 年 11 月住建部发布《建筑工程绿色施工评价标准》GB/T 50640—2010，并于 2011 年 10 月 1 日实施。该标准建立了建筑工程绿色施工评价框架体系。绿色施工评价框架体系有评价阶段、评价要素、评价指标、评价登记构成。评价阶段按地基与基础工程、结构工程、装饰装修与机电安装工程进行。

9.1　控制项与解读

施工阶段控制项见表 9-1。

施工阶段控制项汇总表　　表 9-1

序号	对应内容	是否满足	对应评价条款	备注
1	应建立绿色建筑项目施工管理体系和组织机构，并落实各级责任人		9.1.1	
2	施工项目部应制定施工全过程的环境保护计划，并组织实施		9.1.2	
3	施工项目部应制定施工人员职业健康安全管理计划，并组织实施		9.1.3	
4	施工前应进行设计文件中绿色建筑重点内容的专项交底		9.1.4	
汇总	控制是否全部满足			

9.1.1　施工管理体系和组织机构

9.1.1　应建立绿色建筑项目施工管理体系和组织机构，并落实各级责任人。

【条文解读】本条适用于各类民用建筑的运行评价。

项目部成立专门的绿色建筑施工管理组织机构，完善管理体系和制度建设，根据预先设定的绿色建筑施工总目标，进行目标分解、实施和考核活动。比选优化施工方案，制定相应施工计划并严格执行，要求措施、进度和人员落实，实行过程和目标双控。项目经理为绿色施工第一责任人，负责绿色施工的组织实施及目标实现，并指定绿色建筑施工各级管理人员和监督人员。

本条的评价方法为查阅该项目组织机构的相关制度文件，在施工过程中各种主要活动的可证明记录，包括可证明时间、人物、事件的纸质和电子文件，影像资料等。

9.1.2 环境保护计划

9.1.2 施工项目部应制定施工全过程的环境保护计划，并组织实施。

【条文解读】本条适用于各类民用建筑的运行评价。

建筑施工过程是对工程场地的一个改造过程，不但改变了场地的原始状态，而且对周边环境造成影响，包括水土流失、土壤污染、扬尘、噪声、污水排放、光污染等。为了有效减小施工对环境的影响，应制定施工全过程的环境保护计划，明确施工中各相关方应承担的责任，将环境保护措施落实到具体责任人；实施过程中开展定期检查，保证环境保护计划的实现。

本条的评价方法为查阅施工全过程环境保护计划书、施工单位ISO14001认证文件、环境保护实施记录文件（包括责任人签字的检查记录、照片或影像等）、可能有的当地环保局或建委等有关主管部门对环境影响因子如扬尘、噪声、污水排放评价的达标证明。

9.1.3 职业健康安全管理计划

9.1.3 施工项目部应制定施工人员职业健康安全管理计划，并组织实施。

【条文解读】本条适用于各类民用建筑的运行评价。

建筑施工过程中应加强对施工人员的健康安全保护。建筑施工项目部应编制“职业健康安全管理计划”，并组织落实，保障施工人员的健康与安全。

本条的评价方法为查阅职业健康安全管理计划、施工单位OHSAS18000职业健康与安全体系认证文件、现场作业危险源清单及其控制计划、现场作业人员个人防护用品配备及发放台账，必要时核实劳动保护用品或器具进货单。

9.1.4 施工前应进行设计文件中绿色建筑重点内容的专项交底。

【条文解读】本条适用于各类民用建筑的运行评价；也可在设计评价中进行预审。

施工建设将绿色设计转化成绿色建筑。在这一过程中，参建各方应对设计文件中绿色建筑重点内容正确理解与准确把握。施工前由参建各方进行专业交底时，应对保障绿色建筑性能的重点内容逐一交底。

本条的评价方法为查阅各专业设计文件交底记录。设计评价预审时，查阅设计交底文件。

9.2 评分项与解读

施工阶段评分项见表9-2。

施工阶段评分项汇总表 **表9-2**

序号	评分类别	可得分值	实际得分值	对应评价条款	备注
1	Ⅰ.环境保护	6		9.2.1	
2		6		9.2.2	
3		10		9.2.3	

续表

序号	评分类别	可得分值	实际得分值	对应评价条款	备注
4	Ⅱ. 资源节约	8		9.2.4	
5		8		9.2.5	
6		6		9.2.6	
7		8		9.2.7	
8		10		9.2.8	
9	Ⅲ. 过程管理	4		9.2.9	
10		4		9.2.10	
11		8		9.2.11	
12		14		9.2.12	
13		8		9.2.13	
合计		100			

Ⅰ　环　境　保　护

9.2.1　降尘措施

9.2.1　采取洒水、覆盖、遮挡等降尘措施，评价分值为6分。

【条文解读】本条适用于各类民用建筑的运行评价。

施工扬尘是最主要的大气污染源之一。施工中应采取降尘措施，降低大气总悬浮颗粒物浓度。施工中的降尘措施包括对易飞扬物质的洒水、覆盖、遮挡，对出入车辆的清洗、封闭，对易产生扬尘施工工艺的降尘措施等。在工地建筑结构脚手架外侧设置密目防尘网或防尘布，具有很好的扬尘控制效果。

本条的评价方法为查阅由建设单位、施工单位、监理单位签字确认的降尘措施实施记录。

9.2.2　采取有效的降噪措施

9.2.2　采取有效的降噪措施。在施工场界测量并记录噪声，满足现行国家标准《建筑施工场界环境噪声排放标准》GB 12523的规定，评价分值为6分。

【条文解读】本条适用于各类民用建筑的运行评价。

施工产生的噪声是影响周边居民生活的主要因素之一，也是居民投诉的主要对象。国家标准《建筑施工场界环境噪声排放标准》GB 12523—2011对噪声的测量、限值做出了具体的规定，是施工噪声排放管理的依据。为了减低施工噪声排放，应该采取降低噪声和噪声传播的有效措施，包括采用低噪声设备，运用吸声、消声、隔声、隔振等降噪措施，降低施工机械噪声。

本条的评价方法为查阅场界噪声测量记录。

9.2.3　施工废弃物减量化、资源化

9.2.3　制定并实施施工废弃物减量化、资源化计划，评价总分值为10分，并按下列

规则分别评分并累计。

(1) 制定施工废弃物减量化、资源化计划，得3分。

(2) 可回收施工废弃物的回收率不小于80%，得3分；

(3) 根据每10000平方米建筑面积的施工固体废弃物排放量，按表9-3的规则评分，最高得4分。

施工固体废弃物排放量评分规则 **表9-3**

每10000平方米建筑面积施工固体废弃物排放量 SW_c	得分
$350t < SW_c \leqslant 400t$	1
$300t < SW_c \leqslant 350t$	3
$SW_c \leqslant 300t$	4

【条文解读】本条适用于各类民用建筑的运行评价。

目前建筑施工废弃物的数量很大，堆放或填埋均占用大量的土地；对环境产生很大的影响，包括建筑垃圾的淋滤液渗入土层和含水层，破坏土壤环境，污染地下水，有机物质发生分解产生有害气体，污染空气；同时建筑施工废弃物的产出，也意味着资源的浪费。因此减少建筑施工废弃物产出，涉及节地、节能、节材和保护环境这样一个可持续发展的综合性问题。施工废弃物减量化应在材料采购、材料管理、施工管理的全过程实施。施工废弃物应分类收集、集中堆放，尽量回收和再利用。

建筑施工废弃物包括工程施工产生的各类施工废料，有的可回收，有的不可回收，不包括基坑开挖的渣土。

本条的评价方法为查阅建筑施工废弃物减量化资源化计划，回收站出具的建筑施工废弃物回收单据，各类建筑材料进货单，各类工程量结算清单，施工单位统计计算的每10000平方米建筑施工固体废弃物排放量。

Ⅱ 资 源 节 约

9.2.4 施工节能和用能方案

9.2.4 制定并实施施工节能和用能方案，监测并记录施工能耗，评价总分值为8分，并按下列规则分别评分并累计：

(1) 制定并实施施工节能和用能方案，得1分；

(2) 监测并记录施工区、生活区的能耗，得3分；

(3) 监测并记录主要建筑材料、设备从供货商提供的货源地到施工现场运输的能耗，得3分；

(4) 监测并记录建筑施工废弃物从施工现场到废弃物处理/回收中心运输的能耗，得1分。

【条文解读】本条适用于各类民用建筑的运行评价。

施工过程中的用能，是建筑全寿命期能耗的组成部分。由于建筑结构、高度、所在地区等的不同，建成每平方米建筑的用能量有显著的差异。施工中应制定节能和用能方案，提出建成每平方米建筑能耗目标值，预算各施工阶段用电负荷，合理配置临时用电设备，尽量避免多台大型设备同时使用。合理安排工序，提高各种机械的使用率和满载率，降低各种设备的单位耗能。做好建筑施工能耗管理，包括现场耗能与运输耗能。为此应该做好能耗监测、记录，用于指导施工过程中的能源节约。竣工时提供施工过程能耗记录和建成每平方米建筑实际能耗值，为施工过程的能耗统计提供基础数据。

记录主要建筑材料运输耗能，是指有记录的建筑材料占所有建筑材料重量的85%以上。

本条的评价方法为查阅施工节能和用能方案，用能监测记录，建成每平方米建筑能耗值。

9.2.5　施工节水和用水方案

9.2.5　制定并实施施工节水和用水方案，监测并记录施工水耗，评价总分值为8分，并按下列规则分别评分并累计：

(1) 制定并实施施工节水和用水方案，得2分；

(2) 监测并记录施工区、生活区的水耗数据，得4分；

(3) 监测并记录基坑降水的抽取量、排放量和利用量数据，得2分。

【条文解读】本条适用于各类民用建筑的运行评价。

施工过程中的用水，是建筑全寿命期水耗的组成部分。由于建筑结构、高度、所在地区等的不同，建成每平方米建筑的用水量有显著的差异。施工中应制定节水和用水方案，提出建成每平方米建筑水耗目标值。为此应该做好水耗监测、记录，用于指导施工过程中的节水。竣工时提供施工过程水耗记录和建成每平方米建筑实际水耗值，为施工过程的水耗统计提供基础数据。

基坑降水抽取的地下水量大，要合理设计基坑开挖，减少基坑水排放。配备地下水存储设备，合理利用抽取的基坑水。记录基坑降水的抽取量、排放量和利用量数据。对于洗刷、降尘、绿化、设备冷却等用水来源，应尽量采用非传统水源。具体包括工程项目中使用的中水、基坑降水、工程使用后收集的沉淀水以及雨水等。

本条的评价方法为查阅施工节水和用水方案，用水监测记录，建成每平方米建筑水耗值，有监理证明的非传统水源使用记录以及项目配置的施工现场非传统水源使用设施，使用照片、影像等证明资料。

9.2.6　减少预拌混凝土的损耗

9.2.6　减少预拌混凝土的损耗，评价总分值为6分。损耗率降低至1.5%，得3分；降低至1.0%，得6分。

【条文解读】本条适用于各类民用建筑的运行评价；也可在设计评价中进行预审。对不使用预拌混凝土的项目，本条不参评。

减少混凝土损耗、降低混凝土消耗量是施工中节材的重点内容之一。我国各地方的工程量预算定额，一般规定预拌混凝土的损耗率是1.5%，但在很多工程施工中超过了1.5%，甚至达到了2%～3%，因此有必要对预拌混凝土的损耗率提出要求。本条参考有关定额标准及部分实际工程的调查数据，对损耗率分档评分。

本条的评价方法为查阅混凝土用量结算清单、预拌混凝土进货单，施工单位统计计算的预拌混凝土损耗率。设计评价预审时，查阅对保温隔热材料，建筑砌块等提出的砂浆要求文件。

9.2.7 采取措施降低钢筋损耗

9.2.7 采取措施降低钢筋损耗，评价总分值为8分，并按下列规则评分：

(1) 80%以上的钢筋采用专业化生产的成型钢筋，得8分。

(2) 根据现场加工钢筋损耗率，按表9-4的规则评分，最高得8分。

现场加工钢筋损耗率评分规则 表9-4

现场加工钢筋损耗率 LR_{sb}	得分
$3.5\%<LR_{sb}\leqslant4.0\%$	4
$1.5\%<LR_{sb}\leqslant3.0\%$	6
$LR_{sb}\leqslant1.5\%$	8

【条文解读】本条适用于各类民用建筑的运行评价；也可在设计评价中进行预审。对不使用钢筋的项目，本条得8分。

钢筋是混凝土结构建筑的大宗消耗材料。钢筋浪费是建筑施工中普遍存在的问题，设计、施工不合理都会造成钢筋浪费。我国各地方的工程量预算定额，根据钢筋的规格不同，一般规定的损耗率为2.5%～4.5%。根据对国内施工项目的初步调查，施工中实际钢筋浪费率约为6%。因此有必要对钢筋的损耗率提出要求。

专业化生产是指将钢筋用自动化机械设备按设计图纸要求加工成钢筋半成品，并进行配送的生产方式。钢筋专业化生产不仅可以通过统筹套裁节约钢筋，还可减少现场作业、降低加工成本、提高生产效率、改善施工环境和保证工程质量。

本条参考有关定额及部分实际工程的调查数据，对现场加工钢筋损耗率分档评分。

本条的评价方法为查阅专业化生产成型钢筋用量结算清单、成型钢筋进货单，施工单位统计计算的成型钢筋使用率，现场钢筋加工的钢筋工程量清单、钢筋用量结算清单，钢筋进货单，施工单位统计计算的现场加工钢筋损耗率。设计评价预审时，查阅采用专业化加工的建议文件，如条件具备情况、有无加工厂、运输距离等。

9.2.8 工具式定型模板

9.2.8 使用工具式定型模板，增加模板周转次数，评价总分值为10分，根据工具式定型模板使用面积占模板工程总面积的比例按表9-5的规则评分。

工具式定型模板使用率评分规则 表9-5

工具式定型模板使用面积占模板工程总面积的比例 R_{sf}	得分
$50\%\leqslant R_{sf}<70\%$	6
$70\%\leqslant R_{sf}<85\%$	8
$R_{sf}\geqslant85\%$	10

【条文解读】本条适用于各类民用建筑的运行评价。对不使用模板的项目，本条得10分。

建筑模板是混凝土结构工程施工的重要工具。我国的木胶合板模板和竹胶合板模板发展迅速，目前与钢模板已成三足鼎立之势。

散装、散拆的木（竹）胶合板模板施工技术落后，模板周转次数少，费工费料，造成资源的大量浪费。同时废模板形成大量的废弃物，对环境造成负面影响。

工具式定型模板，采用模数制设计，可以通过定型单元，包括平面模板、内角、外角模板以及连接件等，在施工现场拼装成多种形式的混凝土模板。它既可以一次拼装，多次重复使用；又可以灵活拼装，随时变化拼装模板的尺寸。定型模板的使用，提高了周转次数，减少了废弃物的产出，是模板工程绿色技术的发展方向。

本条用定型模板使用面积占模板工程总面积的比例进行分档评分。

本条的评价方法为查阅模板工程施工方案，定型模板进货单或租赁合同，模板工程量清单，以及施工单位统计计算的定型模板使用率。

Ⅲ　过　程　管　理

9.2.9　实施设计文件中绿色建筑重点内容

9.2.9　实施设计文件中绿色建筑重点内容，评价总分值为4分，并按下列规则分别评分并累计：

(1) 参建各方进行绿色建筑重点内容的专项会审，得2分；

(2) 施工过程中以施工日志记录绿色建筑重点内容的实施情况，得2分。

【条文解读】本条适用于各类民用建筑的运行评价。

施工是把绿色建筑由设计转化为实体的重要过程，在这一过程中除施工应采取相应措施降低施工生产能耗、保护环境外，设计文件会审也是关于能否实现绿色建筑的一个重要环节。各方责任主体的专业技术人员都应该认真理解设计文件，以保证绿色建筑的设计通过施工得以实现。

本条的评价方法为查阅各专业设计文件会审记录、施工日志记录。

9.2.10　避免出现降低建筑绿色性能的重大变更

9.2.10　严格控制设计文件变更，避免出现降低建筑绿色性能的重大变更，评分分值为4分。

【条文解读】本条适用于各类民用建筑的运行评价。

绿色建筑设计文件经审查后，在建造过程中往往可能需要进行变更，这样有可能使绿色建筑的相关指标发生变化。本条旨在强调在建造过程中严格执行审批后的设计文件，若在施工过程中出于整体建筑功能要求，对绿色建筑设计文件进行变更，但不显著影响该建筑绿色性能，其变更可按照正常的程序进行。设计变更应存留完整的资料档案，作为最终评审时的依据。

本条的评价方法为查阅各专业设计文件变更记录、洽商记录、会议纪要、施工日志记录。

9.2.11　施工过程中采取相关措施保证建筑的耐久性

9.2.11　施工过程中采取相关措施保证建筑的耐久性，评价总分值为8分，并按下列规则分别评分并累计：

（1）对保证建筑结构耐久性的技术措施进行相应检测并记录，得3分；

（2）对有节能、环保要求的设备进行相应检测并记录，得3分；

（3）对有节能、环保要求的装修装饰材料进行相应检测并记录，得2分。

【条文解读】本条适用于各类民用建筑的运行评价。

建筑使用寿命的延长意味着更好地节约能源资源。建筑结构耐久性指标，决定着建筑的使用年限。施工过程中，应根据绿色建筑设计文件和有关标准的要求，对保障建筑结构耐久性的相关措施进行检测。检测结果是竣工验收及绿色建筑评价时的重要依据。

对绿色建筑的装修装饰材料、设备，应按照相应标准进行检测。

本条规定的检测，可采用实施各专业施工、验收规范所进行的检测结果。也就是说，不必专门为绿色建筑实施额外的检测。

本条的评价方法为查阅建筑结构耐久性的施工专项方案和检测报告，及有关装饰装修材料、设备的检测报告。

9.2.12 实现土建装修一体化施工

9.2.12 实现土建装修一体化施工，评价总分值为14分，并按下列规则分别评分并累计：

（1）工程竣工时主要功能空间的使用功能完备，装修到位，得3分；

（2）提供装修材料检测报告、机电设备检测报告、性能复试报告，得4分；

（3）提供建筑竣工验收证明、建筑质量保修书、使用说明书，得4分；

（4）提供业主反馈意见书，得3分。

【条文解读】本条适用于住宅建筑的运行评价；也可在设计评价中进行预审。

土建装修一体化设计、施工，对节约能源资源有重要作用。实践中，可由建设单位统一组织建筑主体工程和装修施工，也可由建设单位提供菜单式的装修做法由业主选择，统一进行图纸设计、材料购买和施工。在选材和施工方面尽可能采取工业化制造，具备稳定性、耐久性、环保性和通用性的设备和装修装饰材料，从而在工程竣工验收时室内装修一步到位，避免破坏建筑构件和设施。

本条的评价方法为查阅主要功能空间竣工验收时的实景照片及说明、装修材料、机电设备检测报告、性能复试报告；建筑竣工验收证明、建筑质量保修书、使用说明书，业主反馈意见书。设计评价预审时，查阅土建装修一体化设计图纸、效果图。

9.2.13 机电系统的综合调试和联合试运转

9.2.13 工程竣工验收前，由建设单位组织有关责任单位，进行机电系统的综合调试和联合试运转，结果符合设计要求，评价分值为8分。

【条文解读】本条适用于各类民用建筑的运行评价；也可在设计评价中进行预审。

随着技术的发展，现代建筑的机电系统越来越复杂。本条强调系统综合调试和联合试运转的目的，就是让建筑机电系统的设计、安装和运行达到设计目标，保证绿色建筑的运行效果。主要内容包括制定完整的机电系统综合调试和联合试运转方案，对通风空调系统、空调水系统、给排水系统、热水系统、电气照明系统、动力系统的综合调试过程以及联合试运转过程。建设单位是机电系统综合调试和联合试运转的组织者，根据工程类别、承包形式，建设单位也可以委托代建公司和施工总承包单位组织机电系统综合调试和联合试运转。

本条的评价方法为查阅设计文件中机电系统综合调试和联合试运转方案和技术要点，施工日志，调试运转记录。设计评价预审时，查阅设计方提供的综合调试和联合试运转技术要点文件。

9.3　施工管理技术措施

绿色建筑则表现为一种状态，为人们提供绿色的使用空间。绿色施工可为绿色建筑增色，但仅绿色施工不能形成绿色建筑。绿色建筑的形成，必须首先要使设计成为“绿色”；绿色施工关键在于施工组织设计和施工方案做到绿色。绿色施工主要涉及施工期间，对环境影响相当集中，对整个使用周期均有影响。

9.3.1　施工期间的环境保护措施

通过对施工期环境影响的分析，施工期主要污染为噪声、扬尘、固体及液体废弃物，为减少其环境污染，应做到：

(1) 灰尘污染控制

现场施工中，建筑材料的堆放及混凝土拌和应定点、定位，并采取防尘措施，设置挡风板。施工期间尽量选用烟气量较少的内燃机械和车辆，减少尾气污染，施工道路经常保持清洁、湿润，以减少汽车轮胎与路面接触而引起的扬尘污染，同时车辆应限速行驶；建筑垃圾及时清理，文明施工。

(2) 防噪声

施工车场地尽量平整，减少颠簸声，以减少施工噪声对居民生活的影响。施工中做到无高噪声及爆炸声，打桩时不在夜深人静时进行，吊装设备噪声满足环保要求。地块周围竖立高于 3m 的简易屏障，或在使用机械设备旁竖立屏障，减少施工机械的噪声。

(3) 三同时制度

环保措施与工程进度做到“三同时”，环境治理设施应与项目的主题工程同时设计，同时施工，同时交付使用。

9.3.2　施工管理措施

在《绿色建筑评价标准》GB/T 50378—2014 以上条款和注解中可看到，施工管理评价是运营评价的一部分，运行评价应在建筑通过竣工验收并投入使用一年后进行。也就是说，施工管理评价证据主要是对绿色施工管理的记录。项目施工现场具体措施：

场地的封闭及绿化：现场内设置环形运输路线，路面采用方形混凝土预制块见图 9-1，由于施工现场的硬化多为临时材料堆场、临时道路，施工结束后需进行拆除，势必浪费大量人工、建材，产程大量建筑垃圾，对环境造成危害，同时也不符合绿色施工的要求见图 9-2。工程现场采用预制道路，可周转使用，节约资源，避免二次破除，减少建筑垃圾，绿色环保。工人宿舍与施工现场之间使用土固化技术，2～3 年后土里的固化剂会自动降解还原成原来的土质见表 9-6。主干道两侧种植花草达到绿化及美化效果。

图 9-1　现场预制板施工流程

图 9-2　板四周预留孔洞

不同地面硬化方式的投入比较　　　　**表 9-6**

名称	单位	费用	备注
传统混凝土道路	万元	15	一次投入，并且需要破除、垃圾清运，施工周期长
5 次周转预制道路	万元	30	可多次周转，利用，投入吊装运输费用，施工速度快，铺装完成即可使用
增加费用	万元	15	

散状颗粒物的防尘措施：回填土，砌筑用砂子等进场后，临时用密目网或者苫布进行覆盖，控制一次进场量，边用边进，减少散发面积。用完后清扫干净。运土坡道要注意覆盖，防止扬尘。

封闭式垃圾站：在现场设置 2 个封闭式垃圾站。施工垃圾用塔吊吊运至垃圾站，对垃圾按无毒无害可回收、无毒无害不可回收、有毒有害可回收、有毒有害不可回收分类分拣、存放，并选择有垃圾消纳资质的承包商外运至规定的垃圾处理场。

切割、钻孔的防尘措施：齿锯切割木材时，在锯机的下方设置遮挡锯末挡板，使锯末在内部沉淀后回收。钻孔用水钻进行，在下方设置疏水槽，将浆水引至容器内沉淀后处理。

钢筋接头：大直径钢筋采用直螺纹机械连接，减少焊接产生废气对大气的污染。大口径管道采用沟槽连接技术，避免焊接释放的废气体对环境的污染。

洒水防尘：本工程采用数控式喷淋系统，在施工现场门口及道路两侧每天定时定点开启喷淋系统进行洒水见图 9-4，增加一套设备，包括后期进入塔楼结构，共计增加费用 30 万元。施工现场南北门口设置两部全自动洗车台以供进出场车辆清洗见图 9-5，最大限度地减少扬尘污染。投入两套全自动洗车台，共计增加费用 36 万元（18 万元/套）。

现场周边围墙：现场周边按着用地红线砌围墙，高度 2.5m，既挡噪声又挡粉尘见图 9-3。

图 9-3　项目部门口

图 9-4　道路两侧的喷淋系统

图 9-5　全自动洗车台

9.3.3　废气排量控制

与运输单位签署环保协议，使用满足本地区尾气排放标准的运输车辆，不达标的车辆不允许进入施工现场。项目部自用车辆均要为排放达标车辆。所有机械设备由专业公司负责提供，有专人负责保养、维修，定期检查，确保完好，过程中由机械安全员监督见表 9-7。

降尘措施实施记录　　**表 9-7**

工程名称		编号	
		填表日期	
施工单位		施工阶段	
废气、粉尘源		降尘措施	
各方签字	建设单位	监理单位	施工单位

注：每月初填写一份。

9.3.4　噪声控制

在施工过程中严格控制噪声，对噪声进行实时监测与控制。监测方法执行国家标准

《建筑施工场界环境噪声排放标准》GB 12523—2011。使现场噪声排放不得超过国家标准《建筑施工场界环境噪声排放标准》GB 12523—2011 的规定见表 9-9。城镇夜间施工还应办理夜间施工许可证。

使用低噪声、低振动的机具，采取隔声与隔振措施，避免或减少施工噪声和振动。一般设备噪声控制：

塔吊：塔吊日常保养良好，性能完善；运行平稳且噪声小。

钢筋加工机械：钢筋加工机械性能良好，运行稳定，噪声小。

木材切割噪声控制：在木材加工场地切割机周围搭设一面围挡结构，尽量减少噪声污染。

混凝土输送泵噪声控制：结构施工期间，根据现场实际情况确定泵送车位置，布置在空旷位置，采用噪声小的设备，必要时在输送泵的外围搭设隔声棚，减少噪声扰民。

混凝土浇筑：尽量安排在白天浇筑。选择低噪声的振捣设备。

夜间施工应办理夜间施工许可证。昼间、夜间划分以当地县以上人民政府规定为准见表 9-8。

降噪措施实施记录 表 9-8

工程名称		编号	
		填表日期	
施工单位		施工阶段	
噪声源		降噪措施	
各方签字	建设单位	监理单位	施工单位

注：每月初填写一份。

建筑施工场地噪声测量记录表 表 9-9

工地名称		时间	年 月 日 时分至 时 分
测量仪器型号		气象条件	三级风以下
测点		等效连续 A 声级	
建筑施工场地示意图 建筑施工场地及其边界线，测点位置			
监测结论：			
	依据：建筑施工场界环境噪声排放标准 GB 12523—2011		

9.3.5 施工废弃物控制

建筑施工废弃物包括工程施工产生的各类施工废料，有的可回收，有的不可回收，不包括基坑开挖的渣土。相应措施：

施工现场的固体废弃物对环境产生的影响较大。这些垃圾不易降解，对环境产生长期影响。

制定建筑垃圾减量化计划：每万平方米的建筑垃圾不宜超过400t。

加强建筑垃圾的回收再利用，可回收施工废弃物的回收率不小于80%。

施工现场生活区设置封闭式分类垃圾容器，施工场地生活垃圾实行袋装化，及时清运。对建筑垃圾进行分类，并收集到现场封闭式垃圾站，集中运出。

通过合理下料技术措施，准确下料，尽量减少建筑垃圾。

实行“工完场清”等管理措施，每个工作在结束该段施工工序时，在递交工序交接单前，负责把自己工序的垃圾清扫干净。充分利用以建筑垃圾废弃物的落地砂浆、混凝土等材料。

提高施工质量标准，减少建筑垃圾的产生，如提高墙、地面的施工平整度，一次性达到找平层的要求，提高模板拼缝的质量，避免或减少漏浆。

尽量采用工厂化生产的建筑构件，减少现场切割。

废旧材料的再利用：利用废弃模板来钉做一些维护结构，如遮光棚，隔音板等；利用废弃的钢筋头制作楼板马凳，地锚拉环等。

利用木方、木胶合板来搭设道路边的防护板和后浇带的防护板。

每次浇筑完剩余的混凝土用来浇筑构造柱、水沟预制盖板和后浇带预制盖板等小构件。

将混凝土余料回收后，采用碎石机器，将余料或建筑垃圾进行粉碎处理，处理后采用制砖机自行生产免烧砖，节约对土地资料的消耗，提高了建筑垃圾回收利用率。

垃圾分类处理，可回收材料中的木料、木板由胶合板厂、造纸厂回收再利用。非存档文件纸张采用双面打印或复印，废弃纸张最终与其他纸制品一同回收再利用。废旧不可利用钢铁的回收：施工中收集的废钢材，由项目部统一回收再利用。办公使用可多次灌注的墨盒，不能用的废弃墨盒由制造商回收再利用。

9.3.6　施工节约能源

进行能源节约教育：施工前对于所有的工人进行节能教育，树立节约能源的意识，养成良好的习惯。并在电源控制处，贴出“节约用电”、“人走灯灭”等标志，在厕所部位设置声控感应灯等达到节约用电的目的。制订合理施工能耗指标，提高施工能源利用率。优先使用国家、行业推荐的节能、高效、环保的施工设备和机具，如选用变频技术的节能施工设备等。施工现场分别设定生产、生活、办公和施工设备的用电控制指标，定期进行计量、核算、对比分析，并有预防与纠正措施。在施工组织设计中，合理安排施工顺序、工作面，以减少作业区域的机具数量，相邻作业区充分利用共有的机具资源。安排施工工艺时，应优先考虑耗用电能或其他能耗较少的施工工艺。避免设备额定功率远大于使用功率或超负荷使用设备的现象。设立耗能监督小组：项目工程部设立临时用水、临时用电管理小组，除日常的维护外，还负责监督过程中的使用，发现浪费水电人员、单位则予以处罚。选择利用效率高的能源：食堂使用液化天然气，其余均使用电能。不使用煤球等利用率低的能源，同时也减少了大气污染。

建立施工机械设备管理制度，开展用电、用油计量，完善设备档案，及时做好维修保养工作，使机械设备保持低耗、高效的状态。选择功率与负载相匹配的施工机械设备，避免大功率施工机械设备低负载长时间运行。机电安装可采用节电型机械设备，如逆变式电

图 9-6　空气源热泵热水器实物图

焊机和能耗低、效率高的手持电动工具等，以利节电。机械设备宜使用节能型油料添加剂，在可能的情况下，考虑回收利用，节约油量。合理安排工序，提高各种机械的使用率和满载率，降低各种设备的单位耗能。

工程照明设备均采用 LED 照明。采用了零消耗的太阳能 LED 路灯，安置于道路两侧，以供夜间施工道路照明，最大限度地节约了电能的消耗。项目部及工人宿舍澡堂均采用太阳能或空气源热泵热水器见图 9-6。

空气能热泵一套设备成本 4 万元，安装 3 套设备，共计增加 12 万元成本见表 9-10。

空气源热泵热水器与各种制热设备性价比　　表 9-10

加热方式	电热水器	燃油锅炉	燃气锅炉	太阳能＋电铺	空气源热泵热水器
能源种类	电	柴油	天然气	阳光＋电	空气或水＋电
环保指数	环保不节能	污染不节能	污染不节能	环保节能	高效环保节能
安全指数	危险	危险	危险	较安全	安全
安装地方	安装不限制	受安装限制	受安装限制	受安装限制	安装不限制
实际热值（千卡）	817 kcal/kwh	8100 kcal/kwh	6450 kcal/kg	817 kcal/m	3870 kcal/kwh
燃料价格（元）	0.95 元/kwh	6 元/kwh	3.5 元/kwh	0.95 元/m	0.95 元/kwh
日消耗燃料（元）	391.68	39.51	49.61	391.68	82.69
日运行费用（元）	372.09	237.04	173.64	372.09	78.55
年能源费用（元）	135813.95	86518.52	63379.84	54325.58 40%用电	28671.83
设备寿命	5～10 年	5～15 年	5～15 年	10 年	15 年
维护费用	0.2 万元/年	0.96 万元/年	0.2 万元/年	0.1 万元/年	0.5 万元/年
使用效果	采用直流式供热水，水温不稳定	采用直流式供热水，水温不稳定	采用直流式供热水，水温不稳定	热水温度不稳定，受天气影响	智能控温补水，供热水，采暖，冷气
优点	不污染，占地少	投资多，占地多	投资多，占地多	无污染，安全环保	节约资源，资金安全稳定，环保
不足	使用费高，不安全因素较高	使用费高，危险环境有污染专人看管费较高	使用费高，危险环境有污染专人看管费较高	阴雨天夜晚热水不足，全年 40%用电辅助加热	空气源热泵在－5℃环境效果偏低，地源热泵不影响

注：热水量为 8t/天，热值（kcal），产水量（t/天）

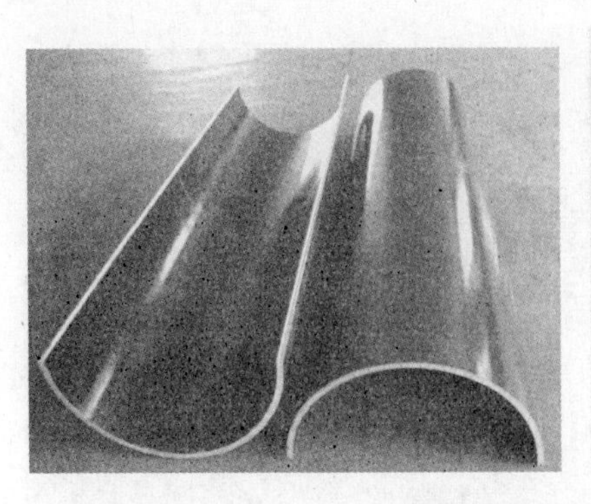

图 9-7　图为圆柱的定型清水模板

9.4　绿色施工案例

南京XX广场项目一期工程，建筑地点位于南京市南部新城核心启动区内，高铁南站商务商贸区中心轴线的东侧见图 9-8。本工程一期项目占地面积约 30000m^2，基坑面积约 25000m^2，总建筑面积 186391.4m^2。地下 3 层，建筑面积 67157m^2。地上 5 栋塔楼：1 幢酒店式公寓 A，23 层，建筑高度 74.10m、建筑面积 16441m^2；1 幢办公楼 B，26 层，建筑高度 83.55m、建筑面积 20142m^2；1 幢办公楼 C，27 层，建筑高度 99.60m、建筑面积 37076m^2；1 幢酒店式公寓 D，20 层，建筑高度 74.55m、建筑面积 21561m^2；1 幢酒店 H，12 层，建筑高度 47.00m、建筑面积 19646m^2。

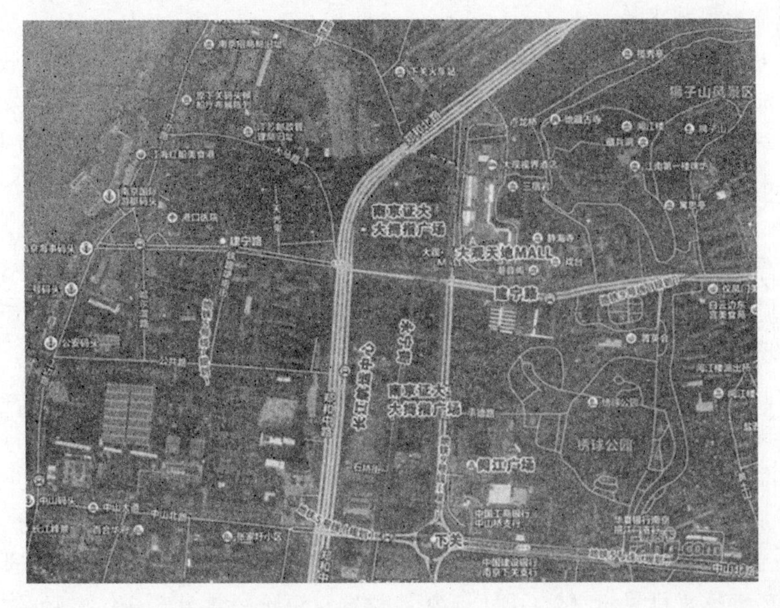

图 9-8　区位图

该项目在施工实施之前，就对绿色施工技术进行了策划，制定、分解了绿色施工的目标，编制了详尽、合理的绿色施工方案，经监理和建设单位确认后实施见图 9-9。

图 9-9　现场照片

在环境保护中应用了施工机具绿色性能评价与选用技术、建筑垃圾分类收集与再生利用技术、改善作业条件、降低劳动强度创新施工技术、地貌和植被复原技术、场地土壤污染综合防治技术、现场噪声综合治理技术、现场光污染防治技术、现场喷洒降尘技术、现场绿化降尘技术、废弃混凝土现场再生利用技术、预拌砂浆技术等，有力地保障了施工过程中的环境保护。

在节能与能源利用方面主要应用了外墙保温体系质量检测技术、混凝土冬期养护环境改进技术、现场热水供应节能技术、现场非传统电源照明技术、现场低压（36V）照明技术、节电设备应用技术等。

在节材与材料资源利用方面主要应用了信息化施工技术、施工现场临时设施标准化技术、建筑构配件整体安装施工技术、高周转型模板技术、新型支撑架和脚手架技术等。

在节水与水资源利用方面应用有施工现场地下水利用技术、现场雨水收集利用技术、现场洗车用水重复利用技术、基坑降水现场储存利用技术、现场自动加压供水系统施工技术等。

在节地与土地资源保护方面主要应用了地下资源保护技术、现场材料合理存放技术、施工现场临时设施合理布置技术、现场装配式多层用房开发与应用技术、施工场地土就地利用技术、场地硬化预制施工技术等。

通过以上绿色施工技术的综合应用，基本保证了绿色施工目标的完成和绿色施工的正常进行，得到了业主和社会的认可见图 9-10。

按新标准各项，施工管理评分项如下，见表 9-14，表 9-15。

9.2.1　采取洒水、覆盖、遮挡等降尘措施，评价分值为 6 分；实际得分：4 分。

9.2.2　采取有效的降噪措施。在施工场界测量并记录噪声，满足现行国家标准《建筑施工场界环境噪声排放标准》GB 12523 的规定，评价分值为 6 分；实际得分：6 分。

9.2.3　制定并实施施工废弃物减量化、资源化计划，评价总分值为 10 分，并按下列规则分别评分并累计。

(1) 制定施工废弃物减量化、资源化计划，得 3 分；实际得分：2 分。

图9-10　项目一期工程效果图

(2) 可回收施工废弃物的回收率不小于80%，得3分；实际得分：3分。

(3) 根据每10000m²建筑面积的施工固体废弃物排放量，按表9-11的规则评分，最高得4分；实际得分：3分。

施工固体废弃物排放量评分规则　　表9-11

每10000m²建筑面积施工固体废弃物排放量SW_c	得分
$350t < SW_c \leqslant 400t$	1
$300t < SW_c \leqslant 350t$	3
$SW_c \leqslant 300t$	4

9.2.4　制定并实施施工节能和用能方案，监测并记录施工能耗，评价总分值为8分，并按下列规则分别评分并累计。

(1) 制定并实施施工节能和用能方案，得1分；实际得分：0分。

(2) 监测并记录施工区、生活区的能耗，得3分；实际得分：2分。

(3) 监测并记录主要建筑材料、设备从供货商提供的货源地到施工现场运输的能耗，得3分；实际得分：2分。

(4) 监测并记录建筑施工废弃物从施工现场到废弃物处理/回收中心运输的能耗，得1分；实际得分：1分。

9.2.5　制定并实施施工节水和用水方案，监测并记录施工水耗，评价总分值为8分，并按下列规则分别评分并累计。

(1) 制定并实施施工节水和用水方案，得2分；实际得分：1分。

(2) 监测并记录施工区、生活区的水耗数据，得4分；实际得分：3分。

(3) 监测并记录基坑降水的抽取量、排放量和利用量数据，得2分；实际得分：1分。

9.2.6　减少预拌混凝土的损耗，评价总分值为6分。损耗率降低至1.5%，得3分；降低至1.0%，得6分；实际得分：6分。

9.2.7　采取措施降低钢筋损耗，评价总分值为8分，并按下列规则评分。

(1) 80%以上的钢筋采用专业化生产的成型钢筋，得8分；实际得分：6分。

(2) 根据现场加工钢筋损耗率，按表9-12的规则评分，最高得8分；实际得分：8分。

现场加工钢筋损耗率评分规则 **表9-12**

现场加工钢筋损耗率LR_{sb}	得分
$3.5\% < LR_{sb} \leqslant 4.0\%$	4
$1.5\% < LR_{sb} \leqslant 3.0\%$	6
$LR_{sb} \leqslant 1.5\%$	8

本项实际得分：8分。

9.2.8 使用工具式定型模板，增加模板周转次数，评价总分值为10分，根据工具式定型模板使用面积占模板工程总面积的比例按表9-13的规则评分。

工具式定型模板使用率评分规则 **表9-13**

工具式定型模板使用面积占模板工程总面积的比例R_{sf}	得分
$50\% \leqslant R_{sf} < 70\%$	6
$70\% \leqslant R_{sf} < 85\%$	8
$R_{sf} \geqslant 85\%$	10

实际得分：8分。

9.2.9 实施设计文件中绿色建筑重点内容，评价总分值为4分，并按下列规则分别评分并累计。

(1) 参建各方进行绿色建筑重点内容的专项会审，得2分；实际得分：2分。

(2) 施工过程中以施工日志记录绿色建筑重点内容的实施情况，得2分；实际得分：2分。

9.2.10 严格控制设计文件变更，避免出现降低建筑绿色性能的重大变更，评分分值为4分；实际得分：4分。

9.2.11 施工过程中采取相关措施保证建筑的耐久性，评价总分值为8分，并按下列规则分别评分并累计。

(1) 对保证建筑结构耐久性的技术措施进行相应检测并记录，得3分；实际得分：3分。

(2) 对有节能、环保要求的设备进行相应检测并记录，得3分；实际得分：3分。

(3) 对有节能、环保要求的装修装饰材料进行相应检测并记录，得2分；实际得分：2分。

9.2.12 实现土建装修一体化施工，评价总分值为14分，并按下列规则分别评分并累计。

(1) 工程竣工时主要功能空间的使用功能完备，装修到位，得3分；实际得分：1分；

(2) 提供装修材料检测报告、机电设备检测报告、性能复试报告，得4分；实际得分：4分。

(3) 提供建筑竣工验收证明、建筑质量保修书、使用说明书，得4分；实际得分：

4分。

(4) 提供业主反馈意见书，得3分；实际得分：2分。

9.2.13 工程竣工验收前，由建设单位组织有关责任单位，进行机电系统的综合调试和联合试运转，结果符合设计要求，评价分值为8分；实际得分：4分。

施工阶段控制项汇总表 表9-14

序号	对应内容	是否满足	对应评价条款	备注
1	应建立绿色建筑项目施工管理体系和组织机构，并落实各级责任人	是	9.1.1	
2	施工项目部应制定施工全过程的环境保护计划，并组织实施	是	9.1.2	
3	施工项目部应制定施工人员职业健康安全管理计划，并组织实施	是	9.1.3	
4	施工前应进行设计文件中绿色建筑重点内容的专项交底	是	9.1.4	
汇总	控制是否全部满足	是		

项目施工阶段控制项是否全部满足：是。

施工阶段评分项汇总表 表9-15

序号	评分类别	可得分值	实际得分值	对应评价条款	备注
1	环境保护	6	4	9.2.1	
2		6	6	9.2.2	
3		10	8	9.2.3	
4	资源节约	8	5	9.2.4	
5		8	5	9.2.5	
6		6	6	9.2.6	
7		8	8	9.2.7	
8		10	8	9.2.8	
9	过程管理	4	4	9.2.9	
10		4	4	9.2.10	
11		8	8	9.2.11	
12		14	11	9.2.12	
13		8	4	9.2.13	
合计		100	81		

项目施工阶段最终评价得分：81分。

课后练习题

第9章 施工管理内容解读

一、单选题

1. 施工管理评价要求对施工管理实操进行了描述和探讨，除《绿色建筑评价标准》GB/T 5037—2014外，住建部发布（　　），该标准建立了建筑工程绿色施工评价框架体系。

A.《建筑工程绿色施工评价标准》GB/T 50640—2010

B.《建筑工程绿色施工评价标准》GB/T 50640—2011

C.《建筑工程绿色施工评价标准》GB/T 50640—2012

D.《建筑工程绿色施工评价标准》GB/T 50640—2013

2. 施工阶段中的评分类别包括环境保护、资源节约和（　　）。

A. 施工管理　　B. 现场服务　　C. 施工质量　　D. 过程管理

3. 建筑施工项目部应编制（　　）并组织落实，保障施工人员的健康与安全。

A. 职业健康安全管理计划　　B. 职业道德管理计划

C. 职业管理计划　　D. 医疗卫生计划

4. 施工建设将绿色设计转化成（　　）。

A. 绿化设计　　B. 建筑设计　　C. 绿色建筑　　D. 以上都不是

5. 采取措施降低钢筋损耗，评价总分值为（　　）分。

A. 14　　B. 12　　C. 10　　D. 8

二、多选题

1. 绿色施工评价框架体系有（　　）构成。

A. 评价阶段　　B. 评价要素　　C. 评价指标　　D. 评价登记

2. 通过对施工期环境影响的分析，施工期主要污染为噪声、扬尘、固体及液体废弃物，为减少其环境污染，应做到（　　）。

A. 灰尘污染控制　　B. 三同时制度

C. 防光　　D. 防噪声

3. 实现土建装修一体化施工，按照以下哪些评分规则并累计？（　　）

A. 工程竣工时主要功能空间的使用功能完备，装修到位，得 3 分

B. 提供装修材料检测报告、机电设备检测报告、性能复试报告，得 4 分

C. 提供建筑竣工验收证明、建筑质量保修书、使用说明书，得 4 分

D. 提供业主反馈意见书，得 3 分

三、思考题

1. 施工期间的环境保护有哪些措施？

2. 如何进行能源节约教育？

第 10 章　运营管理内容解读

物业管理机构是绿色建筑运营管理主体。绿色建筑经过工程建设完工，竣工验收后投入使用。根据建设合同，在保修期内，建设单位根据各分项工程土建和设备及安装工程合同条款，要求各参建方履行职责。

工程项目竣工验收后需要交给物业管理公司去维护管理，组建物业公司应有相关职称技术及管理人员、各工种工人、清洁工构成，新组建物业公司应去申请符合相应资质要求。

绿色建筑运营管理属于绿色建筑评价 7 类指标之一，评价分数占总分值 10%。为更好地实施绿色运营管理，首先需要组建运营管理部门，成立物业管理公司，需要建立各种管理制度，做好技术管理和环境管理。此外物业公司还要进行能耗统计与能源审计，做好能耗监测，参与既有建筑得节能检测和诊断，为绿色建筑节能改造提供数据及配合。

10.1　控制项与解读

营运管理阶段控制项见表 10-1。

营运管理阶段控制项汇总表　　　　表 10-1

序号	对应内容	是否满足	对应评价条款	备注
1	应制定并实施节能、节水、节材、绿化管理制度		10.1.1	
2	应制定垃圾管理制度，合理规划垃圾物流，对生活废弃物进行分类收集，垃圾容器设置规范		10.1.2	
3	运行过程中产生的废气、污水等污染物应达标排放		10.1.3	
4	节能、节水设施应工作正常且符合设计要求		10.1.4	
5	供暖、通风、空调、照明等设备的自动监控系统应工作正常且运行记录完整		10.1.5	
汇总	控制是否全部满足			

10.1.2　应制定垃圾管理制度

10.1.2　应制定垃圾管理制度，合理规划垃圾物流，对生活废弃物进行分类收集，垃圾容器设置规范。

【条文解读】本条适用于各类民用建筑的运行评价；也可在设计评价中进行预审。

首先，根据垃圾处理要求等确立分类管理制度和必要的收集设施，并对垃圾的收集、运输等进行整体的合理规划，合理设置小型有机厨余垃圾处理设施。其次，制定包括垃圾管理运行操作手册、管理设施、管理经费、人员配备及机构分工、监督机制、定期的岗位业务培训和突发事件的应急处理系统等内容的垃圾管理制度。最后，垃圾容器应具有密闭性能，其规格和位置应符合国家有关标准的规定，其数量、外观色彩及标志应符合垃圾分类收集的要求，并置于隐蔽、避风处，与周围景观相协调，坚固耐用，不易倾倒，防止垃圾无序倾倒和二次污染。

本条的评价方法为查阅建筑、环卫等专业的垃圾收集、处理设施的竣工文件，垃圾管理制度文件，垃圾收集、运输等的整体规划，并现场核查。设计评价预审时，查阅垃圾物流规划、垃圾容器设置等文件。

10.1.3 运行污染物

10.1.3 运行过程中产生的废气、污水等污染物应达标排放。

【条文解读】本条适用于各类民用建筑的运行评价。

本标准中第 4.1.3 条虽有类似要求，但更侧重于规划选址、设计等阶段的考虑，本条则主要考察建筑的运行。除了本标准第 10.1.2 条已做出要求的固体污染物之外，建筑运行过程中还会产生各类废气和污水，可能造成多种有机和无机的化学污染，放射性等物理污染，以及病原体等生物污染。此外，还应关注噪声、电磁辐射等物理污染（光污染已在第 4.2.4 条体现）。为此需要通过合理的技术措施和排放管理手段，杜绝建筑运行过程中相关污染物的不达标排放。相关污染物的排放应符合现行标准《大气污染物综合排放标准》GB 16297、《锅炉大气污染物排放标准》GB 13271、《饮食业油烟排放标准》GB 18483、《污水综合排放标准》GB 8978、《医疗机构水污染物排放标准》GB 18466、《污水排入城镇下水道水质标准》CJ 343、《社会生活环境噪声排放标准》GB 22337、《制冷空调设备和系统减少卤代制冷剂排放规范》GB/T 26205 等的规定。

本条的评价方法为查阅污染物排放管理制度文件，项目运行期排放废气、污水等污染物的排放检测报告，并现场核查。

10.1.4 节能节水设施

10.1.4 节能、节水设施应工作正常，且符合设计要求。

【条文解读】本条适用于各类民用建筑的运行评价。

绿色建筑设置的节能、节水设施，如热能回收设备、地源/水源热泵、太阳能光伏发电设备、太阳能光热水设备、遮阳设备、雨水收集处理设备等，均应工作正常，才能使预期的目标得以实现。本标准中第 5.2.13、5.2.14、5.2.15、5.2.16、6.2.12 条等对相关设施虽有技术要求，但偏重于技术合理性，有必要考察其实际运行情况。

本条的评价方法是查阅节能、节水设施的竣工文件、运行记录，并现场核查设备系统的工作情况。

10.1.5 设备的自动监控系统

10.1.5 供暖、通风、空调、照明等设备的自动监控系统应工作正常，且运行记录完整。

【条文解读】本条适用于各类民用建筑的运行评价；也可在设计评价中进行预审。

本条主要考察其实际工作正常，及其运行数据。因此，需对绿色建筑的上述系统及主要设备进行有效的监测，对主要运行数据进行实时采集并记录；并对上述设备系统按照设计要求进行自动控制，通过在各种不同运行工况下的自动调节来降低能耗。对于建筑面积 2 万 m^2 以下的公共建筑和建筑面积 10 万 m^2 以下的住宅区公共设施的监控，可以不设建筑设备自动监控系统，但应设简易有效的控制措施。

本条的评价方法是查阅设备自控系统竣工文件、运行记录，并现场核查设备及其自控系统的工作情况。设计评价预审时，查阅建筑设备自动监控系统的监控点数。

10.1.6　应制定并实施管理制度。

10.1.6　应制定并实施节能、节水、节材、绿化管理制度。

【条文解读】本条适用于各类民用建筑的运行评价。

物业管理单位应提交节能、节水、节材与绿化管理制度，并说明实施效果。节能管理制度主要包括节能方案、节能管理模式和机制、分户分项计量收费等。节水管理制度主要包括节水方案、分户分类计量收费、节水管理机制等。耗材管理制度主要包括维护和物业耗材管理。绿化管理制度主要包括苗木养护、用水计量和化学药品的使用制度等。

本条的评价方法为查阅物业管理单位节能、节水、节材与绿化管理制度文件、日常管理记录，并现场核查。

10.2　评分项与解读

施工阶段评分项见表 10-2。

施工阶段评分项汇总表　　表 10-2

序号	评分类别	可得分值	实际得分值	对应评价条款	备注
1	Ⅰ管理制度	10		10.2.1	
2		8		10.2.2	
3		6		10.2.3	
4		6		10.2.4	
5	Ⅱ技术管理	10		10.2.5	
6		6		10.2.6	
7		4		10.2.7	
8		12		10.2.8	
9		10		10.2.9	
10	Ⅲ环境管理	6		10.2.10	
11		6		10.2.11	
12		6		10.2.12	
13		10		10.2.13	
合计		100			

Ⅰ 管 理 制 度

10.2.1 物业管理体系认证

10.2.1 物业管理部门获得有关管理体系认证，评价总分值为 10 分，并按下列规则分别评分并累计：

(1) 具有 ISO 14001 环境管理体系认证，得 4 分；

(2) 具有 ISO 9001 质量管理体系认证，得 4 分；

(3) 具有现行国家标准《能源管理体系要求》GB/T 23331 的能源管理体系认证，得 2 分。

【条文解读】本条适用于各类民用建筑的运行评价。

物业管理单位通过 ISO 14001 环境管理体系认证，是提高环境管理水平的需要，可达到节约能源，降低消耗，减少环保支出，降低成本的目的，减少由于污染事故或违反法律、法规所造成的环境风险。

物业管理具有完善的管理措施，定期进行物业管理人员的培训。ISO 9001 质量管理体系认证可以促进物业管理单位质量管理体系的改进和完善，提高其管理水平和工作质量。

《能源管理体系要求》GB/T23331 是在组织内建立起完整有效、形成文件的能源管理体系，注重过程的控制，优化组织的活动、过程及其要素，通过管理措施，不断提高能源管理体系持续改进的有效性，实现能源管理方针和预期的能源消耗或使用目标。

本条的评价方法为查阅相关认证证书和相关的工作文件。

10.2.2 节约与绿化

10.2.2 节能、节水、节材、绿化的操作规程、应急预案等完善，且有效实施，评价总分值为 8 分，并按下列规则分别评分并累计：

(1) 相关设施的操作规程在现场明示，操作人员严格遵守规定，得 6 分；

(2) 节能、节水设施运行具有完善的应急预案，得 2 分。

【条文解读】本条适用于各类民用建筑的运行评价。

是在本标准控制项第 10.1.1、10.1.4 条的基础上所提出的更高要求。节能、节水、节材、绿化的操作管理制度是指导操作管理人员工作的指南，应挂在各个操作现场的墙上，促使操作人员严格遵守，以有效保证工作的质量。

可再生能源系统、雨废水回用系统等节能、节水设施的运行维护技术要求高，维护的工作量大，无论是自行运维还是购买专业服务，都需要建立完善的管理制度及应急预案。日常运行中应做好记录。

本条的评价方法为查阅相关管理制度、操作规程、应急预案、操作人员的专业证书、节能节水设施的运行记录，并现场核查。

10.2.3 实施能源资源管理激励机制

10.2.3 实施能源资源管理激励机制，管理业绩与节约能源资源、提高经济效益挂钩，评价总分值为 6 分，并按下列规则分别评分并累计：

(1) 物业管理机构的工作考核体系中包含能源资源管理激励机制，得 3 分；

(2) 与租用者的合同中包含节能条款，得 1 分；

(3) 采用合同能源管理模式，得 2 分。

【条文解读】本条适用于各类民用建筑的运行评价。当被评价项目不存在租用者时，第 2 款可不参评。

管理是运行节约能源、资源的重要手段，必须在管理业绩上与节能、节约资源情况挂钩。因此要求物业管理单位在保证建筑的使用性能要求、投诉率低于规定值的前提下，实现其经济效益与建筑用能系统的耗能状况、水资源和各类耗材等的使用情况直接挂钩。采用合同能源管理模式更是节能的有效方式。

本条的评价方法为查阅物业管理机构的工作考核体系文件、业主和租用者以及管理企业之间的合同。

10.2.4　建立绿色教育宣传机制

10.2.4　建立绿色教育宣传机制，编制绿色设施使用手册，形成良好的绿色氛围，评价总分值为 6 分，并按下列规则分别评分并累计：

(1) 有绿色教育宣传工作记录，得 2 分；

(2) 向使用者提供绿色设施使用手册，得 2 分；

(3) 相关绿色行为与成效获得公共媒体报道，得 2 分。

【条文解读】本条适用于各类民用建筑的运行评价。

在建筑物长期的运行过程中，用户和物业管理人员的意识与行为直接影响绿色建筑的目标实现，因此需要坚持倡导绿色理念与绿色生活方式的教育宣传制度，培训各类人员正确使用绿色设施，形成良好的绿色行为与风气。

本条的评价方法为查阅绿色教育宣传的工作记录与报道记录，绿色设施使用手册，并向建筑使用者核实。

Ⅱ　技　术　管　理

10.2.5　定期检查调试公共设施设备

10.2.5　定期检查、调试公共设施设备，并根据运行检测数据进行设备系统的运行优化，评价总分值为 10 分，并按下列规则分别评分并累计：

(1) 具有设施设备的检查、调试、运行、标定记录，且记录完整，得 7 分；

(2) 制定并实施设备能效改进等方案，得 3 分。

【条文解读】本条适用于各类民用建筑的运行评价。

是在本标准控制项第 10.1.4、10.1.5 条的基础上所提出的更高要求。保持建筑物与居住区的公共设施设备系统运行正常，是绿色建筑实现各项目标的基础。机电设备系统的调试不仅限于新建建筑的试运行和竣工验收，而应是一项持续性、长期性的工作。因此，物业管理单位有责任定期检查、调试设备系统，标定各类检测器的准确度，根据运行数据，或第三方检测的数据，不断提升设备系统的性能，提高建筑物的能效管理水平。

本条的评价方法是查阅相关设备的检查、调试、运行、标定记录，以及能效改进方案等文件。

10.2.6 空调通风系统

10.2.6 对空调通风系统进行定期检查和清洗，评价总分值为6分，并按下列规则分别评分并累计：

(1) 制定空调通风设备和风管的检查和清洗计划，得2分；

(2) 实施第1款中的检查和清洗计划，且记录保存完整，得4分。

【条文解读】本条适用于采用集中空调通风系统的各类民用建筑的运行评价。

清洗空调系统，不仅可节省系统运行能耗、延长系统的使用寿命，还可保证室内空气品质，降低疾病产生和传播的可能性。空调通风系统清洗的范围应包括系统中的换热器、过滤器，通风管道与风口等，清洗工作符合《空调通风系统清洗规范》GB 19210的要求。

本条的评价方法是查阅物业管理措施、清洗计划和工作记录。

10.2.7 非传统水源的水质和用水量

10.2.7 非传统水源的水质和用水量记录完整、准确，评价总分值为4分，并按下列规则分别评分并累计：

(1) 定期进行水质检测，记录完整、准确，得2分；

(2) 用水量记录完整、准确，得2分。

【条文解读】本条适用于设置非传统水源利用设施的各类民用建筑的运行评价；也可在设计评价中进行预审。无非传统水源利用设施的项目不参评。

是在本标准控制项第10.1.4条的基础上所提出的更高要求。使用非传统水源的场合，其水质的安全性十分重要。为保证合理使用非传统水源，实现节水目标，必须定期对使用的非传统水源的水质进行检测，并对其水质和用水量进行准确记录。所使用的非传统水源应满足现行国家标准《城市污水再生利用城市杂用水水质》GB/T 18920的要求。非传统水源的水质检测间隔应不小于1个月，同时，应提供非传统水源的供水量记录。

本条的评价方法为查阅非传统水源的检测、计量记录。设计评价预审时，查阅非传统水源的水表设计文件。

10.2.8 智能化系统

10.2.8 智能化系统的运行效果满足建筑运行与管理的需要，评价总分值为12分，并按下列规则分别评分并累计：

(1) 居住建筑的智能化系统满足现行行业标准《居住区智能化系统配置与技术要求》CJ/T 174的基本配置要求，公共建筑的智能化系统满足现行国家标准《智能建筑设计标准》GB 50314的基础配置要求，6分；

(2) 智能化系统工作正常，符合设计要求，得6分。

【条文解读】本条适用于各类民用建筑的运行评价；也可在设计评价中进行预审。

通过智能化技术与绿色建筑其他方面技术的有机结合，可望有效提升建筑综合性能。由于居住建筑/居住区和公共建筑的使用特性与技术需求差别较大，故其智能化系统的技术要求也有所不同；但系统设计上均要求达到基本配置。此外，还对系统工作运行情况也提出了要求。

居住建筑智能化系统应满足《居住区智能化系统配置与技术要求》CJ/T 174 的基本配置要求，主要评价内容为居住区安全技术防范系统、住宅信息通信系统、居住区建筑设备监控管理系统、居住区监控中心等。

公共建筑的智能化系统应满足《智能建筑设计标准》GB/T 50314 的基础配置要求，主要评价内容为安全技术防范系统、信息通信系统、建筑设备监控管理系统、安（消）防监控中心等。国家标准《智能建筑设计标准》GB/T 50314 以系统合成配置的综合技术功效对智能化系统工程标准等级予以了界定，绿色建筑应达到其中的应选配置（即符合建筑基本功能的基础配置）的要求。

本条的评价方法为查阅智能化系统竣工文件、验收报告及运行记录，并现场核查。设计评价预审时，查阅安全技术防范系统、信息通信系统、建筑设备监控管理系统、监控中心等设计文件。

10.2.9　应用信息化手段进行物业管理

10.2.9　应用信息化手段进行物业管理，建筑工程、设施、设备、部品、能耗等档案及记录齐全，评价总分值为10分，并按下列规则分别评分并累计：

（1）设置物业信息管理系统，得5分；

（2）物业管理信息系统功能完备，得2分；

（3）记录数据完整，得3分。

【条文解读】本条适用于各类民用建筑的运行评价。

采用信息化手段建立完善的建筑工程及设备、能耗监管、配件档案及维修记录是极为重要的。本条第3款是在本标准控制项第10.1.3、10.1.5条的基础上所提出的更高一级的要求，要求相关的运行记录数据均为智能化系统输出的电子文档。应提供至少1年的用水量、用电量、用气量、用冷热量的数据，作为评价的依据。

本条的评价方法为查阅针对建筑物及设备的配件档案和维修的信息记录，能耗分项计量和监管的数据，并现场核查物业信息管理系统。

Ⅲ　环　境　管　理

10.2.10　采用无公害病虫害防治技术

10.2.10　采用无公害病虫害防治技术，规范杀虫剂、除草剂、化肥、农药等化学药品的使用，有效避免对土壤和地下水环境的损害，评价总分值为6分，并按下列规则分别评分并累计：

（1）建立和实施化学药品管理责任制，得2分；

（2）病虫害防治用品使用记录完整，得2分；

（3）采用生物制剂、仿生制剂等无公害防治技术，得2分。

【条文解读】本条适用于各类民用建筑的运行评价。

无公害病虫害防治是降低城市及社区环境污染、维护城市及社区生态平衡的一项重要举措。对于病虫害，应坚持以物理防治、生物防治为主，化学防治为辅，并加强预测预报。因此，一方面提倡采用生物制剂、仿生制剂等无公害防治技术，另一方面规范杀虫剂、除草剂、化肥、农药等化学药品的使用，防止环境污染，促进生态可持续发展。

本条的评价方法为查阅病虫害防治用品的进货清单与使用记录，并现场核查。

10.2.11 植物生长状态

10.2.11 栽种和移植的树木一次成活率大于90%，植物生长状态良好，评价总分值为6分，并按下列规则分别评分并累计：

(1) 工作记录完整，得4分；

(2) 现场观感良好，得2分。

【条文解读】本条适用于各类民用建筑的运行评价。

对绿化区做好日常养护，保证新栽种和移植的树木有较高的一次成活率。发现危树、枯死树木应及时处理。

本条的评价方法为查阅绿化管理报告，并现场核实和用户调查。

10.2.12 垃圾

10.2.12 垃圾收集站（点）及垃圾间不污染环境，不散发臭味，评价总分值为6分，并按下列规则分别评分并累计：

(1) 垃圾站（间）定期冲洗，得2分；

(2) 垃圾及时清运、处置，得2分；

(3) 周边无臭味，用户反映良好，得2分。

【条文解读】本条适用于各类民用建筑的运行评价；也可在设计评价中进行预审。

垃圾站（间）设冲洗和排水设施，并定期进行冲洗、消杀；存放垃圾能及时清运、并做到垃圾不散落、不污染环境、不散发臭味。本条所指的垃圾站（间），还应包括生物降解垃圾处理房等类似功能间。

本条评价方法为现场考察和用户抽样调查。设计评价评审时，查阅垃圾收集站点、垃圾间等冲洗、排水设施设计文件。

10.2.13 垃圾分类收集和处理

10.2.13 实行垃圾分类收集和处理，评价总分值为10分，并按下列规则分别评分并累计：

(1) 垃圾分类收集率达到90%，得4分；

(2) 可回收垃圾的回收比例达到90%，得2分；

(3) 对可生物降解垃圾进行单独收集和合理处置，得2分；

(4) 对有害垃圾进行单独收集和合理处置，得2分。

【条文解读】本条适用于各类民用建筑的运行评价。

垃圾分类收集就是在源头将垃圾分类投放，并通过分类的清运和回收使之分类处理或重新变成资源，减少垃圾的处理量，减少运输和处理过程中的成本。除要求垃圾分类收集率外，还分别对可回收垃圾、可生物降解垃圾（有机厨余垃圾）提出了明确要求。需要说明的是，对有害垃圾必须单独收集、单独运输、单独处理，这是《城镇环境卫生设施设置标准》CJJ 27—2005 的强制性要求。

本条的评价方法为查阅垃圾管理制度文件、各类垃圾收集和处理的工作记录，并进行现场核查和用户抽样调查。

10.3　绿色建筑运营管理案例

云南××县公安业务技术用房建设用地位于县城西南方向，周边交通便利，西北侧为 40 米宽的现有道路；北侧为规划 16 米宽城市道路，东侧为一条 14 米宽城市道路，南侧为省道公路。建筑呈“工”字形，布置在用地中心位置，南北朝向，裙房平行布置于富民街，高层则垂直于富民街。考虑到气候炎热，夏季漫长，故采用南北向建筑布局，这样可以使南面的业务用房得到良好充足的日照，同时避免了西晒的问题。地下车库位于裙房和主楼的正投影位置见图 10-1。

图 10-1　平面布局

内部道路围绕建筑四周布置，与消防车道结合，并考虑地下停车库出入口位置，方便车行，主要道路宽 7 米，局部 4 米，满足消防要求见图 10-2。项目因地制宜采用绿化带集中绿化，辅以雕塑、花坛、台阶、庭院灯具、彩色铺地等环境小品。在植物配置上，种植适合当地方生长的无毒无害的植株作为绿化配景见表 10-3。

本工程 11 层有淋浴头卫生间考虑生活热水供给。热水由置于屋面的集中太阳能热水系统提供，循环管道应采用同程的布置方式，热水系统采用强制循环，循环泵设置于屋面。太阳能热水系统辅以电加热（功率 1KW），确保本工程热水用水的正常供应。太阳能贮热水箱有效容积为 1 立方米。主要用水项目及其用水量见表 10-4。

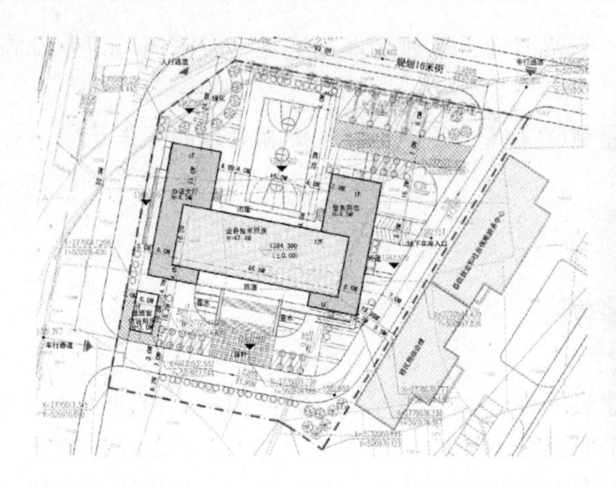

图 10-2　竖向及透视图

主要技术经济指标　　**表 10-3**

序号	名称	单位	数量	
1	总用地面积	m^2	7408.7	
2	总建筑面积	m^2	11858.5	地上：10224.5 地下：1634
3	建筑基底总面积	m^2	2068	
4	道路广场面积	m^2	1482	
5	绿地面积	m^2	1852	
6	容积率		1.38	
7	建筑密度	%	27.91	
8	绿地率	%	30.02	
9	建筑层数	层	12	
10	建筑高度	m	47.4	
11	汽车停车数量	辆	51	地上：17 地下：34

主要用水项目及其用水量　　**表 10-4**

冷水用水项目及其用水量

序号	用水项目名称	使用人数或单位数	单位	用水量标准（L）	小时变换系数（K）	使用时间（h）	用水量（m^3）			备注
							平均时	最大时	最高日	
1	办公	210 人	每人每班	40	1.3	8	2.1	2.73	16.8	按每日两班计
2	绿化及道路洒水	1852.18m^2	L/(m^2·次)	2.0	1.0	2	1.85	1.85	3.7	按每日一次计
3	小计						3.95	4.58	20.5	
4	未预见水量	按本表 1 至 2 项之和的 10%计					0.40	0.46	2.05	
5	合计						4.35	5.04	22.6	

热水用水项目及其用水量

序号	用水项目名称	使用人数或单位数	单位	用水量标准（L）	小时变换系数（K）	使用时间（h）	用水量（m^3）			备注
							平均时	最大时	最高日	
1	办公	12 人	每人每天	80	1.3	8	0.12	0.16	0.96	按每日一次计
	小计						0.12	0.16	0.96	

1. 节能措施

淋浴用热水采用太阳能为热源（辅助电加热）。一至三层采用市政给水管网直接供水。

2. 节水措施

（1）选用节水型卫生洁具及配水件：① 残疾人卫生间坐便器采用容积为 6L 的冲洗水箱；② 公共卫生间采用感应式水嘴和感应式小便器冲洗阀；蹲坑采用脚踏冲洗阀冲水；③ 整栋建筑设集中计量水表一只。

（2）绿化用水采用微喷滴灌方式浇洒，并设置单独用水计量装置。

（3）水池、水箱溢流水位均设报警装置，防止进水管阀门故障时，水池、水箱长时间溢流排水。

（4）给水系统控制最不利处用水器具处的静水压不超过 0.45MPa。

3. 环境保护措施

（1）给水支管的水流速度采用措施不超过 1.0m/s，并在直线管段设置胀缩装置，防止水流噪声的产生。

（2）生活、消防泵组防噪隔振。

（3）泵组采用隔振基础。

（4）水泵进水管、出水管设置可曲挠橡胶接头和弹性吊、支架，减少噪声及振动传递。

（5）水泵出水管止回阀采用静音式止回阀，减少噪声和防止水锤。

（6）污水经化粪池处理后排入城市污水管道，防止对城市污水管道造成淤塞。

（7）地下一层潜水泵坑均采用防臭密闭人孔盖，使室内环境不受影响。

4. 卫生防疫措施

（1）生活饮用水水池（箱）与消防水池分开设置。生活用水水池（箱）且设加锁密闭人孔盖，并设有通气管。生活用水水箱采用 8000L 不锈钢板材质的水箱。生活用水池上部无污水管道。

（2）消防水池设自洁式消毒器，并定期对池水进行循环，防止水质变坏。水池通气管及溢水管管口加防虫网罩，防止杂物尘埃进入池内污染水质。

（3）生活用水箱进水管与出水管对侧设置，以防短流，且水箱进水管管口高出箱内溢流水位，溢流管和泄水管的出口排至屋面。管底高出屋面不小于 0.15m。箱顶设通气管。

（4）本工程总水表之后设管道倒流防止器，防止红线内给水管网之水倒流污染城市给水。

（5）公共卫生间内的蹲式大便器采用脚踏开关冲洗阀，防止人手接触产生交叉感染疾病。

（6）室内污水排水管道系统设置伸顶通气管，改善排水水力条件和卫生间的空气卫生条件。

5. 节能措施

选择节能的电气设备；在负荷中心合理选择变配电室位置；合理选择导线截面积；单相用电负荷均匀分配在三相上，使三相配电平衡；采用集中于就地相结合的补偿方式；正确选择各电气设备的安装容量，使之经济合理运行；采用抑制非线性负荷以及变压器产生的高次谐波措施；电动机根据情况选用软启动方式。

营运管理阶段控制项汇总表　　表 10-5

序号	对应内容	是否满足	对应评价条款	备注
1	应制定并实施节能、节水、节材、绿化管理制度	是	10.1.1	
2	应制定垃圾管理制度，合理规划垃圾物流，对生活废弃物进行分类收集，垃圾容器设置规范	是	10.1.2	
3	运行过程中产生的废气、污水等污染物应达标排放	是	10.1.3	
4	节能、节水设施应工作正常且符合设计要求	是	10.1.4	
5	供暖、通风、空调、照明等设备的自动监控系统应工作正常且运行记录完整	是	10.1.5	
汇总	控制是否全部满足	是		

项目营运管理阶段控制项是否全部满足：是。

施工阶段评分项汇总表　　表 10-6

序号	评分类别	可得分值	实际得分值	对应评价条款	备注
1	管理制度	10	8	10.2.1	
2		8	6	10.2.2	
3		6	4	10.2.3	
4		6	5	10.2.4	
5	技术管理	10	8	10.2.5	
6		6	5	10.2.6	
7		4	4	10.2.7	
8		12	10	10.2.8	
9		10	8	10.2.9	
10	环境管理	6	4	10.2.10	
11		6	5	10.2.11	
12		6	6	10.2.12	
13		10	5	10.2.13	
合计		100	78		

项目营运管理评价得分：78 分。

课后练习题

第 10 章　运营管理内容解读

一、单选题

1. 物业管理机构是绿色建筑运营管理的（　　）。

A. 主体　　B. 个体　　C. 载体　　D. 客体

2. 绿色建筑运营管理属于绿色建筑评价 7 类指标之一，评价分数占总分值的（　　）。

A. 30%　　B. 20%　　C. 10%　　D. 5%

3. 节能、节水、节材、绿化的操作规程、应急预案等完善且有效实施，评价总分值为（　　）分。

A. 8　　B. 6　　C. 4　　D. 2

4. 空调通风系统清洗的范围应包括系统中的换热器、过滤器、通风管道与风口等，清洗工作符合的要求（　　）。

A.《居住区智能化系统配置与技术要求》CJ/T 174

B.《智能建筑设计标准》GB/T 50314

C.《城镇环境卫生设施设置标准》CJJ 27—2005

D.《空调通风系统清洗规范》GB 19210

5. 有害垃圾必须单独收集、单独运输、单独处理，按以下哪个标准实施。（　　）

A.《居住区智能化系统配置与技术要求》CJ/T 174

B.《智能建筑设计标准》GB 50314

C.《能源管理体系要求》GB/T 23331

D.《城镇环境卫生设施设置标准》CJJ 27—2005

二、多选题

1. 为更好地实施绿色运营管理，首先需要组建运营管理部门，成立物业管理公司，需要建立各种管理制度，应做好（　　）管理。

A. 技术管理　　B. 施工管理　　C. 环境管理　　D. 运营管理

2. 物业管理单位应提交（　　）并说明实施效果。

A. 节能　　B. 节水　　C. 节材　　D. 绿化管理制度

3. 建立绿色教育宣传机制，编制绿色设施使用手册，形成良好的绿色氛围，评价总分值为 6 分，并按下列哪些规则分别评分并累计。（　　）

A. 有绿色教育宣传工作记录，得 2 分

B. 向使用者提供绿色设施使用手册，得 2 分

C. 相关绿色行为与成效获得公共媒体报道，得 2 分

D. 采用合同能源管理模式，得 2 分

三、思考题

1. 节能、节水、节材、绿化管理制度分别包含哪些内容？

2. “无公害病虫害防治技术”的规则评分标准及评价方法是什么？

第11章　提高与创新内容解读

11.1　一般规定与解读

11.1.1　绿色建筑评价

11.1.1　绿色建筑评价时，应按本章规定对加分项进行评价。加分项包括性能提高和创新两部分。

【条文解读】绿色建筑全寿命期内各环节和阶段，都有可能在技术、产品选用和管理方式上进行性能提高和创新。为鼓励性能提高和创新，在各环节和阶段采用先进、适用、经济的技术、产品和管理方式，本次修订增设了相应的评价项目。比照“控制项”和“评分项”，本标准中将此类评价项目称为“加分项”。

本次修订增设的加分项内容，有的在属性分类上属于性能提高，如采用高性能的空调设备、建筑材料、节水装置等，鼓励采用高性能的技术、设备或材料；有的在属性分类上属于创新，如建筑信息模型（BIM）、碳排放分析计算、技术集成应用等，鼓励在技术、管理、生产方式等方面的创新。

11.1.2　加分项的附加得分

11.1.2　加分项的附加得分为各加分项得分之和。当附加得分大于10分时，应取为10分。

【条文解读】加分项的评定结果为某得分值或不得分。考虑到与绿色建筑总得分要求的平衡，以及加分项对建筑“四节一环保”性能的贡献，本标准对加分项理论上总分为16分；但附加得分作了不大于10分的限制。附加得分与加权得分相加后得到绿色建筑总得分，作为确定绿色建筑等级的最终依据。某些加分项是对前面章节中评分项的提高，符合条件时，加分项和相应评分项可都得分。

11.2　加分项与解读

性能提高与创新评分项见表11-1。

性能提高与创新评分项汇总表　　表 11-1

序号	评分类别	可得分值	实际得分值	对应评价条款	备注
1	Ⅰ性能提高（8 分）	2		11.2.1	
2		1		11.2.2	
3		1		11.2.3	
4		1		11.2.4	
5		1		11.2.5	
6		1		11.2.6	
7		1		11.2.7	
8	Ⅱ创新（8 分）	2		11.2.8	
9		1		11.2.9	
10		2		11.2.10	
11		1		11.2.11	
12		2		11.2.12	
合计		16			

Ⅰ 性 能 提 高

11.2.1　结构热工性能

11.2.1　围护结构热工性能比国家现行有关建筑节能设计标准的规定高 20%，或者供暖空调全年计算负荷降低幅度达到 15%，评价分值为 2 分。

【条文解读】本条适用于各类民用建筑的设计、运行评价。

本条是第 5.2.3 条的更高层次要求。围护结构的热工性能提高，对于绿色建筑的节能与能源利用影响较大，而且也对室内环境质量有一定影响。为便于操作，参照国家有关建筑节能设计标准的做法，分别提供了规定性指标和性能化计算两种可供选择的达标方法。

本条的评价方法为：设计评价查阅相关设计文件、计算分析报告；运行评价查阅相关竣工图、计算分析报告，并现场核实。

11.2.2　供暖空调系统

11.2.2　供暖空调系统的冷、热源机组能效均优于现行国家标准《公共建筑节能设计标准》GB 50189 的规定以及现行有关国家标准能效节能评价值的要求，评价分值为 1 分。对电机驱动的蒸气压缩循环冷水（热泵）机组，直燃型和蒸汽型溴化锂吸收式冷（温）水机组，单元式空气调节机、风管送风式和屋顶式空调机组，多联式空调（热泵）机组，燃煤、燃油和燃气锅炉，其能效指标比现行国家标准《公共建筑节能设计标准》GB 50189 规定值的提高或降低幅度满足表 11-2 的要求；对房间空气调节器和家用燃气热水炉，其能效等级满足现行有关国家标准规定的 1 级要求。

冷、热源机组能效指标比现行国家标准
《公共建筑节能设计标准》GB 50189 的提高或降低幅度　　表 11-2

机组类型		能效指标	提高或降低幅度
电机驱动的蒸气压缩循环冷水（热泵）机组		制冷性能系数（COP）	提高 12%
溴化锂吸收式冷水机组	直燃型	制冷、供热性能系数（COP）	提高 12%
	蒸汽型	单位制冷量蒸汽耗量	降低 12%

续表

机组类型		能效指标	提高或降低幅度
单元式空气调节机、风管送风式和屋顶式空调机组		能效比（EER）	提高12%
多联式空调（热泵）机组		制冷综合性能系数（IPLV（C））	提高16%
锅炉	燃煤	热效率	提高6个百分点
	燃油燃气	热效率	提高4个百分点

【条文解读】本条适用于各类民用建筑的设计、运行评价。

本条是第5.2.4条的更高层次要求，除指标数值以外的其他说明内容与第5.2.4条同。尚需说明的是对于住宅或小型公建中采用分体空调器、燃气热水炉等其他设备作为供暖空调冷热源的情况（包括同时作为供暖和生活热水热源的热水炉），可以《房间空气调节器能效限定值及能效等级》GB 12012.3、《转速可控型房间空气调节器能效限定值及能源效率等级》GB 21455、《家用燃气快速热水器和燃气采暖热水炉能效限定值及能效等级》GB 20665等现行有关国家标准中的能效等级1级作为判定本条是否达标的依据。

本条的评价方法为：设计评价查阅相关设计文件；运行评价查阅相关竣工图、主要产品型式检验报告，并现场核实。

11.2.3 分布式热电冷联供技术

11.2.3 采用分布式热电冷联供技术，系统全年能源综合利用率不低于70%，评价分值为1分。

【条文解读】本条适用于各类公共建筑的设计、运行评价。

本条沿用自本标准2006年版优选项第5.2.17条，有修改。分布式热电冷联供系统为建筑或区域提供电力、供冷、供热（包括供热水）三种需求，实现能源的梯级利用。

在应用分布式热电冷联供技术时，必须进行科学论证，从负荷预测、系统配置、运行模式、经济和环保效益等多方面对方案做可行性分析，严格以热定电，系统设计满足相关标准的要求。

本条的评价方法为：设计评价查阅相关设计文件、计算分析报告（包括负荷预测、系统配置、运行模式、经济和环保效益等方面）；运行评价查阅相关竣工图、主要产品型式检验报告、计算分析报告，并现场核实。

11.2.4 卫生器具的用水效率

11.2.4 卫生器具的用水效率均为国家现行有关卫生器具用水等级标准规定的1级，评价分值为1分。

【条文解读】本条适用于各类民用建筑的设计、运行评价。

本条是第6.2.6条的更高层次要求。绿色建筑鼓励选用更高节水性能的节水器具。目前我国已对部分用水器具的用水效率制定了相关标准，如：《水嘴用水效率限定值及用水效率等级》GB 25501—2010、《坐便器用水效率限定值及用水效率等级》GB 25502—2010，《小便器用水效率限定值及用水效率等级》GB 28377—2012、《淋浴器用水效率限定值及用水效率等级》GB 28378—2012、《便器冲洗阀用水效率限定值及用水效率等级》

GB 28379—2012，今后还将陆续出台其他用水器具的标准。

在设计文件中要注明对卫生器具的节水要求和相应的参数或标准。卫生器具有用水效率相关标准的，应全部采用，方可认定达标。

本条的评价方法为：设计评价查阅相关设计文件、产品说明书；运行评价查阅相关竣工图、产品说明书、产品节水性能检测报告，并现场核实。

11.2.5　建筑结构体系

11.2.5　采用资源消耗少和环境影响小的建筑结构体系，评价分值为 1 分。

【条文解读】本条适用于各类民用建筑的设计、运行评价。

本条沿用自本标准 2006 年版中的两条优选项第 4.4.10 和 5.4.11 条。当主体结构采用钢结构、木结构，或预制构件用量不小于 60%时，本条可得分。对其他情况，尚需经充分论证后方可申请本条评价。

本条的评价方法为：设计评价查阅相关设计文件、计算分析报告；运行评价查阅竣工图、计算分析报告，并现场核实。

11.2.6　对主要功能房间采取空气处理措施

11.2.6　对主要功能房间采取有效的空气处理措施，评价分值为 1 分。

【条文解读】本条适用于各类民用建筑的设计、运行评价。

本条为新增条文。主要功能房间主要包括间歇性人员密度较高的空间或区域（如会议室等），以及人员经常停留空间或区域（如办公室的等）。空气处理措施包括在空气处理机组中设置中效过滤段、在主要功能房间设置空气净化装置等。

本条的评价方法为：设计评价查阅暖通空调专业设计图纸和文件；运行评价查阅暖通空调专业竣工图纸、主要产品型式检验报告、运行记录、第三方检测报告等，并现场检查。

11.2.7　室内空气中的污染物浓度

11.2.7　室内空气中的氨、甲醛、苯、总挥发性有机物、氡、可吸入颗粒物等污染物浓度不高于现行国家标准《室内空气质量标准》GB/T 18883 规定限值的 70%，评价分值为 1 分。

【条文解读】本条适用于各类民用建筑的运行评价。

本条是第 8.1.7 条的更高层次要求。以 TVOC 为例，英国 BREEAM 新版文件的要求已提高至 300$\mu g/m^3$，比我国现行国家标准还要低不少。甲醛更是如此，多个国家的绿色建筑标准要求均在 50～60$\mu g/m^3$ 的水平，相比之下，我国的 0.08mg/m^3 的要求也高出了不少。在进一步提高对于室内环境质量指标要求的同时，也适当考虑了我国当前的大气环境条件和装修材料工艺水平，因此，将现行国家标准规定值的 70%作为室内空气品质的更高要求。

本条的评价方法为：运行评价查阅室内污染物检测报告（应依据相关国家标准进行检测），并现场检查。

Ⅱ 创 新

11.2.8 提高能源资源利用效率和建筑性能

11.2.8 建筑方案充分考虑建筑所在地域的气候、环境、资源，结合场地特征和建筑功能，进行技术经济分析，显著提高能源资源利用效率和建筑性能，评价分值为2分。

【条文解读】本条适用于各类民用建筑的设计、运行评价。

本条主要目的是为了鼓励设计创新，通过对建筑设计方案的优化，降低建筑建造和运营成本，提高绿色建筑性能水平。例如，建筑设计充分体现我国不同气候区对自然通风、保温隔热等节能特征的不同需求，建筑形体设计等与场地微气候结合紧密，应用自然采光、遮阳等被动式技术优先的理念，设计策略明显有利于降低空调、供暖、照明、生活热水、通风、电梯等的负荷需求、提高室内环境质量、减少建筑用能时间或促进运行阶段的行为节能等等。

本条的评价方法为：设计评价查阅相关设计文件、分析论证报告；运行评价查阅相关竣工图、分析论证报告，并现场核实。

11.2.9 合理选用废弃场地进行建设，或充分利用尚可使用的旧建筑

11.2.9 合理选用废弃场地进行建设或充分利用尚可使用的旧建筑，评价分值为1分。

【条文解读】本条适用于各类民用建筑的设计、运行评价。

本条前半部分沿用自本标准2006年版中的优选项第4.1.18和5.1.12条，后半部分沿用自本标准2006年版中的一般项第4.1.10条和优选项5.1.13条。虽然选用废弃场地、利用旧建筑具体技术存在不同，但同属于项目策划、规划前期均需考虑的问题，而且基本不存在两点内容可同时达标的情况，故进行了条文合并处理。

我国城市可建设用地日趋紧缺，对废弃地进行改造并加以利用是节约集约利用土地的重要途径之一。利用废弃场地进行绿色建筑建设，在技术难度、建设成本方面都需要付出更多努力和代价。因此，对于优先选用废弃地的建设理念和行为进行鼓励。本条所指的废弃场地主要包括裸岩、石砾地、盐碱地、沙荒地、废窑坑、废旧仓库或工厂弃置地等。绿色建筑可优先考虑合理利用废弃场地，采取改造或改良等治理措施，对土壤中是否含有有毒物质进行检测与再利用评估，确保场地利用不存在安全隐患、符合国家相关标准的要求。

本条所指的“尚可利用的旧建筑”系指建筑质量能保证使用安全的旧建筑或通过少量改造加固后能保证使用安全的旧建筑。虽然目前多数项目为新建，且多为净地交付，项目方很难有权选择利用旧建筑。但仍需对利用“可利用的”旧建筑的行为予以鼓励，防止大拆大建。对于一些从技术经济分析角度不可行，但出于保护文物或体现风貌而留存的历史建筑，由于有相关政策或财政资金支持，因此不在本条中得分。

本条的评价方法为：设计评价查阅相关设计文件、环评报告、旧建筑利用专项报告；运行评价查阅相关竣工图、环评报告、旧建筑利用专项报告、检测报告，并现场核实。

11.2.10 建筑信息模型（BIM）技术

11.2.10 应用建筑信息模型（BIM）技术，评价总分值为2分。在建筑的规划设计、施工

建造和运行维护阶段中的一个阶段应用，得 1 分；在两个或两个以上阶段应用，得 2 分。

【条文解读】本条适用于各类民用建筑的设计、运行评价。

建筑信息模型（BIM）是建筑业信息化的重要支撑技术。BIM 是在 CAD 技术基础上发展起来的多维模型信息集成技术。BIM 是集成了建筑工程项目各种相关信息的工程数据模型，能使设计人员和工程人员能够对各种建筑信息做出正确的应对，实现数据共享并协同工作。

BIM 技术支持建筑工程全寿命期的信息管理和利用。在建筑工程建设的各阶段支持基于 BIM 的数据交换和共享，可以极大地提升建筑工程信息化整体水平，工程建设各阶段、各专业之间的协作配合可以在更高层次上充分利用各自资源，有效地避免由于数据不通畅带来的重复性劳动，大大提高整个工程的质量和效率，并显著降低成本。

本条的评价方法为：设计评价查阅规划设计阶段的 BIM 技术应用报告；运行评价查阅规划设计、施工建造、运行维护阶段的 BIM 技术应用报告。

11.2.11　建筑碳排放

11.2.11　进行建筑碳排放计算分析，采取措施降低单位建筑面积碳排放强度，评价分值为 1 分。

【条文解读】本条适用于各类民用建筑的设计、运行评价。

建筑碳排放计算及其碳足迹分析，不仅有助于帮助绿色建筑项目进一步达到和优化节能、节水、节材等资源节约目标，而且有助于进一步明确建筑对于我国温室气体减排的贡献量。经过多年的研究探索，我国也有了较为成熟的计算方法和一定量的案例实践。在计算分析基础上，再进一步采取相关节能减排措施降低碳排放，做到有的放矢。绿色建筑作为节约资源、保护环境的载体，理应将此作为一项技术措施同步开展。

建筑碳排放计算分析包括建筑固有的碳排放量和标准运行工况下的资源消耗碳排放量。设计阶段的碳排放计算分析报告主要分析建筑的固有碳排放量，运行阶段主要分析在标准运行工况下建筑的资源消耗碳排放量。

本条的评价方法为：设计评价查阅设计阶段的碳排放计算分析报告，以及相应措施；运行评价查阅设计、运行阶段的碳排放计算分析报告，以及相应措施的运行情况。

11.2.12　采取创新

11.2.12　采取节约能源资源、保护生态环境、保障安全健康的其他创新，并有明显效益，评价总分值为 2 分。采取一项，得 1 分；采取两项及以上，得 2 分。

【条文解读】本条适用于各类民用建筑的设计、运行评价。

本条主要是对前面未提及的其他技术和管理创新予以鼓励。对于不在前面绿色建筑评价指标范围内，但在保护自然资源和生态环境、节能、节材、节水、节地、减少环境污染与智能化系统建设等方面实现良好性能的项目进行引导，通过各类项目对创新项的追求以提高绿色建筑技术水平。

当某项目采取了创新的技术措施，并提供了足够证据表明该技术措施可有效提高环境友好性，提高资源与能源利用效率，实现可持续发展或具有较大的社会效益时，可参与评审。项目的创新点应较大地超过相应指标的要求或达到合理指标，但具备显著降低成本或提高工效等优点。本条未列出所有的创新项内容，只要申请方能够提供足够相关证明，并通过专家组的评审即可认为满足要求。

本条的评价方法为：设计评价时查阅相关设计文件、分析论证报告；运行评价时查阅相关竣工图、分析论证报告，并现场核实。

11.3 技术创新案例

XX大厦由四个相对独立的办公楼和两个弧形连接体组成。北侧为11层，南侧14层，四幢办公楼首层为银行营业厅，北侧2～11层，南侧2～13层为办公楼，南侧14层为餐厅和设备机房。大厦地下两层，一层为金库、账库、保管库、车库、自行车库及快餐厅，二层为机房和车库。

大厦占地约1.8万m^2，建筑面积约10万m^2，采用了长134m，宽68m，高45m构图完整的大体型。

大厦供冷系统节能改造。本案例是用制冷能力为2950冷吨的电压缩制冷机组加蓄冷能力9000冷吨的蓄冰装置实现低温大温差供风，替代燃油溴化锂空调机组为11万m^2商务楼供冷：原系统及能耗情况：业主的大厦是一栋11万平方米的高档商务楼，原设计冷负荷100，由3台燃油溴化锂冷水机组供冷，原系统能耗情况如表11-3所示。

原系统年能耗情况　　表11-3

年供冷时间（天）	年耗轻柴油（t）	年用电量（kW）	年耗水量（t）	年能耗量（kW）
150	2830	134.65	75600	4582

经过改造，新系统能耗情况如下表所示。

新系统能耗情况　　表11-4

装机容量（kW·h）	年低谷用电量（kW）	年谷外用电量（kW）	年耗水量（t）	年能耗量（kW）
2396	235.92	324.73	16700	2237

性能提高与创新评分项见表11-5。

性能提高与创新评分项汇总表　　表11-5

序号	评分类别	可得分值	实际得分值	对应评价条款	备注
1	性能提高	2	0	11.2.1	
2		1	1	11.2.2	房间空气调节器能效等级满足现行有关国家标准规定的1级要求
3		1	0	11.2.3	
4		1	0	11.2.4	
5		1	0	11.2.5	
6		1	0	11.2.6	
7		1	0	11.2.7	
8	创新	2	0	11.2.8	
9		1	0	11.2.9	
10		2	0	11.2.10	
11		1	0	11.2.11	
12		2	0	11.2.12	
合计		16	0		

项目性能提高与创新评价得分：1分。

课后练习题

第 11 章　提高与创新内容解读

一、单选题

1. 绿色建筑评价时，应按本章规定对加分项进行评价。加分项包括性能提高和（　　）两部分。

A. 改造　　B. 创新　　C. 管理　　D. 生产

2. 为便于操作，参照国家有关建筑节能设计标准的做法，分别提供了规定性指标和（　　）两种可供选择的达标方法。

A. 性能化计算　　B. 功能化计算　　C. 现场核实　　D. 运行评价

3. 采用分布式热电冷联供技术，系统全年能源综合利用率不低于（　　）。

A. 40％　　B. 50％　　C. 60％　　D. 70％

4. 绿色建筑鼓励选用更高节水性能的节水器具，卫生器具的用水效率均为国家现行有关卫生器具用水等级标准规定的（　　）级。

A. 1　　B. 2　　C. 3　　D. 4

5. 室内空气中的污染物浓度，如氨、甲醛、苯、总挥发性有机物、氡、可吸入颗粒物等污染物浓度不高于现行国家标准《室内空气质量标准》GB/T 18883 规定限值的（　　）。

A. 60％　　B. 70％　　C. 80％　　D. 90％

二、多选题

1. 从属性分类上划分，下列哪些内容属于性能提高项（　　）。

A. 高性能的空调设备　　B. 建筑材料
C. 节水装置　　D. 碳排放分析计算

2. 建筑碳排放计算分析包括（　　）。

A. 设计阶段的碳排量　　B. 建筑固有的碳排放量
C. 标准运行工况下的资源消耗碳排放量　D. 建筑的资源消耗碳排放量

3. 在应用分布式热电冷联供技术时，必须进行科学论证，从（　　）方面对方案做可行性分析，严格以热定电，系统设计满足相关标准的要求。

A. 负荷预测　　B. 系统配置
C. 经济和环保效益　　D. 运行模式

三、思考题

1. 绿色建筑评价时，应按规定对加分项进行评价，思考加分项中创新项的主要评分项及评分方法？

2. “废弃场”及“尚可利用的旧建筑”的含义以及绿色建筑对其有何意义？

第三部分　计算机辅助技术

在建筑工程和产品设计中，计算机可以帮助设计人员担负计算、信息存储和制图等项工作。在绿色建筑标识申报及具体设计中，同样需要用计算机对不同阶段的工作进行大量地计算、分析和比较，以最高的效率完成工作或比选得出最优方案。

BIM（Building Information Modeling）建筑信息模型技术是继 CAD（Computer Aided Design）计算机辅助设计技术后，出现的建设领域又一重要的计算机应用技术。基于BIM 技术的应用软件大约在 2004 年就已进入我国。迄今为止，虽然已经在一些工程中得到应用，但应用的主要是建筑专业设计软件，设计人员接受三维模型设计并不容易，似乎需要花更长的时间；另外国外软件厂商的产品对我国规范的支持程度差，尚不能完全按照我国规范要求进行相关的设计计算。

尽管如此，绿色建筑标识申报及绿色建筑措施设计中各种设计信息，不论是数字的、文字的或图形的，都能存放在计算机的内存或外存里，并能快速地检索、编辑等有关的图形数据加工工作。并且，随着计算机技术的进步、经济的发展和市场的驱动。国内一些机构、单位合作开发了多款针对绿色建筑标识申报及设计的软件，极大地方便了绿色建筑从业人员，同时，也促进了我国绿色建筑的发展。

目前，国内在绿色建筑领域应用的计算机软件主要分为模拟计算、评估和指南两大类。

1. 模拟计算类软件

Ecotect，Radiance　说明：用于室内自然采光分析；

AirPak，FLUENT，ANSYS 说明：用于室外风环境分析和室内通风模拟；

RAYNOISE，SoundPLAN，Cadna/A 说明：声学，噪声模拟软件；

PBECA2008 说明：中国建筑科学研究院的 PKPM 系列节能设计软件用于节能设计，达到节能标准要求条文；

DOE-2，eQUEST，EnergyPlus 说明：能耗模拟，用于能耗评估，更高水平节能率计算；

Sunlight 说明：用于日照分析。

2. 评估和指南类软件

绿色建筑评估软件由中国建筑科学研究院研发，用于中国绿色建筑评价标准的应用；

LEED 评估，Excel 表格；

GreenStar 评估，澳大利亚绿标评估软件，基于 excelvba；

此类国内外都还不够成熟。

目前国内在正在开发或使用的绿色建筑设计软件是协助用户完成绿色建筑星级评估、成本掌控、辅助决策的专家支持系统。软件以国家及部分地方绿色建筑标准作为出发点，详细剖析标准对应的每个条目，并提供条目相关的设备选型、计算分析、经济分析等辅助设计功能，协助用户快速完成条目分析，成本控制等工作，生成详细的申报自评估报告书和申报资料，帮助完成绿色建筑设计标识及绿色建筑运营标识的申报。

同时，基于绿色建筑标准评价的设计软件工具，覆盖建筑全生命周期，可以生成满足绿色建筑大部分的专项设计报告，后端可以链接国家级评审中心，并融合 BIM 设计理念，通过建立统一的数据模型，在风环境、光环境、能耗、噪声等不同的模拟软件中进行计算分析。生成符合标准的分析报告和绿色建筑专篇，有效帮助设计师进行项目认证、模拟计算、产品选型、设计指导、增量成本分析和项目申报等工作，为设计师提供直观的量化数据与依据，对项目的设计和运行效果进行全方位评价与优化。

第 12 章　管理与申报评价

12.1　基本信息

绿色建筑软件的基本信息包含了项目信息、地理位置和评价标准，通过设置，用户可为工程设置项目信息、评价标准选择等。

在工程设计之初以及设计过程中，用户可选择“基本信息-项目信息”命令，对工程的基本信息进行输入和补充修改。

12.1.1　基本信息

步骤：基本信息/项目。

(1) 定义项目的名称。

(2) 选择建筑类型。

(3) 填写建筑面积，项目信息见图 12-1。

12.1.2　地理位置

步骤：基本信息/地理位置。

用户可选择省份和城市后，软件链接 google 地图见图 12-2。

12.1.3　评价标准

步骤：基本信息/评价标准。

软件中包含国家、地方及行业绿色建筑评价标准见图 12-4，用户可根据自己的需求自行选择，选择不同的标准将影响整个项目的评价过程，在其设计和评价过程中，智能帮助系统将为用户进行实时在线指导见图 12-3。

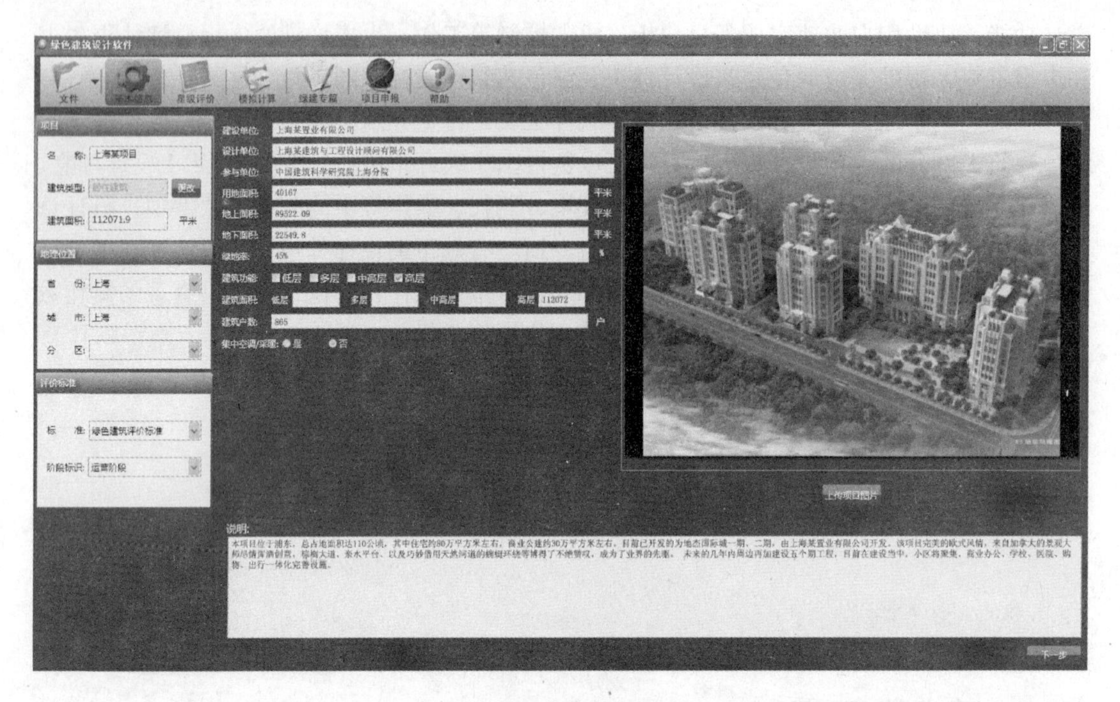

图 12-1　项目信息

图 12-2　项目定位系统及上传建筑模型

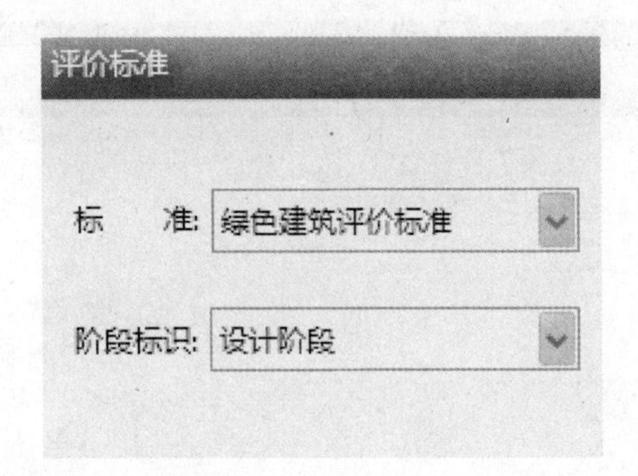

图 12-3　评价标准

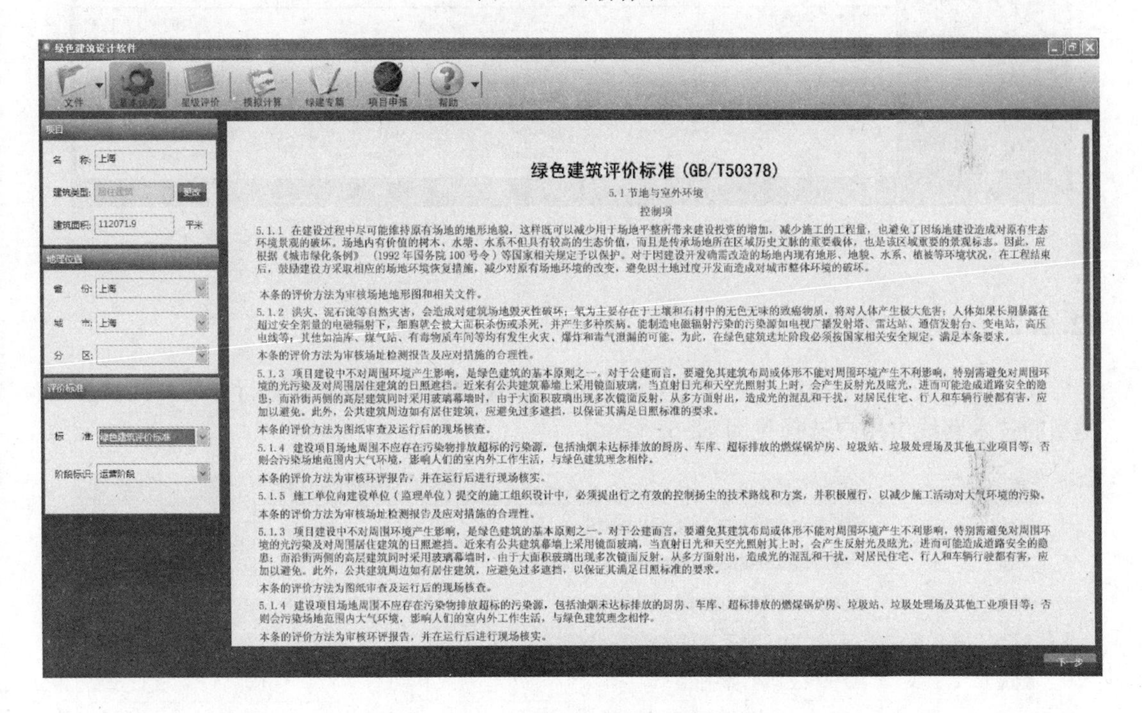

图 12-4　绿色建筑评价标准

12.2　技术路线

绿色建筑的技术路线可引导设计师完成项目目标星级以及技术体系的定位。软件可以根据设计师提供的项目基本信息，如地理区位，气候特点等，自动匹配适合于本项目的技术路线，并生成预评估报告及前期增量成本分析报告等内容，以作为项目设计方案参考。设计师还可在原有技术路线基础上自行定义，并指导后期的绿色建筑设计工作。

12.2.1　选择目标星级

在技术路线对话框中，选择目标星级，点击“更新技术路线”见图 12-5。

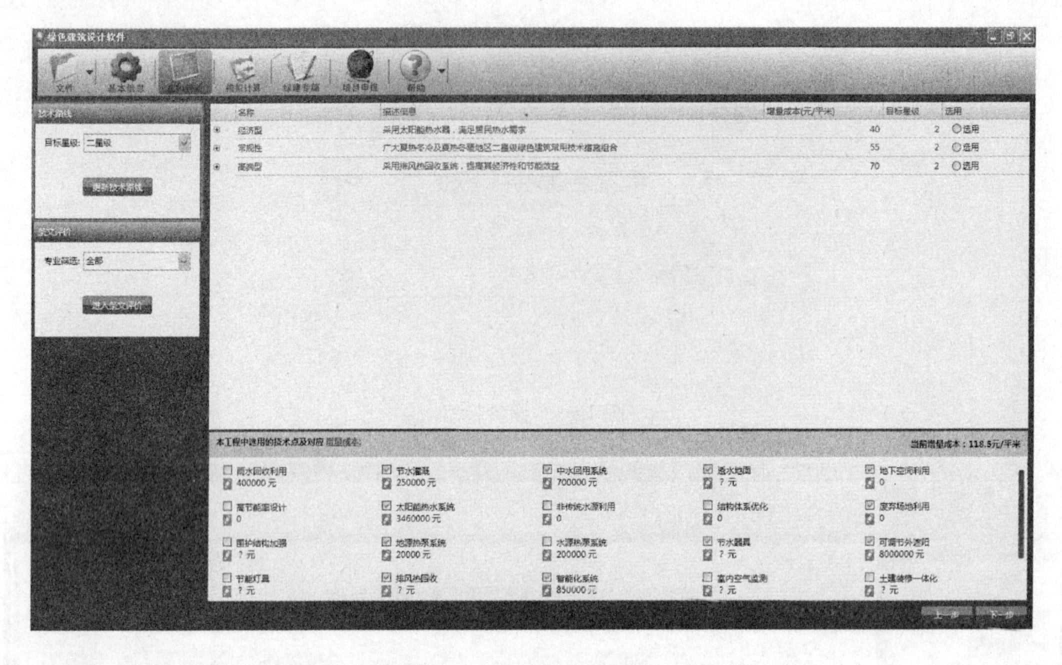

图 12-5　更新技术路线

12.2.2　选择技术路线

在选择“更新技术路线”按钮后，软件可以根据选择的目标星级进行筛选，提供多种类型的技术路线供用户选择见图 12-6。

	名称	描述信息	增量成本(元/平米)	目标星级	选用
⊞	经济型	适用于雨水充沛地区，实现三星级增量成本最优化	120	3	○选用
⊞	常规型	广大夏热冬冷及夏热冬暖地区三星级绿色建筑常用技术措施组合	150	3	○选用
⊞	高端型	主动与被动绿色建筑技术措施集合，提高能源利用效率	180	3	○选用
⊞	常规型	适用于降雨量较少的地区，实现三星级增量成本最优化	120	3	○选用
⊞	改造型	实现旧建筑改造利用，降低建设成本	140	3	○选用
⊞	高端型	主动与被动绿色建筑技术措施集合，提高能源利用效率	180	3	○选用

图 12-6　选择技术路线

12.2.3　增量成本计算

根据选择的技术路线，软件会把本工程选用的技术点列出，对每个技术点对应的单价进行填写后，可以直接计算出当前增量成本见图 12-7。

根据自动匹配适合于本项目的技术路线，绿色建筑设计软件 GBDesign 可以生成预评估报告及前期增量成本分析报告等内容，以作为项目设计方案参考。

12.2.4　预评估表

针对大桥试验学校项目基础条件，核对《绿色建筑评价标准》GBT 50378—2014 的条款要求，具体条文满足情况如表 12-1 所示：

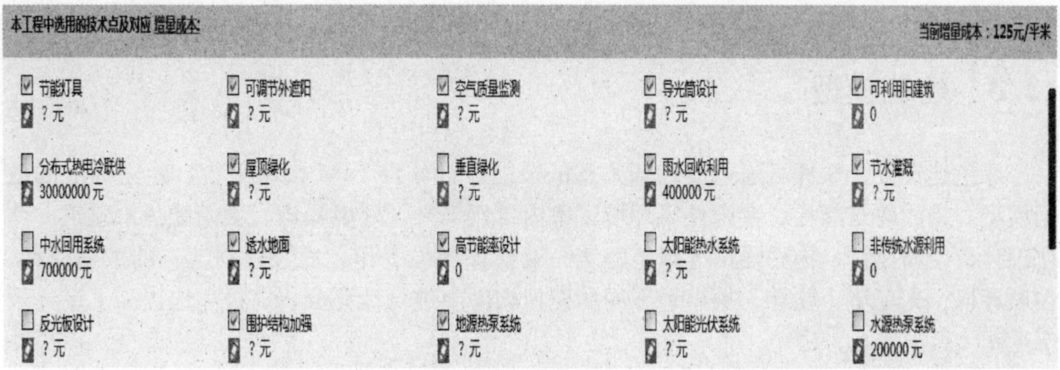

本工程中选用的技术点及对应 增量成本　　当前增量成本：125元/平米

☑ 节能灯具 ? 元	☑ 可调节外遮阳 ? 元	☑ 空气质量监测 ? 元	☑ 导光筒设计 ? 元	☑ 可利用旧建筑 0
☐ 分布式热电冷联供 30000000 元	☑ 屋顶绿化 ? 元	☐ 垂直绿化 ? 元	☑ 雨水回收利用 400000 元	☑ 节水灌溉 ? 元
☐ 中水回用系统 700000 元	☑ 透水地面 ? 元	☑ 高节能率设计 0	☐ 太阳能热水系统 ? 元	☐ 非传统水源利用 0
☐ 反光板设计 ? 元	☑ 围护结构加强 ? 元	☑ 地源热泵系统 ? 元	☐ 太阳能光伏系统 ? 元	☐ 水源热泵系统 200000 元

图 12-7　增量成本

“满足要求√，不满足要求×，设计阶段不参评－，本项目不适用项○”。

预评估报告　　**表 12-1**

指标	类别	标准条文	二星级选项	说明	负责方
节地与室外环境	控制项	5.1.1 场地建设不破坏当地文物、自然水系、湿地、基本农田、森林和其他保护区	√	环评报告	环评机构
		5.1.2 建筑场地选址无洪灾，泥石流及含氢土壤的威胁，建筑场地安全范围内无电磁辐射危害和火、爆、有毒物质等危险源	√	环评报告	环评机构
		5.1.3 不对周边建筑物带来光污染，不影响周围居住建筑的日照要求	√	建筑光污染分析； 日照分析：（若周围有住宅建筑，需做对周围居住建筑的日照分析）	设计院 幕墙公司
		5.1.4 场地内无排放超标的污染源	√	环评报告	环评机构
		5.1.5 施工过程中制定并实施保护环境的具体措施，控制由于施工引起各种污染以及对场地周边区域的影响	－		
	一般项	5.1.6 场地环境噪声符合现行国家标准《城市区域环境噪声标准》GB 3096 的规定	√	本项目东、西、南侧为城市干道，环评报告需要对场地噪声进行较为全面的检测	环评机构
		5.1.7 建筑物周围人行区风速低于 5m/s，不影响室外活动的舒适性和建筑通风	√	业主提供周边建筑规划（包括建筑轮廓及高度），通过通风模拟报告确定，一般较易满足	建研院
		5.1.8 合理采用屋顶绿化，垂直绿化等方式	√	屋顶绿化面积要达到可绿化屋面面积的 30% 以上	景观设计
		5.1.9 绿化物种选择适宜当地气候和土壤条件的乡土植物，且采用包含乔、灌木的复层绿化	√	物种选择，江南地区物种丰富，极易实现	景观设计
		5.1.10 场地交通组织合理，到达公共交通站点的步行距离不超过 500m	√	本项目周边 500m 内有公交	业主

12.3 建筑模型

绿色建筑设计软件可通过设计师熟悉的节能设计软件 BIM 模型平台，建立标准的数据模型，完成建筑能耗、室内外风环境、室内自然采光、环境噪声、太阳能热水建筑一体化设计、结露设计、构件隔声等绿色建筑高端模拟相关工作，通过建立统一的数据模型，在风环境、光环境、能耗、噪声等不同的模拟软件中进行计算分析，极大地提高了设计效率见图 12-8。

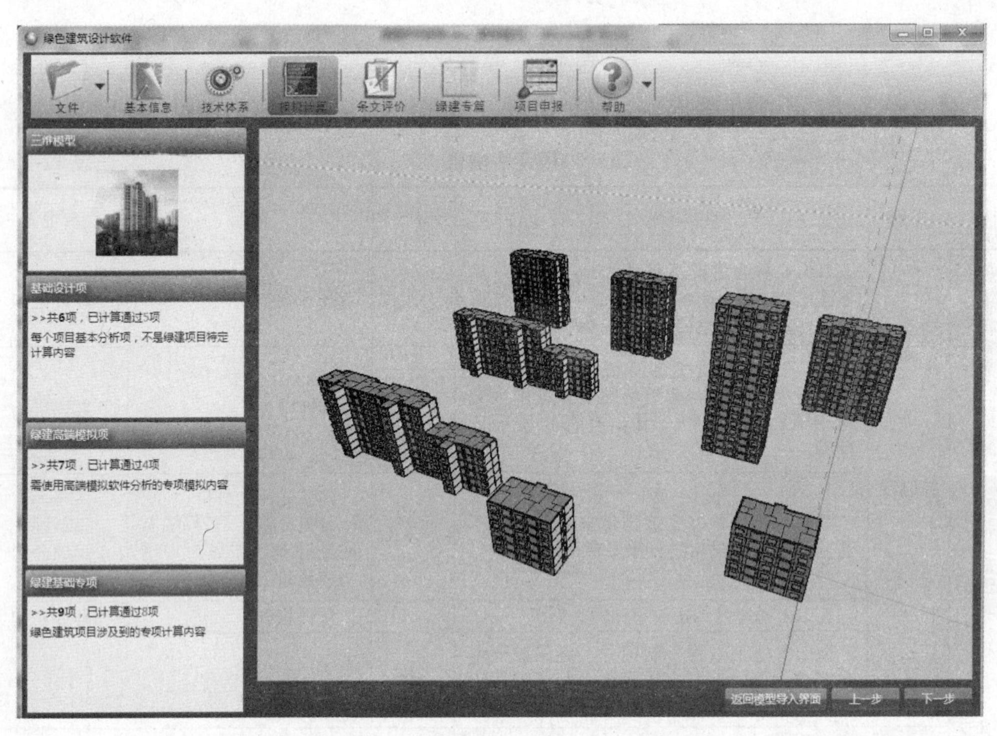

图 12-8 三维模型

12.4 条文评价

绿色建筑软件在评价过程中有效地对国家和地方的绿色建筑评价标准条目进行合理拆分，为设计师提供达到目标星级的方法、要求与具体措施。同时，通过绿色建筑知识库、案例库与智能帮助系统，可提高设计师对项目关键指标的控制，并最终生成符合要求的自评估报告及申报书等内容。

12.4.1 专业筛选

步骤：星级评价/条文评价。

图 12-9　条文评价

根据标准，软件将条文分为不同的专业，设计师可以根据所属专业分工协同工作见图 12-9。

12.4.2　条文评价

步骤：星级评价/条文评价/进入条文评价。

条文评价界面的左侧为树状条文列表，与基本信息所选标准相对应，每个具体条目以不同的图标代表当前条目的评价状态，点击每个条目，右侧显示条目的详细信息见图 12-10。

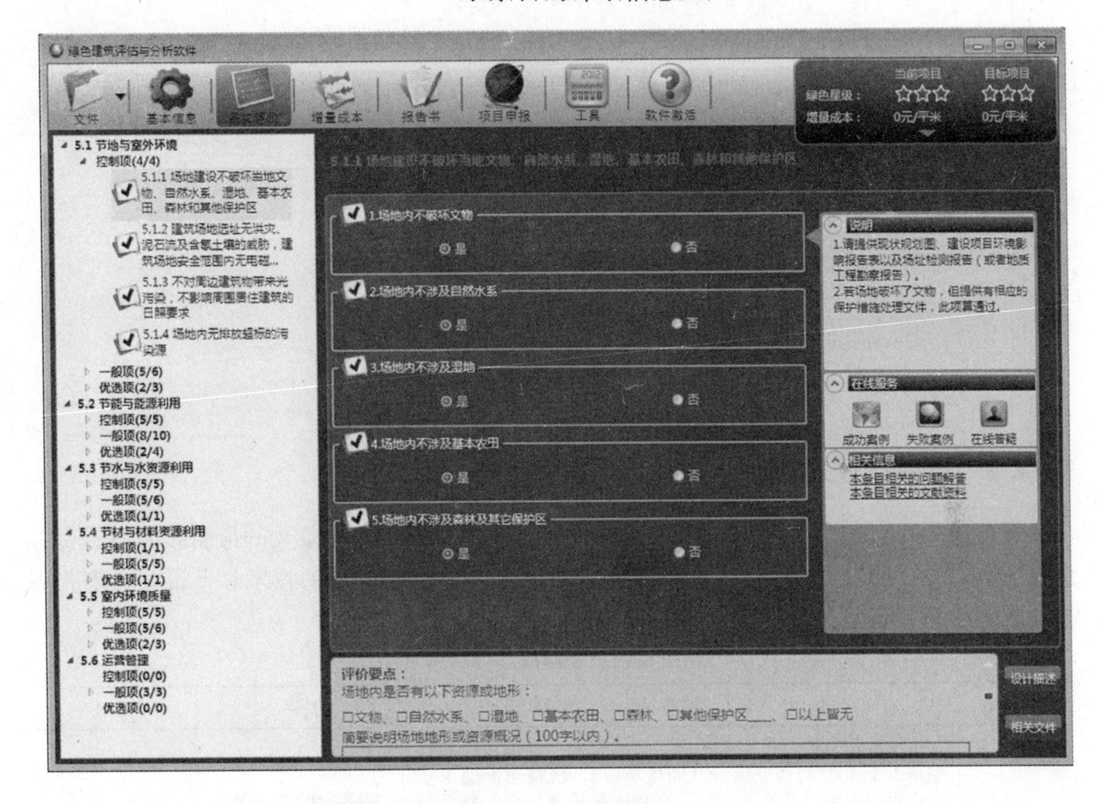

图 12-10　条文评价

软件根据条目的内容将条目细分为若干个子条目，用户需要对每个字条目进行评价，通过点击、填写数字等方式进行评价，根据用户的每一个动作，软件将做出详细的判断，给出指导性的意见，在对每一个细分条目进行评价时，其右侧会显示与当前细分条目相关的说明、相关产品、相关软件、在线服务等信息，辅助用户完成设计见图 12-11。

在条文评价界面的下方为设计描述区域，软件根据将给出评价要点和证明材料的提供格式，用户只需按照固定格式填写相应内容即可，这部分内容将作为自评估报告的重要组成部分见图 12-12。

界面右上方监控面板，实时监控星级、增量成本等的变化情况，同时软件根据用户的操作会给出一些提示性的意见，这部分内容也将在监控面板中显示，监控面板会动态缩放，同时把提示内容显示给予用户，显示完毕后，自动收缩。

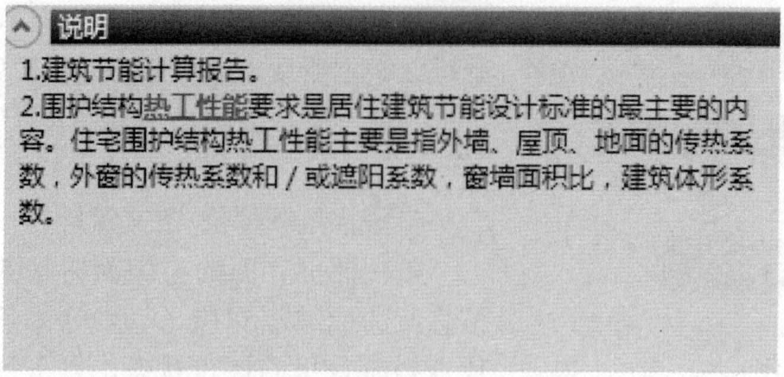

说明

1.建筑节能计算报告。

2.围护结构热工性能要求是居住建筑节能设计标准的最主要的内容。住宅围护结构热工性能主要是指外墙、屋顶、地面的传热系数，外窗的传热系数和/或遮阳系数，窗墙面积比，建筑体形系数。

图 12-11　条文说明

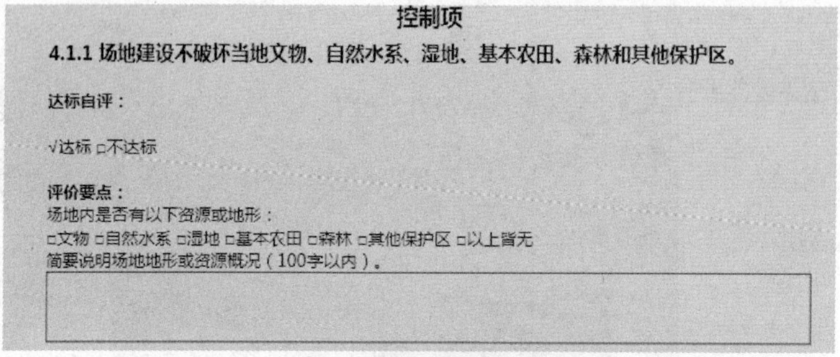

控制项

4.1.1 场地建设不破坏当地文物、自然水系、湿地、基本农田、森林和其他保护区。

达标自评：

√达标 □不达标

评价要点：

场地内是否有以下资源或地形：

□文物 □自然水系 □湿地 □基本农田 □森林 □其他保护区 □以上皆无

简要说明场地地形或资源概况（100字以内）。

图 12-12　评价模板

12.4.3　产品选型对话框

绿色建筑设计软件 GBDesign 中涵盖了绿色建筑设计过程中涉及的最新技术及产品信息见图 12-13，可供设计师选择，软件会自动匹配适用于本项目的技术和产品，并有产品推荐方案，指导设计师完成项目增量成本分析见表 12-2。

选型系统及增量成本分析报告　　**表 12-2**

技术列表	说明	图片	备注
透水地面	透水地面包括自然裸露地面、公共绿地、绿化地面和镂空率大于40%的镂空铺地（如植草砖），增强地面透水能力，可缓解城市及住区气温升高和气候干燥状况，降低热岛效应，调节微小气候，增加场地雨水与地下水涵养，改善生态环境及强化天然降水的地下渗透能力，补充地下水量，减少因地下水位下降造成的地面下陷，减轻排水系统负荷，减少雨水的尖峰径流量，改善排水状况，本项目采用透水地面，同时需要结合项目所在地土层结构以及雨水入渗引流系统进行综合考虑，实现透水效益最大化		对应条文：5.1.14 100元/m^2
雨水收集系统	本项目收集区域雨水，经过处理净化后，可以用于绿化用水、景观补水、冲洗道路及冷却循环等，充分利用雨水资源，可以大大减轻城市的需水压力，缓解地下水的资源紧张状况		对应条文：5.3.6、5.3.7 40万/套
节水喷灌	目前普遍采用的节水灌溉方式是喷灌，即利用专门的设备把水加压，或利用水的自然落差将有压水送到灌溉地段，将水通过喷头进行喷洒灌溉。其优点是可将水喷射到空中变成细滴，均匀地散布到绿地，并可按植物品种、土壤和气候状况适时适量喷洒	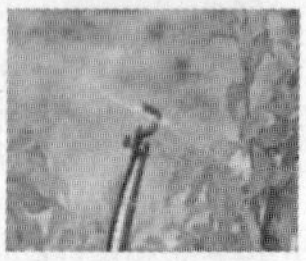	对应条文：5.3.8 10元/m^2

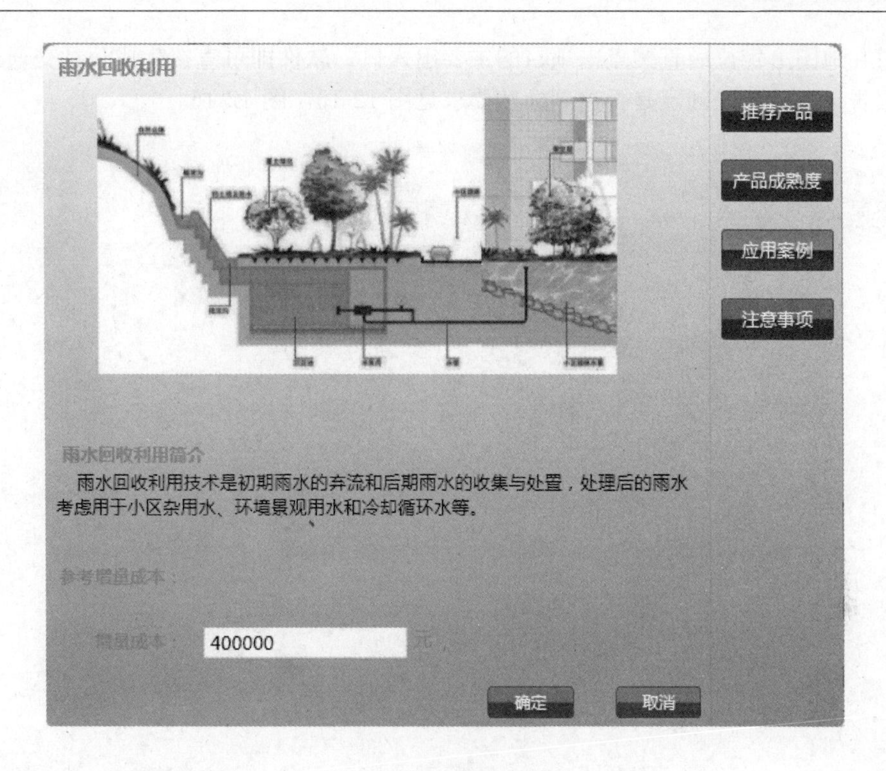

图 12-13　产品选型

12.4.4　公交与周边设施

绿色建筑设计软件 GBDesign 中增加了搜索项目周边公交及周边配套设施的功能，如图 12-14 所示。

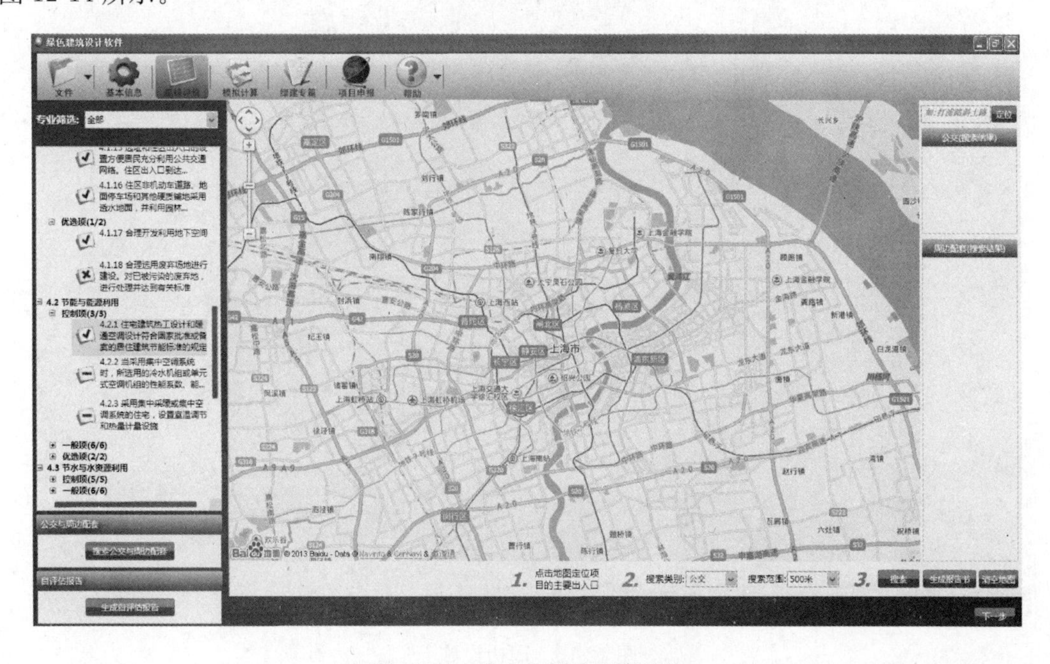

图 12-14　公交和周边配套设施

通过在地图上定位后直接点击项目的主要出入口，软件即可直接生成公共交通站点分布说明报告书，并可以判定是否达到标准要求见图 12-15，图 12-16。

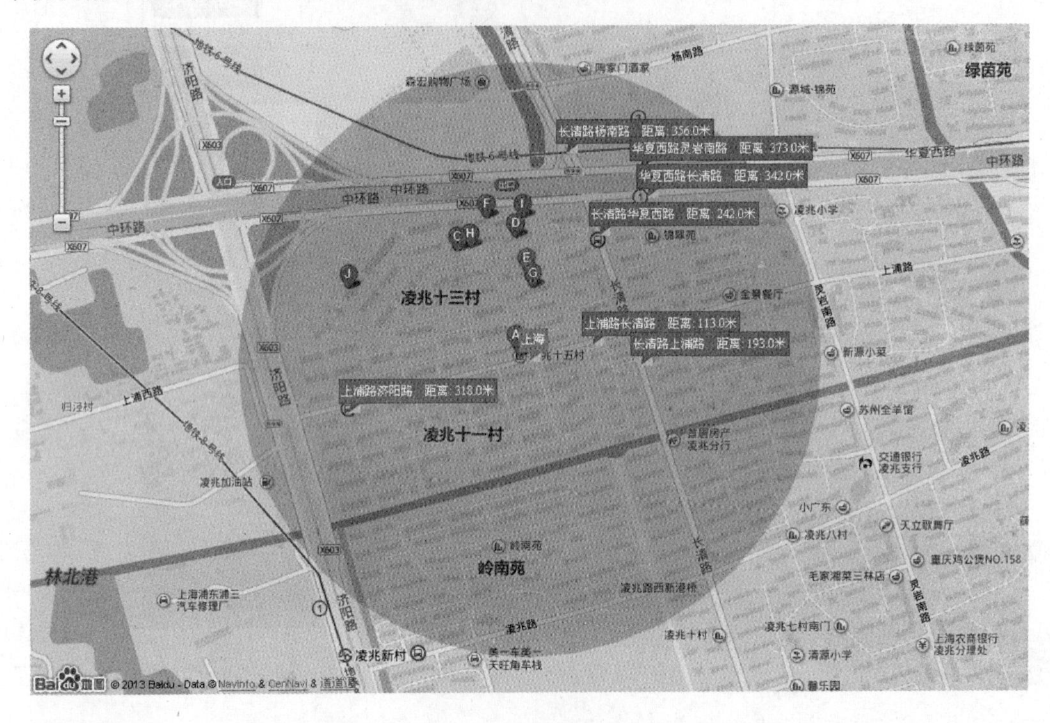

图 12-15 公交站点

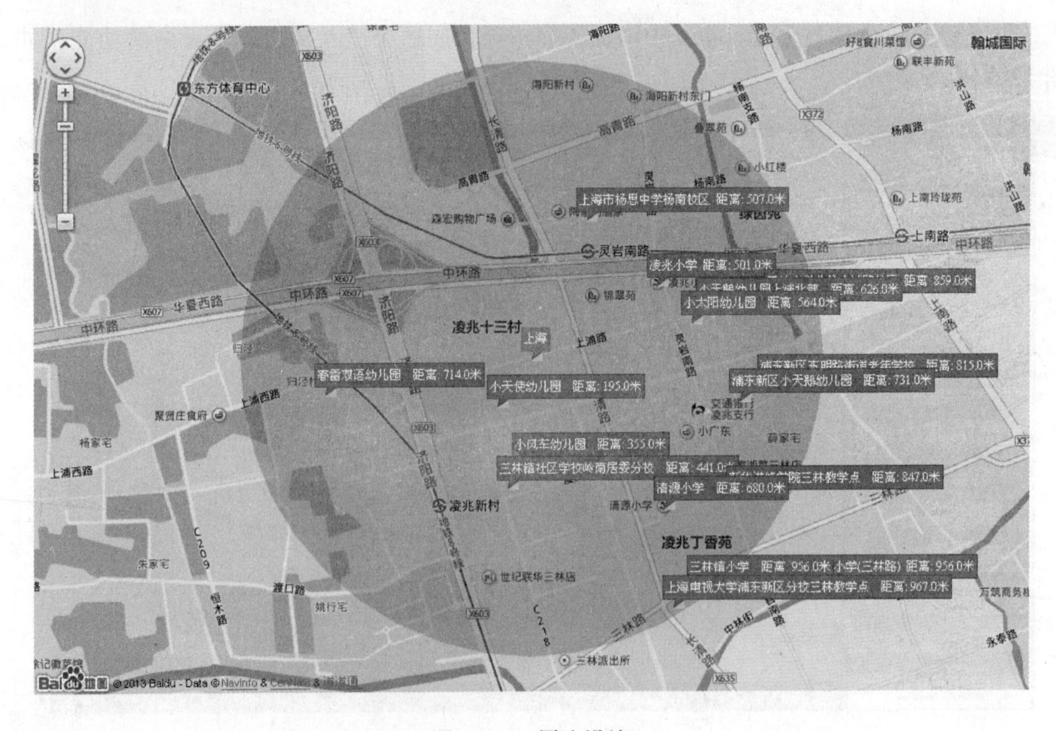

图 12-16 周边设施

12.4.5　自评估报告书

在完成条文评价后，点击生成自评估报告书，根据在条文评价中填写的内容，软件即可生成自评估报告书见图 12-17。

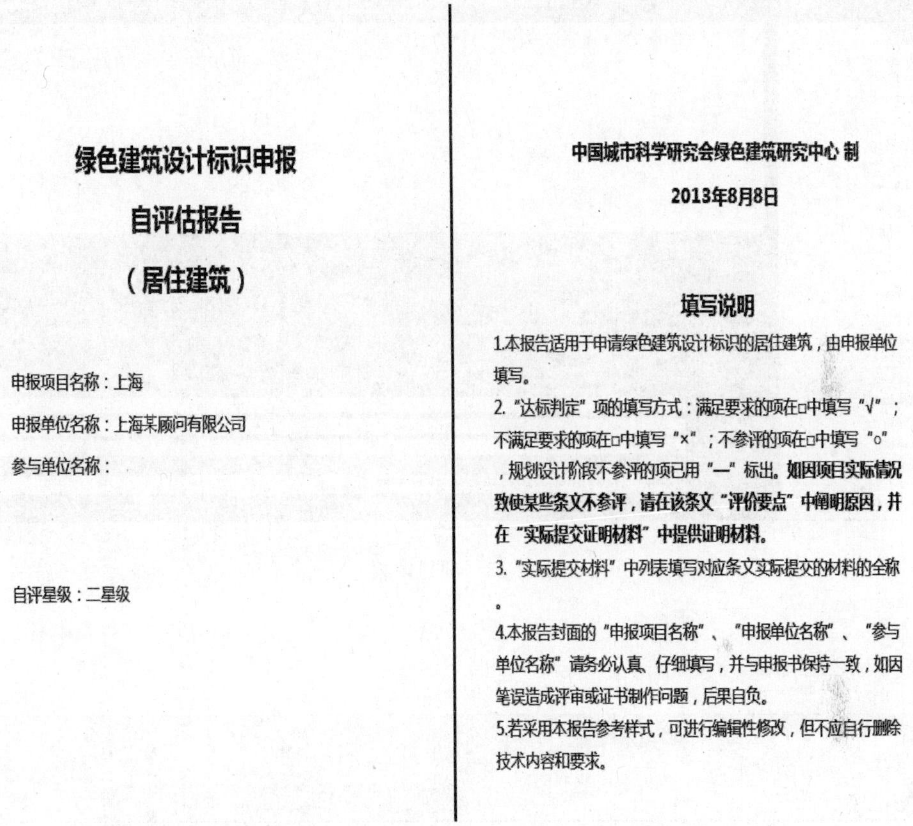

绿色建筑设计标识申报

自评估报告

（居住建筑）

申报项目名称：上海

申报单位名称：上海某顾问有限公司

参与单位名称：

自评星级：二星级

中国城市科学研究会绿色建筑研究中心 制

2013年8月8日

填写说明

1.本报告适用于申请绿色建筑设计标识的居住建筑，由申报单位填写。

2. “达标判定”项的填写方式：满足要求的项在□中填写“√”；不满足要求的项在□中填写“×”；不参评的项在□中填写“○”，规划设计阶段不参评的项已用“—”标出。**如因项目实际情况致使某些条文不参评，请在该条文“评价要点”中阐明原因，并在“实际提交证明材料”中提供证明材料。**

3. “实际提交材料”中列表填写对应条文实际提交的材料的全称。

4.本报告封面的“申报项目名称”、“申报单位名称”、“参与单位名称”请务必认真、仔细填写，并与申报书保持一致，如因笔误造成评审或证书制作问题，后果自负。

5.若采用本报告参考样式，可进行编辑性修改，但不应自行删除技术内容和要求。

图 12-17　自评估报告书

12.5　产品选型库

软件中涵盖了绿色建筑设计过程中涉及的最新技术及产品信息，可供设计师选择，软件会自动匹配适用于本项目的技术和产品，并有产品推荐方案，指导设计师完成项目增量成本分析。

12.6　项目申报系统

绿色建筑设计软件可与国家绿色建筑评审中心网站衔接的软件，可整合绿色建筑项目所需的整套申报资料，并上传至国家级评审中心进行在线形式审查，见图 12-19。根据绿色建筑规定的申报文件结构体系，可以将所需的文件通过软件整理，以免错漏文件见图12-18。

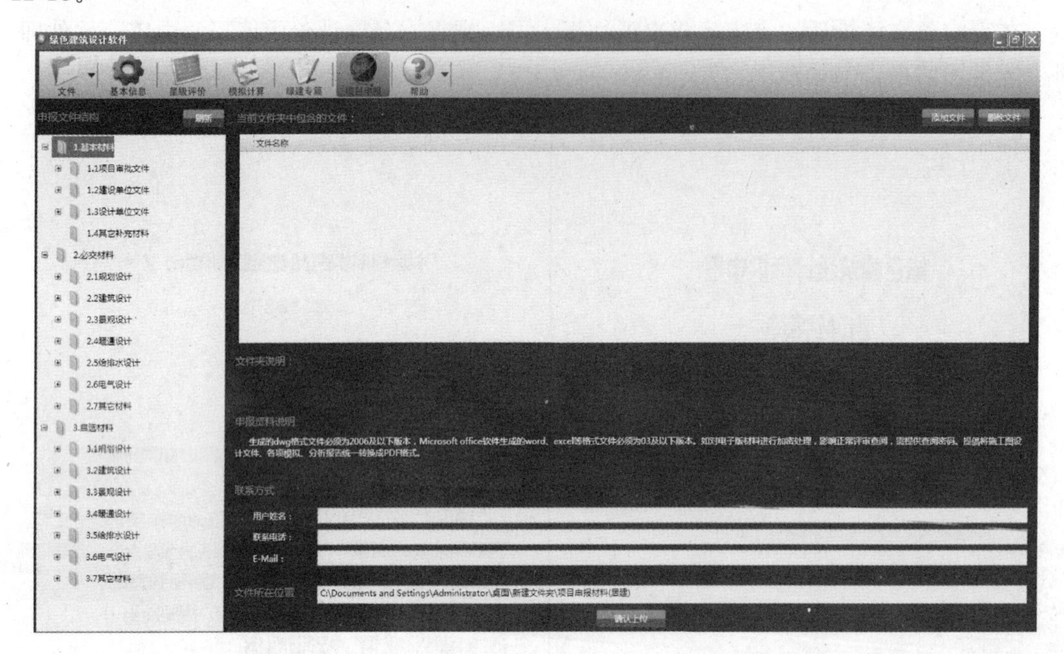

图 12-18　项目申报

图 12-19　整合申报资料及评审系统

绿色建筑设计软件可以输出符合设计要求的绿色建筑专篇，内容全面，数据准确，满足当地绿色建筑项目备案的需要见图 12-20。

绿色建筑项目设计情况信息表（居住建筑）

项目信息及关键绿色设计指标				
项目名称	上海某项目		项目地址	
建设单位	上海某置业公司		设计单位	上海某设计院
建设目标	一星级☐　二星级☑　三星级☐			
建筑类型	低层☐　多层☐		中高层☐	高层☑
用地面积	40167		总建筑面积	112071.9
地上建筑面积	89522.09		地下建筑面积	22549.8
关键绿色设计指标	建筑节能率		非传统水源利用率	
	可再生能源利用率		可再循环材料利用比例	

一、规划设计指标

1. 公交站点距项目出入口距离：________ m，数量：________；
   交通组织人车分流：☑是　☐否
2. 住区内是否建立会所及幼儿园：☐是　☐否
   住区及周边服务半径内可共享的公共服务设施类别包括：
   ☐教育　☐医疗卫生　☐文化体育　☐商业服务　☐金融邮电　☐社区服务　☐市政公用　☐市政管理
3. 是否利用废弃场地：☐是　☑否
4. 是否将尚可利用的旧建筑纳入规划项目：☑是　☐否
5. 本项目人均居住用地指标为____14.51____

二、建筑设计指标

1. 装饰性构件：☑有　☐无
   - 女儿墙高度：____2.2____ m
   - 装饰性构件工程造价：____91055____ 万元　工程总造价：____10760000____ 万元
2. 建筑外遮阳设置：
   本工程采用：　☐建筑一体化固定遮阳措施　☐可调节外遮阳设施
   外遮阳应用部位：☐东向　☐南向　☐西向　☐北向
3. 建筑隔热强化设计
   除常规保温隔热设计措施外，本工程屋面和东西向外墙采取以下强化隔热设计措施：☐种植屋面　☐蓄水屋面　☐外墙绿化　☐建筑反射隔热涂料屋面和墙体
4. 本工程采用土建与装修一体化施工：☑是　☐否
5. 可再循环利用材料占总材料的重量比：________
6. 地下空间的开发与利用：地下空间建筑面积与建筑占地面积比____0.561401150197924____
   地下空间主要用途为：________

1

三、结构设计指标

1. 现浇混凝土是否全部采用预拌混凝土：☑是　☐否
   商品砂浆的使用量占砂浆总量的比例：________
2. 高性能混凝土、高强度钢使用比例（如本项目属于 6 层及以下的建筑或钢结构，此项不参评）
   - 高强度钢使用比例：____80.73%____%
   - 高性能混凝土使用比例：________%
   - 高耐久性混凝土使用比例：________%
3. 主体结构体系：钢结构体系☐　非黏土砖砌体结构体系☐　木结构☐　预制混凝土结构体系☐　其它

四、景观设计指标

1. 室外绿化种植植物是否为乡土植物：☑是　☐否
2. 室外绿化是否采用乔、灌复层绿化：☑是　☐否
3. 室外透水地面面积：________m^2，室外地面面积：________m^2
   室外透水地面面积比：____0.45____%
4. 本项目中采用的绿化灌溉方式为：☐滴灌　☐微喷灌　☐渗灌　☐管灌　☐喷灌　其他________
5. 住区绿地面积________，住区用地面积________，住区绿地率________
   住区总公共绿地面积________，人均公共绿地面积________
6. 平均每 $100m^2$ 绿地面积上的乔木数____0____株，住区内木本植物种类数：________

五、给排水设计指标

1. 本工程存在稳定的热水需求
   ☐ 是，热源来自　☐自备锅炉　☐废热回收　☐太阳能热水系统　☐热泵热水系统
   ☑ 否
   其中可再生能源利用系统提供生活热水的比例为____25.1____
2. 室内生活排水采用：☑污废分流　☐污废合流；建筑雨水排放采用：☑雨污分流　☐雨污合流
3. 是否采用雨水回用技术：☑是　☐否
4. 是否采用中水回用技术：☑是　☐否
   中水利用为：☑市政再生水　☑建筑中水设施
5. 本项目非传统水源用于：
   ☑绿化浇灌　☑道路冲洗　☑车库冲洗　☑室内冲厕　☑冷却塔补水　☑景观补水　其它________
6. 给水管材采用：________ 连接方式：________；排水管材采用：
   连接方式：________
7. 是否设置用水的分项计量和分级计量：☑是　☐否
8. 是否采用了节水器具：☑是　☐否
9. 非传统水源利用率

9.1 规定性指标
室内冲厕用水采用再生水和雨水的比例：____%　室外杂用水采用再生水和雨水的比例：____%
冷却塔补水（含蒸发式冷凝机组补水）采用再生水和雨水的比例：____%

9.2 性能性指标
非传统水源利用率：____%

2

图 12-20　绿建专篇

课后练习题

第 12 章　管理与申报评价

一、单选题

1. 根据自动匹配适合于本项目的技术路线，绿色建筑设计软件（　　）可以生成预评估报告及前期增量成本分析报告等内容，以作为项目设计方案参考。

A. BIMDesign　　B. ATMDesign　　C. GBGDesign　　D. GBDesign

2. 模拟计算类软件中用于室外风环境分析和室内通风模拟的软件是（　　）。

A. Ecotect，Radiance

B. AirPak，FLUENT，ANSYS

C. RAYNOISE，SoundPLAN，Cadna/A

D. DOE-2，eQUEST，EnergyPlus

3. 绿色建筑设计软件 GBDesign 中增加了搜索项目周边公交及（　　）的功能。

A. 周边配套设施　　B. 站点分布

C. 主要出入口　　D. 在线服务

4. 根据绿色建筑规定的（　　），可以将所需的文件通过软件整理，以免错漏文件。

A. 在线形式审查　　B. 申报文件结构体系

C. 项目备案　　D. 评估报告书

5. 在工程设计之初以及设计过程中，用户可选择（　　）命令，对工程的基本信息进行输入和补充修改。

A. 基本信息-项目信息　　B. 用户信息-项目信息

C. 用户信息-工程信息　　D. 基本信息-工程信息

二、多选题

1. 目前，国内在绿色建筑领域应用的计算机软件主要分为（　　）两大类。

A. 成本控制　　B. 模拟计算　　C. 评估、指南　　D. 辅助决策

2. 绿色建筑软件的基本信息包含了（　　），通过设置，用户可为工程设置项目信息、评价标准选择等。

A. 项目信息　　B. 分析报告　　C. 地理位置　　D. 评价标准

3. 通过（　　）可提高设计师对项目关键指标的控制，并最终生成符合要求的自评估报告及申报书等内容。

A. 绿色建筑知识库　　B. 案例库

C. 智能帮助系统　　D. 评价标准

三、思考题

1. 如何利用计算机设计软件来辅助绿色建筑项目的管理和申报？

第 13 章　设计与评价应用

绿色建筑设计软件包含基本项设计、绿色高端模拟项、绿建基础专项等，覆盖规划、建筑、暖通、电气、给排水等各专业，简化设计师的计算工作，只需填写专业内所需基础数据，就可以输出符合要求的专业计算报告。软件可以输出符合设计要求的绿色建筑专篇，内容全面，数据准确，满足当地绿色建筑项目备案的需要。

13.1　软件运行

绿色建筑设计软件可以生成满足绿色建筑大部分的专项设计报告，并融合 BIM 设计理念，通过建立统一的数据模型，在风环境、光环境、能耗、噪声等不同的模拟软件中进行计算分析。生成符合标准的分析报告和绿色建筑专篇，有效帮助设计师进行项目认证、模拟计算、产品选型、设计指导、增量成本分析和项目申报等工作，为设计师提供直观的量化数据与依据，对项目的设计和运行效果进行全方位评价与优化。

13.2　操作界面

不同的绿色建筑设计软件有不同操作界面，国内某款软件的界面如图 13-1 所示：

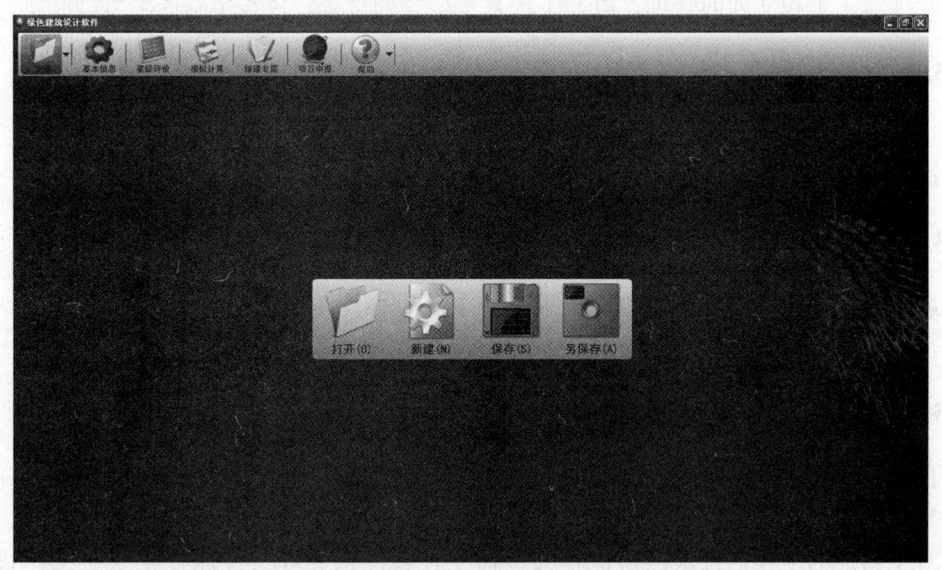

图 13-1　国内某款绿色建筑设计软件的主界面

13.2.1 绿建主菜单

绿色建筑设计软件主菜单一般都包含各项功能目录和菜单，软件主要操作模块包括：文件、基本信息、条文评价、模拟计算、绿建专篇、项目申报、帮助等见图 13-2。

图 13-2 主菜单

13.2.2 绿建工具条

该工具条选项的功能在进行星级评价时，可在条文评价时应予见图 13-3。

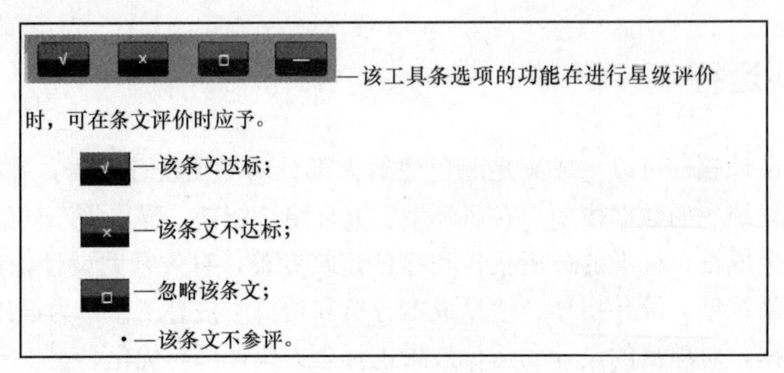

图 13-3 工具条

13.3 文件和基本信息

软件对于工程文件的管理，以及工程基本信息的设置，进行了全面的梳理和扩充。

13.3.1 文件管理

工程计算文件的保存和读取可利用“文件”菜单实现。将打开、保存和另存为工程的命令设计为首要菜单，便于操作。

13.3.2 打开工程

用户可以选择菜单“文件-打开”命令，对话框如图 13-4 所示：

步骤：文件/打开。

13.3.3 保存工程

在工程设计过程中，用户可以选择菜单“文件-保存”命令，保存正在进行的工程文件。

步骤：文件/保存。

对于新建的工程，首次点击保存文件命令，软件将 gbd 文件保存至当前工作目录见图 13-5。

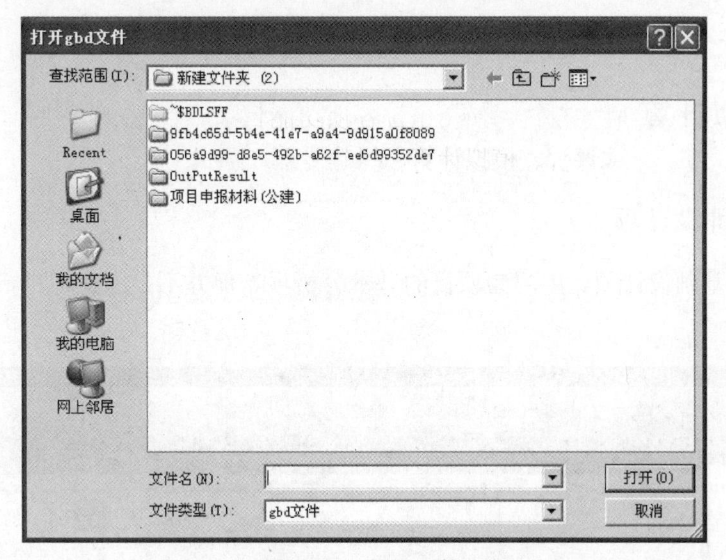

图 13-4　打开文件

图 13-5　保存

13.3.4　另存工程

在工程设计过程中，用户可以选择菜单“文件-另保存”命令，将工程文件另存为其他名称或重新指定保存路径见图 13-6。

步骤：文件/另保存。

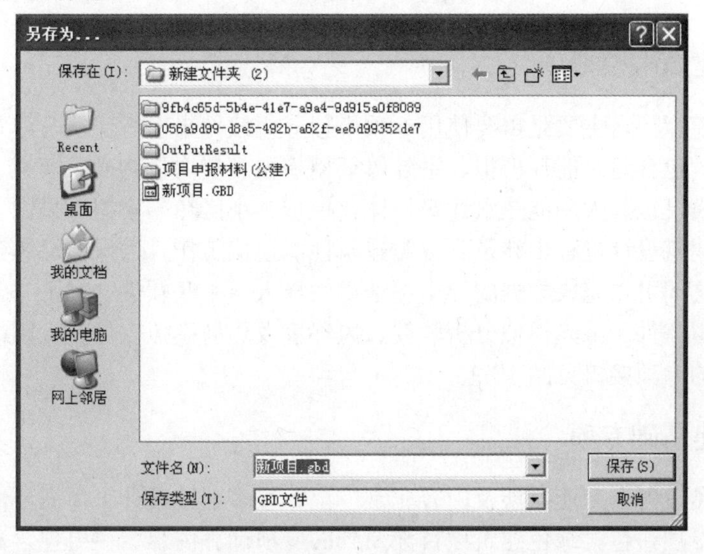

图 13-6　另存为

13.4 模拟计算

13.4.1 基础设计项

软件中的基础设计项，主要为项目的基本分析项，但并不是绿建项目特定需计算的内容见图 13-7。

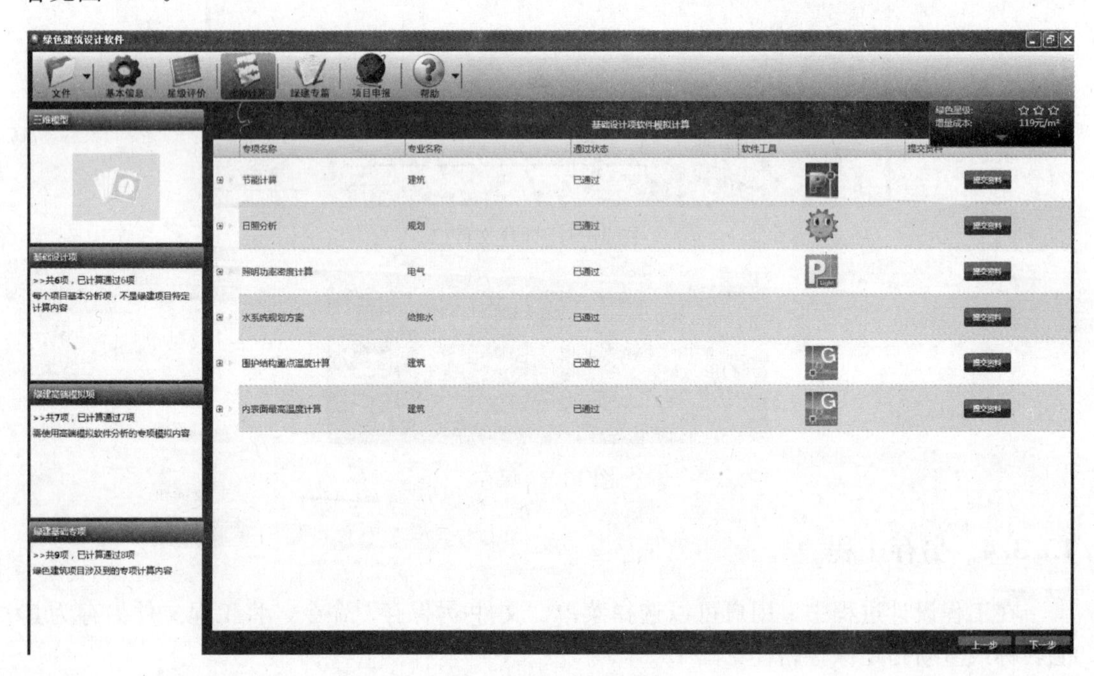

图 13-7 基础设计项

13.4.2 绿建高端模拟项

绿建高端模拟项，主要是需要使用专项模拟分析软件来进行建筑及建筑群性能分析的专项模拟内容。包含建筑能耗模拟、室外风环境模拟、室内自然通风模拟、室内自然采光模拟、环境噪声模拟、太阳能热水建筑一体化模拟、小区热导模拟等见图 13-8。

由于绿色建筑设计过程中涉及到各类建筑性能模拟工作，为保证绿色建筑评价软件与常用模拟软件之间可以完成数据的导出和结果的导入，一些软件开发了与常见环境模拟软件，如能耗模拟软件、采光模拟分析软件、风环境及热岛模拟软件、太阳能热水软件、日照分析软件等的专项接口见图 13-9。

13.4.3 绿建基础专项

绿色建筑覆盖各个专业，涉及内容非常广泛，很多辅助设计工作需要由软件工具来完成。绿建基础专项，包含绿色建筑项目涉及到的专项计算内容。主要包含高强度钢用量比例计算、可再循环材料使用比例计算、装饰性构件造价比例计算、非传统水源利用率计

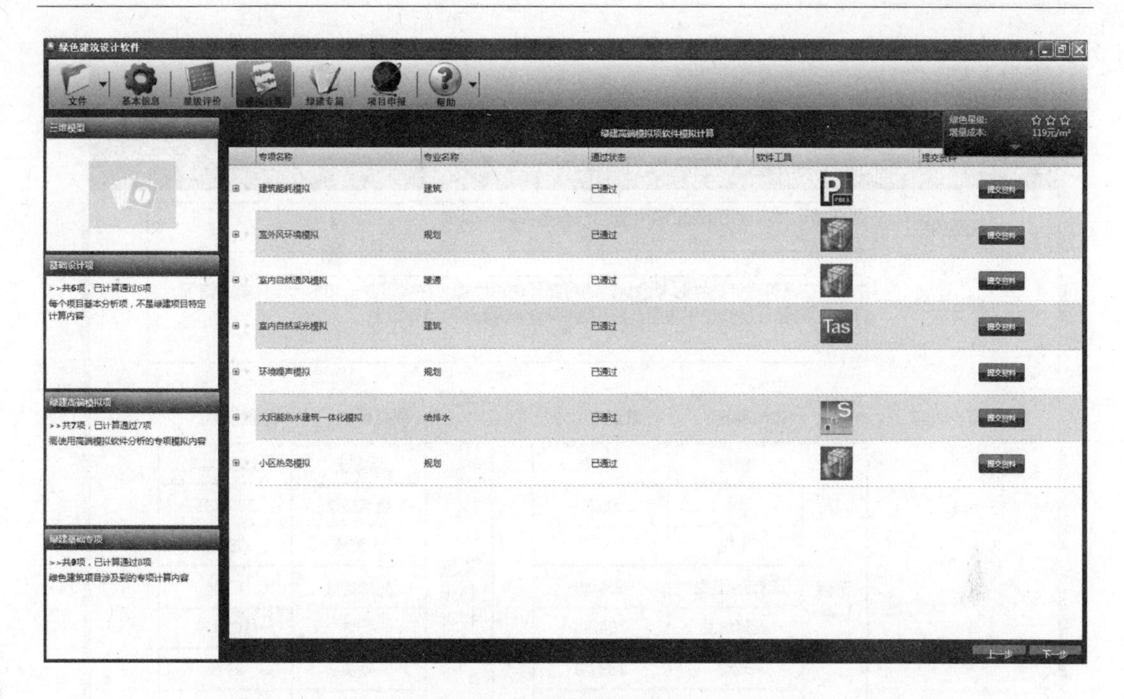

图 13-8　绿建高端模拟项

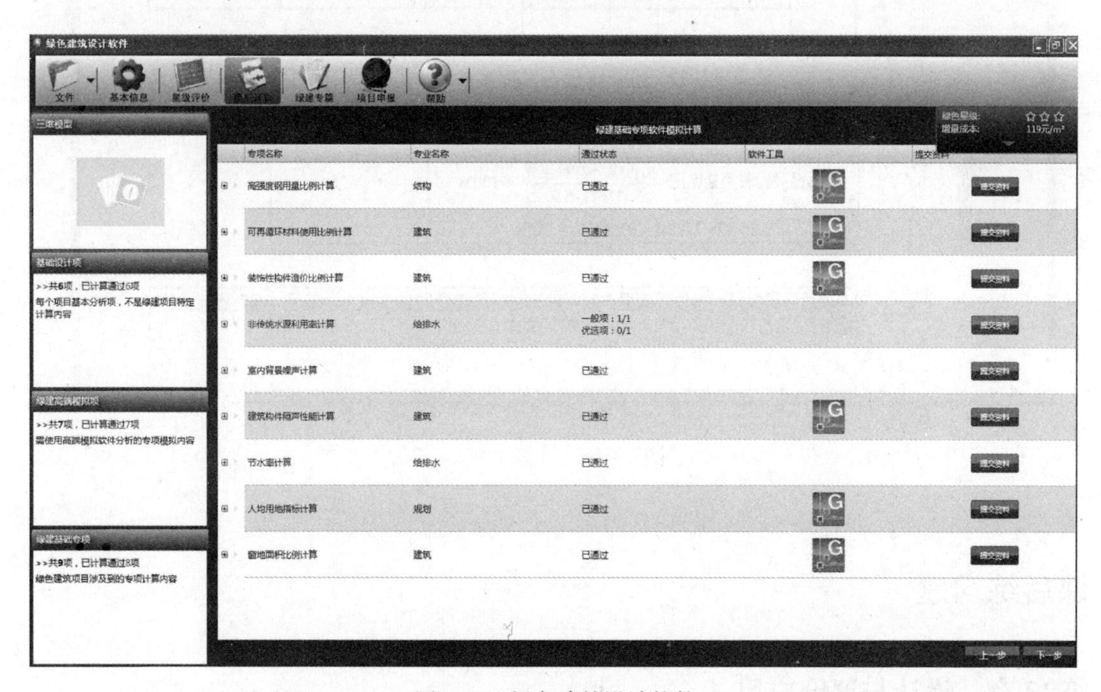

图 13-9　绿色建筑设计软件

算、室内背景噪声计算、建筑构件隔声性能计算、节水率计算、人均用地指标计算、窗地面积比例计算等。通过软件的工具集，有效帮助设计师完成专业的模拟工作，提高其设计效率。

绿建基础专项中，如可再循环材料用量比例计算工具，可分析和统计可循环材料和不可循环材料的用量情况，对其比例进行计算，并与标准对应不同分值的比例要求进行判定，统计出该条目最终的得分情况见图 13-10。

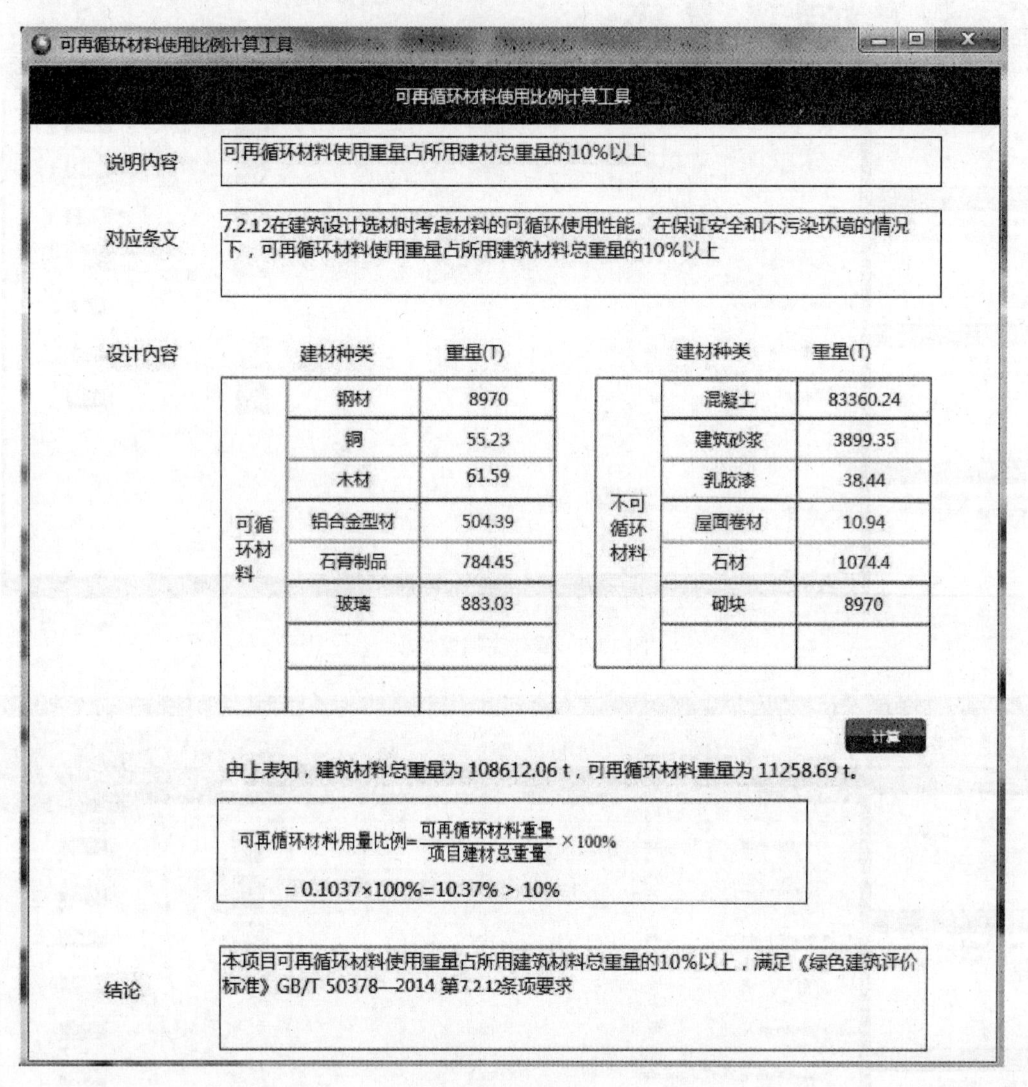

可再循环材料使用比例计算工具

可再循环材料使用比例计算工具

说明内容：可再循环材料使用重量占所用建材总重量的10%以上

对应条文：7.2.12在建筑设计选材时考虑材料的可循环使用性能。在保证安全和不污染环境的情况下，可再循环材料使用重量占所用建筑材料总重量的10%以上

设计内容

	建材种类	重量(T)
可循环材料	钢材	8970
	铜	55.23
	木材	61.59
	铝合金型材	504.39
	石膏制品	784.45
	玻璃	883.03

	建材种类	重量(T)
不可循环材料	混凝土	83360.24
	建筑砂浆	3899.35
	乳胶漆	38.44
	屋面卷材	10.94
	石材	1074.4
	砌块	8970

计算

由上表知，建筑材料总重量为 108612.06 t，可再循环材料重量为 11258.69 t。

$$可再循环材料用量比例=\frac{可再循环材料重量}{项目建材总重量}\times 100\%$$

$$= 0.1037\times 100\%=10.37\% > 10\%$$

结论：本项目可再循环材料使用重量占所用建筑材料总重量的10%以上，满足《绿色建筑评价标准》GB/T 50378—2014 第7.2.12条项要求

图 13-10　计算工具

课后练习题

第 13 章　设计与评价应用

一、单选题

1. 绿色建筑设计软件包含基本项设计、绿色高端模拟项、绿建基础专项等，覆盖规划、建筑、（　　）、给水排水等各专业，简化设计师的计算工作，只需填写专业内所需基础数据，就可以输出符合要求的专业计算报告。

A. 结构、电气　　B. 暖通、电气　　C. 结构、暖通　　D. 结构、市政

2. 绿色建筑设计软件可以生成满足绿色建筑大部分的专项设计报告，并融合（　　）设计理念，通过建立统一的数据模型，在风环境、光环境、能耗、噪声等不同的模拟软件中进行计算分析。

A. ATM　　B. BIM　　C. GB　　D. CES

3. 绿色建筑设计软件主菜单一般都包含各项功能目录和（　　）。

A. 标题　　B. 计算　　C. 菜单　　D. 保存

4. 绿色建筑设计软件主菜单一般都包含各项功能目录和菜单，软件主要操作模块包括：文件、基本信息、条文评价、模拟计算、（　　）、项目申报、帮助等。

A. 绿建专篇　　B. BIM 计算　　C. 项目评估　　D. 环境模拟

5. 绿建高端模拟项，主要是需要（　　）使用来进行建筑及建筑群性能分析的专项模拟内容。

A. 专项模拟分析软件　　B. 环境模拟软件

C. 采光模拟分析软件　　D. 太阳能热水软件

二、多选题

1. 绿色建筑设计软件包含基本项设计、绿色高端模拟项、绿建基础专项等，覆盖（　　）各专业，简化设计师的计算工作，只需填写专业内所需基础数据，就可以输出符合要求的专业计算报告。

A. 规划　　B. 建筑　　C. 暖通　　D. 电气、给排水

2. 绿色建筑设计软件主菜单一般都包含各项功能目录和菜单，软件主要操作模块包括：文件、基本信息、条文评价、模拟计算、（　　）、帮助等。

A. 绿建专篇　　B. 项目申报　　C. 环境模拟　　D. BIM 计算

3. 生成符合标准的分析报告和绿色建筑专篇，有效帮助设计师进行（　　）工作。

A. 项目认证、产品选型　　B. 模拟计算、设计指导

C. 项目备案　　D. 增量成本分析、项目申报

三、思考题

1. 绿色建筑设计软件的分类标准及主要功能是什么？

课后练习题参考答案

第 1 章　绿色建筑标识申报程序与内容

一、单选题

1. B　2. A　3. C　4. C　5. B　6. A

二、多选题

1. AB　2. BC

三、思考题

1. 国家住建部绿色建筑评价标识管理办公室在绿色建筑评价中的职责？

答：国家住建部绿色建筑评价标识管理办公室设在住建部科技发展促进中心，主要负责绿色建筑评价标识的管理工作，受理三星级绿色建筑评价标识，指导一、二星级绿色建筑评价标识活动。

2. 申请评价方在整个申报过程中需要做哪些工作？

答：申请评价方应对建筑全寿命期内各个阶段进行控制，综合考虑性能、安全、耐久、经济、美观等因素，优化建筑技术、设备和材料选用，综合评估建筑规模、建筑技术与投资之间的总体平衡，并按本标准的要求提交相应分析、测试报告和相关文件。

第 2 章　绿色建筑标识送审要求

一、单选题

1. B　2. A　3. D　4. A　5. C

二、多选题

1. AB　2. ABC　3. ABCD

三、思考题

1. 设计单位对绿色建筑设计标识送审时需要做哪些工作？

答：设计单位应当统一填写和编制绿色建筑施工图设计文件，并将以下设计成果交付建设单位送审：《绿色建筑施工图设计审查备案登记表》、《绿色建筑施工图设计专篇及审查表》和《绿色建筑施工图设计支撑材料》。所有文本采用 A4 纸装订，并附电子文档（行政审批相关文件、检测报告等应由建设单位提供给设计单位统一整理装订，专项计算报告和软件模拟报告由设计单位或咨询单位完成）。

2. 绿色建筑设计标识审查文件存档需要存哪些文件？

答：各勘察设计单位应当将经施工图审查合格项目的《绿色建筑施工图设计审查备案登记表》、《绿色建筑施工图设计专篇及审查表》、《审查意见告知书》和绿色建筑施工图设计支撑材料等资料归档保存。

第3章　绿色建筑评价标准与解读

一、单选题

1. C　　2. B　　3. B　　4. D　　5. C

二、多选题

1. ABCD　　2. ABC　　3. ABC

三、思考题

1.《绿色建筑评价标准》GB/T 5037—2014 包括几个评分项以及所包括的内容？

答：7 个评分项。7 大项包括："节地与室外环境"、"节能与能源利用"、"节水与水资源利用"、"节材与材料资源利用"、"室内环境质量"、"施工管理"、"运营管理"。

2.《绿色建筑评价标准》GB/T 5037—2014 中，绿色建筑的定义以及绿色建筑的内容主要体现在哪些方面？

答：《绿色建筑评价标准》GB/T 50378—2014 版中，绿色建筑是指在全寿命期内，最大限度地节约资源（节能、节地、节水、节材）、保护环境、减少污染，为人们提供健康、适用和高效的使用空间，与自然和谐共生的建筑。因此，"绿色建筑"的"绿色"，并不是指一般意义的立体绿化、屋顶花园，而是代表一种概念或象征，指建筑对环境无害，能充分利用环境自然资源，并且在不破坏环境基本生态平衡条件下建造的一种建筑，也可称为：可持续发展的建筑或生态、节能环保的建筑。

第4章　节地与室外环境内容解读

一、单选题

1. B　　2. C　　3. A　　4. C　　5. B

二、多选题

1. ABC　　2. ABC　　3. ABC

三、思考题

1. 建筑节地技术内容及建筑节地措施？

答：建筑节地技术内容：

（1）控制用地指标

用地指标是国家政府对工业用地的控制指标，通过用地指标的制定，政府部门从宏观上对工业用地的一些参数进行控制，从而保证工业项目对土地的有效利用。

（2）用地模式的调整

调整目前不合理的用地状态，优化用地模式是当前在用地分布上节约土地的有效手段。

（3）挖掘可利用土地

土地地质条件差，不适应一般的生产和建设活动，如山沟谷地、戈壁荒滩、矿业废地、沿海滩涂等，通过科学改造或因地制宜地规划，它们就可以被很好地利用。通过对这些隐性土地的挖潜，扩大了用地的可利用范围，保障地质条件好的土地不被工业所占，用于农耕或城市建设。

建筑节地措施：

(1) 居住区节地

1) 楼板斜向布置、塔式错位布局提高容积率;

2) 特殊设计东西向住宅和加深尽端户型;

3) 适当加大进深缩小面宽。

(2) 公共建筑群的节地措施:

1) 东西向或周边布置，建筑围合后增加容积率;

2) 利用规范最小防火间距也是节地措施之一。

2. “建筑及照明设计避免产生光污染”的评分标准及评价方法是什么?

答：建筑及照明设计避免产生光污染，评价总分值为4分，并按下列规则分别评分并累计:

(1) 玻璃幕墙可见光反射比不大于0.2，得2分;

(2) 室外夜景照明光污染的限制符合现行行业标准《城市夜景照明设计规范》JGJ/T163的规定，得2分。

【条文解读】本条适用于各类民用建筑的设计、运行评价。非玻璃幕墙建筑，第1款直接得2分。

第5章　节能与能源利用的内容解读

一、单选题

1. B　　2. A　　3. C　　4. C　　5. D

二、多选题

1. ABCD　　2. ABCD　　3. BC

三、思考题

1. 节能与能源利用中的控制项主要包括哪些内容?

答：节能与能源利用中的控制项共4项。a. 建筑设计应符合国家现行有关建筑节能设计标准中强制性条文的规定; b. 不应采用电直接加热设备作为供暖空调系统的供暖热源和空气加湿热源; c. 冷热源、输配系统和照明等各部分能耗应进行独立分项计量; d. 各房间或场所的照明功率密度值不得高于现行国家标准《建筑照明设计标准》GB 50034中的现行值规定。

2. 合理利用余热废热的重要意义及其评价方法是什么?

答：(1) 生活用能系统的能耗在整个建筑总能耗中占有不容忽视的比例，尤其是对于有稳定热需求的公共建筑而言更是如此。用自备锅炉房满足建筑蒸汽或生活热水，不仅可能对环境造成较大污染，而且其能源转换和利用也不符合“高质高用”的原则，不宜采用。鼓励采用热泵、空调余热、其他废热等供应生活热水。在靠近热电厂、高能耗工厂等余热、废热丰富的地域，如果设计方案中很好地实现了回收排水中的热量，以及利用如空调凝结水或其他余热废热作为预热，可降低能源的消耗，同样也能够提高生活热水系统的用能效率。一般情况下的具体指标可取为：余热或废热提供的能量分别不少于建筑所需蒸汽设计日总量的40%、供暖设计日总量的30%、生活热水设计日总量的60%。

(2) 本条的评价方法为：设计评价查阅相关设计文件、计算分析报告；运行评价查阅相关竣工图、计算分析报告，并现场核实。

第6章　节水与水资源利用的内容解读

一、单选题

1. A　　2. D　　3. B　　4. D　　5. D

二、多选题

1. ABCD　　2. ABCD　　3. ABD

三、思考题

1. 为避免管网漏失水量，可采取什么措施?

答：(1) 给水系统中使用的管材、管件，应符合现行产品标准的要求。当无国家标准或行业标准时，应符合经备案的企业标准的要求。

(2) 选用性能高的阀门、零泄漏阀门等。

(3) 合理设计供水压力，避免供水压力持续高压或压力骤变。

(4) 做好室外管道基础处理和覆土，控制管道埋深，加强管道工程施工监督，把好施工质量关。

(5) 水池、水箱溢流报警和进水阀门自动联动关闭。

(6) 设计阶段：根据水平衡测试的要求安装分级计量水表，分级计量水表安装率达100%。具体要求为下级水表的设置应覆盖上一级水表的所有出流量，不得出现无计量支路。

(7) 运行阶段：物业管理方应按水平衡测试的要求进行运行管理。申报方应提供用水量计量和漏损检测情况报告，也可委托第三方进行水平衡测试。报告包括分级水表设置示意图、用水计量实测记录、管道漏损率计算和原因分析。申报方还应提供整改措施的落实情况报告。

2. 卫生节水主要包括哪些器具，它们起到什么作用?

答：(1) 节水龙头：加气节水龙头、陶瓷阀芯水龙头、停水自动关闭水龙头等；以瓷芯节水龙头和充气水龙头代替普通水龙头。在水压相同条件下，节水龙头比普通水龙头有更好的节水效果，节水量为30%～50%，大部分在20%～30%之间，且在静压越高、普通水龙头出水量越大的地方，节水龙头的节水量也越大。因此，应在建筑中（尤其在水压超标的配水点）安装使用节水龙头，以减少浪费。陶瓷材料拉伸强度高、不易变形、耐高温、耐低温、耐磨损、不腐蚀的特性决定了陶瓷材料的优良密封性能。陶瓷阀芯使得水龙头不易渗漏水滴，也达到了环保节水的目的。

(2) 采用延时自闭式水龙头和光电控制式水龙头的小便器、大便器水箱。延时自闭式水龙头在出水一定时间后自动关闭，可避免长流水现象。出水时间可在一定范围内调节，但出水时间固定后，不易满足不同使用对象的要求，比较适用于使用性质相对单一的场所，比如车站，码头等地方。光电控制式水龙头可以克服上述缺点，且不需要人触摸操作，可用在多种场所。另外，非接触式卫生器具可以避免公共区域细菌交叉感染，利于健康。《民用建筑节水标准》GB 50555—2010 已对此有所要求。

(3) 坐便器：压力流防臭、压力流冲击式6L直排便器、3L/6L两挡节水型虹吸式排水坐便器、6L以下直排式节水型坐便器或感应式节水型坐便器，缺水地区可选用带洗手水龙头的水箱坐便器。

（4）节水淋浴器：水温调节器、节水型淋浴喷嘴等。

（5）营业性公共浴室采用恒温混水阀，脚踏开关。

（6）节水型洗衣机，节水型洗碗机。

第7章　节材与材料资源利用内容解读

一、单选题

1. B　　2. C　　3. C　　4. A　　5. D

二、多选题

1. BCD　　2. ABCD　　3. ABCD

三、思考题

1. 住宅产业化的标准主要有哪些？

答：（1）住宅建筑的标准化；

（2）住宅建筑的工业化；

（3）住宅生产、经营的一体化；

（4）住宅协作服务的社会化。

2. 节材与材料利用控制包括哪些？

答：（1）不得采用国家和地方禁止和限制使用的建筑材料及制品；

（2）混凝土结构中梁、柱纵向受力普通钢筋应采用不低于400MPa级的热轧带肋钢筋；

（3）建筑造型要素应简约，且无大量装饰性构件。

第8章　室内环境质量内容解读

一、单选题

1. C　　2. C　　3. A　　4. D　　5. C

二、多选题

1. ACD　　2. ABC　　3. ACD

三、思考题

1. 思考自平衡式新风系统的特点及用途、作用？

答：（1）特点：一套自平衡式新风系统除了可引入足量的新鲜空气外，还可恒定风量，确保进入各室内的风量保持可靠，使人在任何时候都能呼吸到足够的新鲜空气（传统的风量调节阀，需要手动/电动进行调节，而人对环境又有一定的适应性，在恶劣的空气环境下待的时间长了，感觉就不太明显，这样对身体的危害极大），同时，该系统还具有经济、能耗低、噪声低、占用空间少等特点，该新风系统虽然有送风系统，但无须送风管道的连接，而排风管道一般安装于过道、卫生间等通常有吊顶的地方，基本上不额外占用空间。

（2）用途：严格控制通风量。安装任何新风系统必须科学权衡最小风量的确定，即：第一，满足人员健康所需的最小新风量；第二，确保系统运行相对最节能。

（3）作用：根据中央通风系统三大设计原则的自平衡式新风系统属于单向流形式，由风机、进风口、排风口及各种管道和接头组成。安装在吊顶内的风机通过管道与一系列的排风口相连，风机启动，室内受污染的空气经排风口及风机排往室外，使室内形成负压，室外新鲜空气便经安装在窗框上方（窗框与墙体之间）的进风口进入室内，从而使您可呼吸到高品质的新鲜空气。自平衡式新风系统最大的特点便在于其“自平衡功能”上，其排风口和进风口都具有自平衡式功能。

2. 要确保主要房间的环境参数（温度、湿度分布，风速，辐射温度等）是否达标，应该怎么合理组织气流?

答：公共建筑的暖通空调设计图纸应有专门的气流组织设计说明，提供射流公式校核报告，末端风口设计应有充分的依据，必要时应提供相应的模拟分析优化报告。对于住宅，应分析分体空调室内机位置与起居室床的关系是否会造成冷风直接吹到居住者、分体空调室外机设计是否形成气流短路或恶化室外传热等问题；对于土建与装修一体化设计施工的住宅，还应校核室内空调供暖时卧室和起居室室内热环境参数是否达标。设计评价主要审查暖通空调设计图纸，以及必要的气流组织模拟分析或计算报告。运行阶段检查典型房间的抽样实测报告。

住区内尽量将厨房和卫生间设置于建筑单元（或户型）自然通风的负压侧，防止厨房或卫生间的气味因主导风反灌进入室内，而影响室内空气质量。同时，可以对于不同功能房间保证一定压差，避免气味散发量大的空间（比如卫生间、餐厅、地下车库等）的气味或污染物串通到室内别的空间或室外主要活动场所。卫生间、餐厅、地下车库等区域如设置机械排风，应保证负压，还应注意其取风口和排风口的位置，避免短路或污染。运行评价需现场核查或检测。

第9章　施工管理内容解读

一、单选题

1. A　　2. D　　3. A　　4. C　　5. D

二、多选题

1. ABCD　　2. ABD　　3. ABCD

三、思考题

1. 施工期间的环境保护有哪些措施?

答：通过对施工期环境影响的分析，施工期主要污染为噪声、扬尘、固体及液体废弃物，为减少其环境污染，应做到：

（1）灰尘污染控制

现场施工中，建筑材料的堆放及混凝土拌和应定点、定位，并采取防尘措施，设置挡风板。施工期间尽量选用烟气量较少的内燃机械和车辆，减少尾气污染，施工道路经常保持清洁，湿润，以减少汽车轮胎与路面接触而引起的扬尘污染，同时车辆应限速行驶；建筑垃圾及时清理，文明施工。

（2）防噪声

施工车场地尽量平整，减少颠簸声，以减少施工噪声对居民生活的影响。施工中做到无高噪声及爆炸声，打桩时不在夜深人静时进行，吊装设备噪声满足环保要求。地块周围树立高于3米的简易屏障，或在使用机械设备旁树立屏障，减少施工机械的噪声。

（3）三同时制度

环保措施与工程进度做到“三同时”，环境治理设施应与项目的主题工程同时设计，同时施工，同时交付使用。

2. 如何进行能源节约教育？

答：进行能源节约教育。

（1）从观念上进行教育，施工前对于所有的工人进行节能教育，树立节约能源的意识，养成良好的习惯。

（2）从技术上进行教育，对工人进行节能技术培训，优先使用国家、行业推荐的节能、高效、环保的施工设备和机具，如选用变频技术的节能施工设备等。

（3）从管理上进行教育，建立施工机械设备管理制度，开展用电、用油计量，完善设备档案，及时做好维修保养工作，使机械设备保持低耗、高效的状态。工程照明设备均采用LED照明。

第10章　运营管理内容解读

一、单选题

1. A　　2. C　　3. A　　4. D　　5. D

二、多选题

1. AC　　2. ABCD　　3. ABC

三、思考题

1. 节能、节水、节材、绿化管理制度分别包含哪些内容？

答：节能管理制度主要包括节能方案、节能管理模式和机制、分户分项计量收费等。节水管理制度主要包括节水方案、分户分类计量收费、节水管理机制等。耗材管理制度主要包括维护和物业耗材管理。绿化管理制度主要包括苗木养护、用水计量和化学药品的使用制度。

2. “无公害病虫害防治技术”的规则评分标准及评价方法是什么？

答：采用无公害病虫害防治技术，规范杀虫剂、除草剂、化肥、农药等化学药品的使用，有效避免对土壤和地下水环境的损害，评价总分值为6分，并按下列规则分别评分并累计：

（1）建立和实施化学药品管理责任制，得2分；

（2）病虫害防治用品使用记录完整，得2分；

（3）采用生物制剂、仿生制剂等无公害防治技术，得2分。

【条文解读】：本条适用于各类民用建筑的运行评价。

本条的评价方法为：查阅病虫害防治用品的进货清单与使用记录，并现场核查。

第11章　提高与创新内容解读

一、单选题

1. B　　2. A　　3. D　　4. A　　5. B

二、多选题

1. ABC　　2. BC　　3. ABCD

三、思考题

1. 绿色建筑评价时，应按规定对加分项进行评价，思考加分项中创新项的主要评分项及评分方法？

答：（1）提高能源资源利用效率和建筑性能

本条的评价方法为：设计评价查阅相关设计文件、分析论证报告；运行评价查阅相关竣工图、分析论证报告，并现场核实。

（2）合理选用废弃场地进行建设，或充分利用尚可使用的旧建筑

本条的评价方法为：设计评价查阅相关设计文件、环评报告、旧建筑利用专项报告；运行评价查阅相关竣工图、环评报告、旧建筑利用专项报告、检测报告，并现场核实。

（3）建筑信息模型（BIM）技术

本条的评价方法为：设计评价查阅规划设计阶段的BIM技术应用报告；运行评价查阅规划设计、施工建造、运行维护阶段的BIM技术应用报告。

（4）建筑碳排放

本条的评价方法为：设计评价查阅设计阶段的碳排放计算分析报告，以及相应措施；运行评价查阅设计、运行阶段的碳排放计算分析报告，以及相应措施的运行情况。

（5）采取创新

本条的评价方法为：设计评价时查阅相关设计文件、分析论证报告；运行评价时查阅相关竣工图、分析论证报告，并现场核实。

2.“废弃场”及“尚可利用的旧建筑”的含义以及绿色建筑对其有何意义？

答：（1）“废弃场”指裸岩、石砾地、盐碱地、沙荒地、废窑坑、废旧仓库或工厂弃置地等。绿色建筑可优先考虑合理利用废弃场地，采取改造或改良等治理措施，对土壤中是否含有有毒物质进行检测与再利用评估，确保场地利用不存在安全隐患、符合国家相关标准的要求。

（2）“尚可利用的旧建筑”指建筑质量能保证使用安全的旧建筑，或通过少量改造加固后能保证使用安全的旧建筑。虽然目前多数项目为新建，且多为净地交付，项目方很难有权选择利用旧建筑。但仍需对利用“可利用的”旧建筑的行为予以鼓励，防止大拆大建。

第12章　管理与申报评价

一、单选题

1. D　　2. D　　3. A　　4. B　　5. A

二、多选题

1. BC　　2. ACD　　3. ABC

三、思考题

1. 如何利用计算机设计软件来辅助绿色建筑项目的管理和申报？

答：绿色建筑可以利用计算机引导项目目标星级以及技术体系的定位。软件可以根据设计师提供的项目基本信息，如地理区位，气候特点等，自动匹配适合于本项目的技术路线，并生成预评估报告及前期增量成本分析报告等内容，以作为项目的管理资料。设计师还可在原有资料基础上修改，并指导后期的绿色建筑设计，在完成条文评价后，软件可以完成自评估，根据在条文评价中填写的内容，生成自评估报告书，方便项目管理和申报。

第13章　设计与评价应用

一、单选题

1. B　　2. B　　3. C　　4. A　　5. A

二、多选题

1. ABCD　　2. AB　　　3. ABD

三、思考题

1. 绿色建筑设计软件的分类标准及主要功能是什么?

答:(1)目前,国内在绿色建筑领域应用的计算机软件主要分为模拟计算和评估、指南两大类:

A. 模拟计算类软件,如:Ecotect,Radiance 用于室内自然采光分析;AirPak,FLUENT,ANSYS 用于室外风环境分析和室内通风模拟;DOE-2,eQUEST,Energy-Plus 能耗模拟,用于能耗评估和更高水平节能率计算;Sunlight 用于日照分析等。

B. 评估和指南类软件:绿色建筑评估软件用于评价标准的 Excel 表格;GreenStar 评估。

(2)绿色建筑设计软件主要功能:协助用户完成绿色建筑星级评估、成本掌控、辅助决策的专家支持系统。软件以国家及部分地方绿色建筑标准作为出发点,详细剖析标准对应的每个条目,并提供条目相关的设备选型、计算分析、经济分析等辅助设计功能,协助用户快速完成条目分析,成本控制等工作,生成详细的申报自评估报告书和申报资料,帮助完成绿色建筑设计标识及绿色建筑运营标识的申报。

参 考 文 献

[1] GB/T 50378—2014，绿色建筑评价标准[S].

[2] GB 50555—2010，民用建筑节水设计标准[S].

[3] GB 50336—2002，建筑中水设计规范[S].

[4] GB 50400—2006，建筑与小区雨水利用工程技术规范[S].

[5] GB 50411—2007，建筑节能工程施工质量验收规范[S].

[6] 实操技能与务实绿色(高级)建筑工程师岗位技术能力培训教程[M]. 天津：天津科学技术出版社，2014：7-56，103-165，373-388.

[7] 江亿. 我国建筑能耗趋势与节能重点[J]. 建设科技，2006，(7)：10-15.

[8] 潘毅群，左明明，李玉明. 建筑能耗模拟——绿色建筑设计与建筑节能改造的支持工具之一：基本原理与软件[J]. 制冷与空调，2008，(3)：10-16.

[9] 马晓云. 建筑能耗模拟软件 EQUEST 及其应用[J]. 建筑热能通风空调，2009，(6)：77-80.

[10] 冯晶琛，丁云飞，吴会军. EnergyPlus 能耗模拟软件及其应用工具[J]. 建筑节能，2012，(1)：64-67.

[11] 庄智，徐强，谭洪卫，邱喜兰. 基于能源统计的城镇民用建筑能耗计算方法研究[J]. 建筑科学，2011，(4)：19-22.

[12] 齐艳，陈萍. 建筑能耗数据库能耗基准评价方法及研究[J]. 应用能源技术，2007，(5)：1-4.

[13] 龙惟定，白玮. 能源管理与节能[M]. 北京：中国建筑工业出版社，2011：9-29.

[14] 徐军. 建筑能源审计浅析[J]. 民营科技，2010，(9)：237.

[15] 龙惟定，马素贞. 能源审计：公建节能监管的重要环节[J]. 建设科技，2008，(9)：16-19.

[16] 中国建筑承包公司. 中国绿色建筑、持续发展建筑国际研讨会论文集[A]. 北京：中国建筑出版社，2001.

[17] 刘抚英，厉天数，赵军等. 绿色建筑设计的原则与目标[J]. 建筑技术，2013，44(3)：212-215.

[18] 刘辉. 建筑结构类型及体系的选择[J]. 江西建材，2007，(4)：86-87.

[19] 李汝雄，王建基. 循环经济是实现可持续发展的必由之路[J]. 环境保护，2000，(11)：29-30.

[20] 西安建筑科技大学绿色建筑研究中心. 绿色建筑[M]. 北京：中国计划出版社，1999：9-29.

[21] 安画宇. 居住区室外空间环境生态设计研究[D]. 北京：北京林业大学，2004：9-29.

[22] 高履泰. 建筑光环境设计[M]. 北京：水利水电出版社，1991：9-29.

[23] 李兆坚，江亿. 我国广义建筑能耗状况的分析与思考[J]. 建筑学报，2006，(7)：30-33.

[24] 肖绪文，冯大阔. 建筑工程绿色施工现状分析及推进建议[J]. 施工技术. 2013，1(42)：9-10、12-13.

[25] 中华人民共和国. 绿色施工导则[Z]. 2007.

[26] 李志宏. 证大大拇指项目绿色施工方案[Z]. 2014

[27] 李海英，白玉星，高建岭. 屋顶绿化的建筑设计与案例[M]. 北京：中国建筑工业出版社，2012：9-29.

[28] 中国建筑科学研究院，建研科技股份有限公司 . AutoCADVersion 绿色建筑系列软件-绿色建筑设计软件 GBDesign 使用说明书[Z].

[29] 北京照明学会照明设计专业委员会 . 照明设计手册[Z]. 北京：中国电力出版社，2006：12-01.

[30] 王萌. 居住区环境设计与居民的心理健康浅析[J]. 江苏林业科技，2000(S1)：123-126.

[31] 王元忠，李雪宇. 合同能源管理相关节能服务法律事务[M]. 北京：中国法制出版社，2012：9-29.

[32] 国家发展和改革委员会，世界银行，全球环境基金，中国节能促进项目办公室 . 中国合同能源管理节能项目案例[M]. 北京：中国经济出版社，2006：9-29.

[33] 孙红. 合同能源管理实务[M]. 北京：中国经济出版社，2012：19-39.

[34] GB/T 24915—2010，合同能源管理技术通则[S].

[35] 王新，续振艳，陈涛. 我国大型公共建筑节能改造 EPC 模式选择研究[J]. 建筑节能 . 2011，39(01)：77-80.

[36] 叶雁冰. 浅议我国既有公共建筑的节能改造[J]. 广西城镇建设，2005，(11)：8-9.

[37] 冯小平，李少洪，龙惟定. 既有公共建筑节能改造应用合同能源管理的模式分析[J]. 建筑经济，2009，(03)：54-57.

[38] 王李平，王敬敏，江慧慧. 我国合同能源管理机制实施现状分析及对策研究[J]. 电力需求侧管理，2008，10(1)：17-18.

[39] 吴春梅，孙昌玲. 运用 LCC 分析建筑维护结构节能的经济性[J]. 建筑节能，2011(2)：63-64.

[40] GB/T 2589—2008，综合能耗计算通则[S].

[41] 曹江涛. 合同能源管理及应用[D]. 成都：西南交通大学，2005：9-29.

[42] 胡连荣. 屋顶绿化 PK 室内空调[J]. 知识就是力量，2007.

[43] 中国节能服务网. 湖南：首家医院动力中心合同能源管理项目启动[EB/OL]. [2010-9-29/2013-5-15]http：//www.emca.cn/bg/dfzx/dflb/20，100，929，085，646.html.